Heinz Reuter

Die Wettervorhersage

Einführung in die Theorie und Praxis

Springer-Verlag
Wien New York

Dr. Heinz Reuter

o. Professor für Theoretische Meteorologie
und Vorstand des Institutes für Meteorologie
an der Universität Wien

Mit 59 Abbildungen im Text und auf zwei Ausschlagtafeln

Softcover reprint of the hardcover 1st edition 1976

Library of Congress Cataloging in Publication Data. Reuter, Heinz, 1914–. Die Wettervorhersage. Bibliography: p.
1. Weather forecasting. I. Title. QC995.R44. 551.6′3. 75-34074.

ISBN-13: 978-3-7091-7079-3 e-ISBN-13: 978-3-7091-7078-6
DOI: 10.1007/978-3-7091-7078-6

Vorwort

Als um die Mitte des vorigen Jahrhunderts die Wettervorhersage durch Einführung der synoptischen Wetterkarte auf eine erfolgversprechende Grundlage gestellt wurde, sah sich die meteorologische Wissenschaft mit einer großen Anzahl von Problemen konfrontiert, die es zu bewältigen galt. Heute, rund hundert Jahre später, können wir feststellen, daß viele der erwachsenen Aufgaben gelöst werden konnten, daß aber viele noch der Lösung harren. Dabei reicht das Spektrum der anstehenden Probleme von rein organisatorischen Fragen (Errichtung und Betreuung des synoptischen Beobachtungsnetzes) über Methoden der Meßtechnik bis zu wissenschaftlich-theoretischen Untersuchungen, die als Grundlage der Wetterprognose dienen.

Das vorliegende Buch befaßt sich nur mit dem letztgenannten Fragenkomplex. Der Wetterablauf wird als physikalischer Prozeß betrachtet, der sich aus einem Anfangszustand — dargestellt durch eine mit hinreichend vielen Wetterbeobachtungen ausgestattete Wetterkarte — zu einem Endzustand entwickelt, den es mit theoretischen oder empirischen Methoden vorauszusagen gilt. Der physikalische Endzustand ist durch die (prognostizierte) Feldverteilung verschiedener meteorologischer Elemente gegeben. Die sprachliche Formulierung der Wettervorhersage stellt eine Interpretation solcher Vorhersagekarten dar. Bei dieser Vorgangsweise soll ein Maximum an Objektivität erreicht werden.

Die Theorie hat jedoch bei der mathematischen Vorausberechnung von Feldverteilungen erst in den letzten zwei Jahrzehnten einen Stand erreicht, der die sogenannten numerischen Vorhersagekarten zu einem integrierenden Bestandteil jeder Wettervorhersage werden ließ. Ohne diese Karten ist ein moderner Wetterdienst nicht mehr denkbar. Dennoch kann zumindest derzeit nicht auf das persönliche Erfahrungswissen des Prognostikers verzichtet werden, und obwohl die atmosphärischen Prozesse durch bekannte Prinzipien der Physik erfaßt werden können, sind neben strengen Gesetzen noch immer viele semi-empirische Regeln in Gebrauch. Diese stellen auch heute noch eine notwendige Ergänzung der theoretischen Arbeitsweise dar. Jedenfalls hat sich allmählich eine sehr enge Bindung zwischen Theorie und Praxis hergestellt, die für die gegenwärtige Prognosentechnik charakteristisch ist.

In dem vorliegenden Buch wird versucht, dieser Entwicklung gerecht zu werden. Im Vergleich zu früheren Darstellungen desselben Gegenstandes ist daher der theoretische Teil gegenüber dem synoptisch-empirischen stark angewachsen. Aus historischen und methodischen Gründen werden in den Teilen A und B zunächst die Analyse des Wetterzustandes und die synoptischen Methoden der Vorhersage erläutert, während die theoretischen Probleme vornehmlich dem letzten Drittel des Buches, Teil C, vorbehalten bleiben. Für das Verständnis von

Teil A und B sind demnach nur mäßige mathematische Vorkenntnisse erforderlich, die Ableitungen im Teil C setzen jedoch die Beherrschung der Differential- und Integralrechnung sowie des Vektorkalküls und der theoretischen Physik in einem Ausmaß voraus, wie es etwa für das erste Diplom der Studienrichtungen der exakten Naturwissenschaften verlangt wird. Das Kapitel über die Theorie der mathematischen Wettervorhersage ist eine in sich geschlossene Darstellung dieses Themas und kann daher auch unabhängig von Teil A und Teil B gelesen werden. Mein Bestreben war es hierbei, einen möglichst vollständigen Überblick über die Grundlagen der „numerischen Wetterprognose" zu vermitteln und die verschiedenen Wege aufzuzeigen, die zur Lösung des schwierigen Problems beschritten werden können. Auf eine detaillierte Beschreibung der vielen derzeit verwendeten Simulationsmodelle konnte daher verzichtet werden. An ausgewählten Gleichungssystemen wird aber das Prinzipielle der Methodik erläutert. Dadurch soll dem Leser ein Tor zu der mitunter schwer zugänglichen Originalliteratur geöffnet werden. Die rein mathematischen Fragen der Lösungsverfahren werden nicht behandelt. Hier gilt der Ausspruch von ERWIN SCHRÖDINGER (Nobelvortrag 1933), daß für den theoretischen Physiker die mathematischen Schwierigkeiten, die bei der Lösung seiner Gleichungen auftreten, letztlich zweitrangig sind. Seine Aufgabe besteht in erster Linie darin, das in Frage stehende Problem auf Grund allgemein gültiger Prinzipien zu formulieren. Es mag sein, daß diese Formulierung im Fall der mathematischen Wettervorhersage weniger Umstände bereitet als die Lösung der Modellgleichungen selbst. Doch würde ein Eingehen auf die eigentlichen Methoden der numerischen Integration der Gleichungen vom Thema zu weit wegführen. Diesbezüglich gibt es in der Literatur im übrigen mehrere hervorragende Darstellungen.

Im synoptischen Teil war eine Beschränkung auf diejenigen Ergebnisse erforderlich, die heute noch als wesentlich erscheinen. Eine derartige Auswahl ist selbstverständlich subjektiv. Ein eigenes Kapitel wurde der relativ jungen Satellitenmeteorologie gewidmet, und es wurden auch kurze Abschnitte über die numerische (objektive) Analyse, die Scale-Analyse sowie die Berechnung von Ausbreitungen von Luftverunreinigungen aufgenommen.

Im wesentlichen beruht das Buch auf Vorlesungen, die der Verfasser in den letzten zwanzig Jahren an der Universität Wien gehalten hat. Es wendet sich zwar in erster Linie an die Studenten der Meteorologie in den höheren Semestern, soll aber auch dem Dozenten der Meteorologie als Grundlage für die Abfassung von Vorlesungen über Wettervorhersage dienen. An den im Routinedienst tätigen Prognostiker werden durch das Eingreifen der theoretischen Meteorologie in die Vorhersagetechnik bedeutend höhere Anforderungen im Hinblick auf Kenntnisse aus Physik und Mathematik gestellt als früher. Ihm soll das Buch ein Leitfaden sein, um den neuesten Stand der Wissenschaft bei seiner Tätigkeit berücksichtigen zu können.

Frau Dr. HELGA KOLB hat das ganze Manuskript kritisch durchgelesen. Ihr verdanke ich viele Anregungen und Hinweise. Sie übernahm auch die mühevolle Aufgabe, die Abbildungen und Diagramme zu überprüfen, in eine für die Veröffentlichung geeignete Form zu bringen und das Stichwortverzeichnis anzulegen. Frau Dr. VERONIKA MEISE hat mich bei Abfassung des Kapitels über die Satellitenmeteorologie tatkräftig unterstützt. Frau CHRISTINA GNAM und Frau

Lucia Prohaska haben das Manuskript getippt und die meisten Strichzeichnungen angefertigt. Ihnen allen möchte ich meinen aufrichtigen Dank für die so überaus wertvolle Hilfe aussprechen.

Für die Überlassung von Abbildungen schulde ich ferner großen Dank der National Oceanic and Atmospheric Administration, U.S.A., dem National Environmental Satellite Service, Washington, D.C., dem National Meteorological Center, Suitland, Md., U.S.A., sowie dem Institut für Meteorologie der Freien Universität Berlin. Nicht zuletzt gebührt mein Dank dem Springer-Verlag in Wien, der dem Buch die bekannt gediegene Ausstattung gegeben hat.

Wien, im Januar 1976 H. Reuter

Inhaltsverzeichnis

Berichtigungen

S. **105**, Fußnote 1, Zeile 2 von unten lies:

$$S = \pi \int_0^\infty B(\nu, T)\, d\nu.$$

S. **128**, Gl. (C.23), Zeile 5 von unten lies:

$$\frac{\partial v}{\partial t} \text{ statt: } \frac{\partial v}{\partial T}.$$

S. **136**, Gl. (C.31a), Zeile 2 von oben lies: $-F_x$ statt: $+F_x$.
S. **136**, Gl. (C.31b), Zeile 4 von oben lies: $-F_y$ statt: $+F_y$.

Verzeichnis der Symbole

A	Austauschkoeffizient der turbulenten Wärmeleitung in der Atmosphäre
B	Intensität der Hohlraumstrahlung
b	Dreistündige Drucktendenz
c	Relative Verlagerungsgeschwindigkeit eines Drucksystems über die Karte
	Phasengeschwindigkeit langer, planetarischer Wellen
$\mathbf{c}$	Relativer Verlagerungsvektor eines Drucksystems über die Karte
c_B	Spezifische Wärme des Bodens
c_p	Spezifische Wärme bei konstantem Druck
D	Zweidimensionale (horizontale) Divergenz
d	Gitterdistanz
E	Erdradius
E_S	Effektive Ausstrahlung der Erdoberfläche
e	Partialdruck des Wasserdampfes
	Eulersche Zahl
e_s	Sättigungsdampfdruck
F	Allgemeine Feldfunktion
Fr	Froudezahl
$\mathbf{F}$	Reibungskraft pro Masseneinheit
f	Coriolisparameter
g	Gravitationsbeschleunigung
H	Geopotential
H_e	Effektive Schornsteinhöhe
I_ν	Strahlungsintensität im Frequenzbereich ν
$\mathbf{i}, \mathbf{j}, \mathbf{k}$	Einheitsvektoren in Richtung der Koordinatenachsen
J	Innere Energie einer Luftsäule
J_A	Quellen und Senken der äußeren Energie
K_x, K_y, K_z	Diffusionskoeffizienten in den Koordinatenrichtungen
k	Exponent in der Adiabatengleichung
	Verhältnis des Winkels zweier Meridiane auf der Karte zu dem gleichen Winkel auf der Erdkugel
$k(x, y)$	Topographie der Erdoberfläche
k_B	Wärmeleitfähigkeit des Bodens
k_s	Krümmung der Stromlinie
k_t	Krümmung der Trajektorie
L	Latente Wärme
	Nachtlänge
	Längeneinheit bei kinematischen Berechnungen
m	Molekulargewicht
	Projektionsfaktor
N	Koordinate in Richtung des zweidimensionalen Gradienten des Geopotentials
n	Horizontale Koordinate, normal zur Bewegungsrichtung

P	Niederschlagsmenge pro Einheitsfläche
P_0	Referenzluftdruck (= 1000 mb)
$\boldsymbol{P}$	Druckkraft pro Masseneinheit
p	Luftdruck, vertikale Koordinate im (x, y, p, t)-System
p_0	Luftdruck des Bezugsniveaus
p_s	Luftdruck an der Erdoberfläche
p_z	Luftdruck in der Höhe z
Δp	Dicke einer Luftschicht
Q_s	Quellstärke
q	Spezifische Feuchte
q_m	Mischungsverhältnis
q_s	Maximal mögliche spezifische Feuchte
R	Individuelle Gaskonstante trockener Luft
	Bewölkungsfaktor der Theorie der nächtlichen Abkühlung
R'	Individuelle Gaskonstante feuchter Luft
R^+	Universelle Gaskonstante
R_t	Krümmungsradius der Trajektorie
R_w	Individuelle Gaskonstante für Wasserdampf
Ri	Richardsonzahl
Ro	Rossbyzahl
r	Radius eines Breitenkreises auf einer Kartenprojektion
$\boldsymbol{r}$	Ortsvektor
S	Intensität der Schwarzstrahlung
	Quellen und Senken des Wasserdampfes pro Volums- und Zeiteinheit
$\boldsymbol{S}$	Beimengungsstromvektor
s	Horizontalkoordinate in der Bewegungsrichtung
	Entropie
	Faktor zur Berücksichtigung des Partialdruckes des Wasserdampfes in der Atmosphäre nach Bolz und Fritz
	Konzentration der luftverunreinigenden Beimengungen
T	Temperatur
T_A	Auslösetemperatur
T_B	Erdbodentemperatur
T_d	Taupunktstemperatur
T_m	Mitteltemperatur einer Luftschicht
	Mitteltemperatur zweier verschieden temperierter Luftmassen
$T_{\max}$	Maximumtemperatur
T_v	Virtuelle Temperatur
t	Zeitkoordinate
U	Geschwindigkeit des zonalen Grundstromes
u, v	Horizontalkomponenten des Geschwindigkeitsvektors
u_g, v_g	Komponenten des geostrophischen Windvektors
$u_{\text{th}}, v_{\text{th}}$	Komponenten des thermischen Windvektors
V	Betrag des horizontalen Geschwindigkeitsvektors
	Bahngeschwindigkeit
V_g	Betrag des geostrophischen Windvektors
$\boldsymbol{v}$	Dreidimensionaler Windvektor
$\boldsymbol{v}_2$	Zweidimensionaler (horizontaler) Windvektor
$\boldsymbol{v}_g$	Geostrophischer Windvektor
$\boldsymbol{W}$	Absoluter Wirbelvektor
w	Vertikalkomponente des Geschwindigkeitsvektors im (x, y, z, t)-System
w_0	Vertikalkomponente des Geschwindigkeitsvektors am Boden

$\boldsymbol{w}$	Relativer Wirbelvektor
x, y, z	Koordinaten des rechtwinkeligen Koordinatensystems, das fix mit der Erde verbunden ist
Δz	Dicke einer Luftschicht
α	Spezifisches Volumen
	Winkel zwischen Erdboden und Grenzfläche zweier Luftmassen
β	Änderung des Coriolisparameters mit y
	Temperaturgradient in den obersten Bodenschichten
Γ	Adiabatischer Temperaturgradient
γ	Temperaturgradient in der Atmosphäre
ζ	Vertikalkomponente des Rotors des Geschwindigkeitsvektors (= relative Vorticity)
ζ_g	Geostrophisch approximierte relative Vorticity
ζ_Θ	Relative Vorticity im (x, y, Θ, t)-System
η	Absolute Vorticity
η_g	Geostrophisch approximierte absolute Vorticity
Θ	Potentielle Temperatur
Θ_e	Äquivalentpotentielle Temperatur
$\varkappa$	Thermischer Stabilitätsparameter
λ	Geographische Länge
	Wellenlänge
λ_s	Wellenlänge stationärer planetarischer Wellen
ν	Frequenz
π	Ludolffsche Zahl
	Verhältnis von aktueller zu potentieller Temperatur
ϱ_1	Dichte der Luft
ϱ_B	Dichte des Bodens
ϱ_s	Dichte der luftverunreinigenden Beimengungen
ϱ_t	Dichte der trockenen Luft
ϱ_w	Dichte des Wasserdampfes
σ	Allgemeine Vertikalkoordinate
	Thermischer Stabilitätsparameter
	Stefan-Boltzmann Konstante
σ_y, σ_z	Streuungsparameter
τ	Diffusionszeit
φ	Geographische Breite
Ψ	Windrichtung
	Stromfunktion
Ω	Winkelgeschwindigkeit der Erdrotation
$\boldsymbol{\Omega}$	Rotationsvektor der Erde
ω	Generalisierte Vertikalgeschwindigkeit (= Vertikalkomponente des Windvektors im (x, y, p, t)-System)
ω_0	Generalisierte Vertikalgeschwindigkeit am Boden

A. Der synoptische Wetterzustand und seine Analyse

1. Die Wetterkarte

Die Geburtsstunde der modernen Lehre vom Wetter und der wissenschaftlichen Wettervorhersage fällt mit dem Zeitpunkt zusammen, zu dem man die früher gehandhabte Methode der mehr statistischen Beobachtungen des Nacheinander eines Geschehens in der Atmosphäre an einem festgehaltenen Ort aufgab und das gleichzeitige (synoptische) Nebeneinander der Wettererscheinungen über einem hinreichend großen Gebiet der Erdoberfläche in den Kreis der Betrachtung zog. Erst durch diese Arbeitsweise war es möglich, durch empirische und theoretische Untersuchungen einen tieferen Einblick in die großräumige Verteilung der einzelnen meteorologischen Elemente, wie Luftdruck, Temperatur, Windströmung, Feuchtigkeit usw., zu gewinnen und daraus für die zeitliche Änderung des Wetters grundlegende Kenntnisse zu erwerben. Da derzeit praktisch jeder Staat über einen organisierten Wetterdienst verfügt und durch eine internationale Organisation die rasche und vollständige Übermittlung der Beobachtungsergebnisse gewährleistet ist, kann mehrmals täglich das Eintragen der Wettermeldungen in eine gewöhnliche geographische Karte erfolgen. Eine solche Karte wird als *synoptische Wetterkarte* bezeichnet. Aus Gründen der raschen und möglichst korrekten Übermittlung hat man einen Zahlenschlüssel eingeführt, der in Form von mehreren Zahlengruppen zu je fünf Ziffern die international verständliche Sprache der Meteorologen darstellt. Es ist solcherart möglich, Einzelheiten des beobachteten Wetterzustandes in gedrängter Form zum Ausdruck zu bringen. Auch die Eintragung in die Wetterkarten wird nach einem international vereinbarten Schema durchgeführt, um die Übersicht über die Wettererscheinungen in einem größeren Gebiet möglichst zu erleichtern. (Bezüglich des Wetterschlüssels s. Anhang, S. 184.)

Von besonderer Bedeutung ist die Beantwortung der Frage, welche meteorologischen Größen beobachtet werden sollen, um den physikalischen Zustand der Atmosphäre genau zu erfassen und der Wetterzentrale diejenigen Informationen zukommen zu lassen, die sie benötigt, um Wetterprognosen zu erstellen.

Zunächst werden an den Beobachtungsstationen sicherlich diejenigen Elemente beobachtet werden, die für die allgemein übliche Beurteilung des Wetters maßgebend sind, wie Bewölkung, Niederschlag, Temperatur und Wind. Es ergeben sich hier vom rein physikalischen Standpunkt aus bereits Schwierigkeiten. Temperatur und Wind (Geschwindigkeitsvektor) sind physikalisch streng definierbare Begriffe, die auch in den Grundgleichungen der Physik aufscheinen. Bewölkung und Niederschlag sind es nicht. Hier handelt es sich um komplexe Vorgänge, die offenbar das Resultat von in der Atmosphäre ablaufenden Prozessen sind. Man kann zeigen, daß sie grundsätzlich zur Erfassung dieser physikalischen Prozesse in der Atmosphäre nicht nötig sind. Vom rein physikalischen Standpunkt aus genügen sieben skalare Funktionen der Raum-Zeit-Koordinaten, um den Zustand der Atmosphäre zu beschreiben. Es sind dies: Luftdruck, Temperatur, Partialdruck des Wasserdampfes, Luftdichte, die zwei Komponenten des horizontalen Windvektors und die Vertikalgeschwindigkeit. Man muß sich jedoch darüber im klaren sein, daß die Beschreibung des Wetterablaufes, wie sie von der Öffentlichkeit verlangt wird, mehr beinhaltet als die bloße Prognose der Feldverteilung dieser meteorologischen Elemente. Daher wird jede Prognose in zwei grundlegenden Schritten durchzuführen sein: Erstens in der möglichst exakten Voraussage der Feldverteilungen von Luftdruck, Temperatur, Windströmung usw. zusammen mit der Luftmassenverteilung (d. h. Frontenanalyse) und zweitens in der Interpretation dieser *Vorhersagewetterkarten* im Hinblick auf die Abfassung der eigentlichen Wetterprognose, die dann u. a. Aussagen über Bewölkung und Niederschlag enthalten soll. Die Lehrbücher über synoptische und theoretische Meteorologie befassen sich fast ausschließlich mit dem ersten Problem. Noch ist nämlich für den zweiten Schritt die persönliche Erfahrung und auch ein gewisses Fingerspitzengefühl des Prognostikers unerläßlich.

Von den sieben oben erwähnten Größen, die theoretisch erforderlich sind, werden allerdings zwei nicht direkt beobachtet, nämlich die Luftdichte und die Vertikalgeschwindigkeit. Bei der Luftdichte bedeutet das keinen Nachteil, da sie sofort mit Hilfe der Zustandsgleichung der Gase aus Druck und Temperatur berechnet werden kann. Anders liegen jedoch die Verhältnisse bei der Vertikalgeschwindigkeit. Es gibt zwar diagnostische (zeitunabhängige) Beziehungen, die uns grundsätzlich eine Möglichkeit bieten, die vertikale Geschwindigkeitskomponente aus den horizontalen zu berechnen, die Beobachtungen der Windgeschwindigkeit und -richtung sind jedoch viel zu ungenau, um zu realistischen Werten der Vertikalgeschwindigkeit zu gelangen. Die direkte Beobachtung dieser Größe wäre daher sehr erwünscht. Das scheitert leider an der derzeitigen Beobachtungstechnik.

Wir haben als Wesen der modernen Synoptik das Betrachten des gleichzeitigen Nebeneinander der Wettererscheinungen in einem hinreichend großen Gebiet bezeichnet. Wie groß das Gebiet sein muß, das eine synoptische Karte enthalten soll, wenn sie als Grundlage für eine Wetterprognose Verwendung findet, hängt vornehmlich von zwei Gesichtspunkten ab:

1. Von dem Ausmaß der Veränderlichkeit des Wetters;
2. Vom Vorhersagezeitraum.

Für kurzfristige, z. B. halbtägige Prognosen wird man mit einem relativ kleinen Gebiet das Auslangen finden. Für eine 24- bis 36-stündige Vorhersage ist bereits in vielen Fällen eine Wetterkarte von der Größe ganz Europas und eines Teiles des nordatlantischen Ozeans erforderlich. Synoptische Prognosen darüber hinaus müssen bereits auf Karten basieren, die den überwiegenden Teil der ganzen Hemisphäre umfassen. Es hat sich herausgestellt, daß bei den in größeren Höhen auftretenden Windstärken Luftversetzungen von dem erwähnten Ausmaß innerhalb des Vorhersagezeitraumes stattfinden können. Man kann das hier vorliegende Problem auch vom theoretischen Standpunkt aus behandeln. Eine diesbezügliche Untersuchung, die wir SMAGORINSKI (1967) verdanken, zeigt sehr deutlich, wie rasch das *Einflußgebiet* für eine an einem bestimmten Ort auftretende Wettererscheinung mit Vergrößerung des Vorhersagezeitraumes anwächst. Mit Hilfe eines einfachen mathematischen (numerischen) Modells (solche Modelle werden wir noch im Teil C kennenlernen) konnte SMAGORINSKI zeigen, wie groß das Gebiet ist, aus dem Anfangsinformationen vorhanden sein müssen, um Richtung und Geschwindigkeit des Windes in rund 5 km Höhe an einem fixen Punkt in den mittleren Breiten der Nordhalbkugel für verschiedene Zeiträume vorherzusagen. Das Ergebnis ist in Abb. A.1 dargestellt. Durch rechteckige Begrenzungen wird derjenige

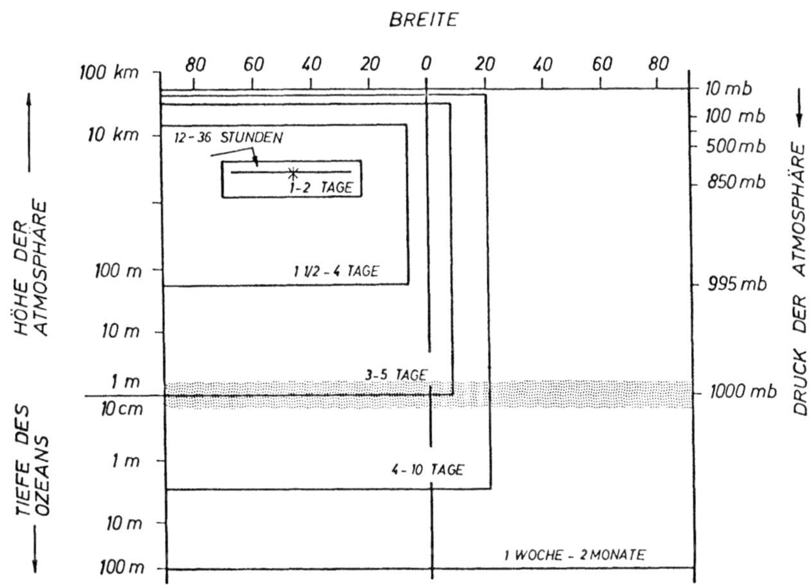

Abb. A.1. Größe des Gebietes, aus dem Anfangsinformationen benötigt werden, in Abhängigkeit von der Länge des Vorhersagezeitraumes. (Nach SMAGORINSKI 1967)

Bereich angegeben, der bei vorgegebenem Vorhersagezeitraum noch auf das Ergebnis Einfluß nehmen kann. Beschränken wir uns auf kurzfristige Vorhersagen von höchstens 1 bis 2 Tagen, so genügen im allgemeinen Anfangsbeobachtungen von Stationen in demselben Niveau, jedoch von einer Fläche von 5000 bis 6000 km^2, also einer Fläche vergleichbar einer normalen Wetterkarte. Bei einer Erweiterung des Prognosenzeitraumes auf 2 bis 4 Tage muß die vertikale Struktur der Atmosphäre unbedingt mitberücksichtigt werden, d. h. wir müssen bereits Wetterkarten in mehreren Niveaus zur Verfügung haben. Gleichzeitig aber vergrößert sich auch die Fläche der Wetterkarte, und schon bei einer 3-Tage-Prognose greifen die Randbedingungen an der Erdoberfläche ein, obwohl unsere Vorhersage für einen Punkt in 5 km Höhe gelten soll. Die Fläche der Karte umfaßt bereits die ganze Hemisphäre. Wollen wir jedoch den Prognosenzeitraum weiter vergrößern, so wird unser Problem schier unlösbar, da in einem solchen Fall schon Daten von der Südhalbkugel vorliegen müßten. Doch damit nicht genug, würden wir auch noch Beobachtungen vom Ozean bis zu Tiefen von etwa 5 m (Temperaturbeobachtungen) benötigen. Bei Vorhersagen von mehr als einer Woche bis zu einem Monat sind dann Angaben von der ganzen Erdkugel und vom Ozean bis zu einer Tiefe von 100 m erforderlich. Solange daher das weltweite Beobachtungsnetz nicht hinreichend ausgebaut ist, erscheint es notwendig, sich auf relativ kurze Prognosen zu beschränken, oder bei langfristigen Vorhersagen die eben aufgezeigte Unsicherheit von vornherein in Betracht zu ziehen.

Der Großteil der meteorologischen Stationen führt Beobachtungen nahe der Erdoberfläche durch. Die so gewonnene Information wird auf der sogenannten Bodenwetterkarte dargestellt und bildet die eigentliche Grundlage der synoptischen Meteorologie. Die internationale meteorologische Organisation (WMO) hatte sich daher zunächst die Aufgabe gestellt, dieses Beobachtungsnetz so zu verdichten, daß ein möglichst kontinuierlicher Verlauf der einzelnen meteorologischen Elemente gewährleistet ist. Auf den dichtbesiedelten Kontinenten war dieses Problem relativ einfach zu lösen. Auf den Ozeanen und in den Wüstengebieten sowie in der Arktis und Antarktis gestaltete sich diese Aufgabe außerordentlich schwierig und kostspielig. Während man nach dem Zweiten Weltkrieg die Beobachtungen der wenigen Inselstationen auf den Weltmeeren durch ortsfeste Wetterschiffe ergänzen konnte, hat man in jüngster Zeit durch automatische Roboterstationen einerseits und durch die Wettersatelliten andererseits wirksame Hilfsmittel zur Vervollständigung des Beobachtungsnetzes erhalten. Trotzdem bleiben auch heute noch die Beobachtungen aus diesen Gebieten, die mehr als drei Viertel der Erdoberfläche ausmachen, lückenhaft.

Eine zweite Erweiterung des Beobachtungsnetzes erfolgte durch Einbeziehung von Messungen aus der freien Atmosphäre. Damit sollte eine dreidimensionale Betrachtungsweise die gewöhnliche, zweidimensionale Wetterkarte ergänzen. Die ersten Meldungen aus größerer Höhe gelangten von den Bergobservatorien zu den Wetterdienststellen. Sie hatten schon deutlich gezeigt, welche Bedeutung die Vorgänge in der Höhe für die Wetterentwicklung haben können. In der Folge konnte dann mit Ballonen, Drachenaufstiegen, Flugzeugen, Radiosonden und Raketen schrittweise die vertikale Struktur der Atmosphäre erforscht werden. Heute basieren die *Höhenwetterkarten* vornehmlich auf Radiosondenmessungen und Satellitendaten. Trotz größter Anstrengungen ist das Beobachtungsnetz der freien Atmosphäre wesentlich weitmaschiger als dasjenige der Bodenstationen. Doch gelingt es derzeit schon recht genau, die Druck-, Temperatur- und Feuchteverhältnisse innerhalb derjenigen Luftschichten, in denen Wetterprozesse ablaufen (Troposphäre und untere Stratosphäre), zu erfassen. Durch Anvisierung der die Radiosonden tragenden Ballone können Messungen der Luftströmung durchgeführt werden, sodaß auch die Höhenwindverteilung weitgehend bekannt ist. Dabei war es ein wesentlicher Fortschritt, daß anstelle der optischen Visiergeräte elektrische (Radargeräte) verwendet wurden, die eine genaue Ortsbestimmung der Ballone auch bei Bewölkung und schlechten Sichtverhältnissen gestatten.

Alle diese Errungenschaften haben uns in die Lage versetzt, synoptische Wetterkarten in verschiedenen Niveaus mehrmals täglich anzufertigen. Doch sind die Meteorologen mit der Menge der Information noch nicht zufrieden. Für eine kontinuierliche Erfassung aller Wetterelemente wäre eine weitere Verdichtung des Stationsnetzes unbedingt erforderlich. Dies ist immer noch ein Hauptanliegen der meteorologischen Weltorganisation.

Natürlich ist es mit den Beobachtungen allein nicht getan. Sie müssen in geeigneter Form möglichst rasch und zweckmäßig verarbeitet werden. Mit der zunehmenden Anzahl von Einzelinformationen nimmt aber auch der für die Auswertung notwendige Arbeitsaufwand rasch zu. In immer größerem Ausmaß werden daher die modernsten elektronischen Rechenautomaten in den Dienst dieser Aufgabe gestellt.

Die eigentliche Analyse des synoptischen Wetterzustandes stellt einen Versuch dar, mit Hilfe einfacher, aber theoretisch fundierter Beziehungen Zusammenhänge zwischen den meteorologischen Elementen zu studieren, vor allem im Hinblick auf die Wetterprognose. Wir werden hier nicht für alle verwendeten Beziehungen Beweise geben können, da dies den Rahmen des Buches, das den Methoden der Wettervorhersage gewidmet sein soll, überschreiten würde. Doch sind im Teil C in den Kapiteln über die theoretische Wettervorhersage Ableitungen der wichtigsten und für das Verständnis notwendigen Grundgleichungen zu finden. Hinsichtlich mancher Einzelheiten muß aber auf entsprechende Lehrbücher der theoretischen Meteorologie oder der theoretischen Physik verwiesen werden.

2. Analyse des Druck- und Stromfeldes

Schon zu Beginn meteorologischer Forschung wurde dem Luftdruck unter allen meteorologischen Elementen eine besondere Stellung eingeräumt, wenngleich dies vom rein theoretischen Standpunkt aus nicht unbedingt notwendig und auch nicht immer zweckmäßig ist und obwohl der Luftdruck selbst in der Wetterprognose nicht mehr aufscheint und in der Öffentlichkeit Voraussagen des Luftdrucks sehr zum Unterschied von anderen Größen, wie Temperatur, Wind, Wolken und Niederschlag nicht gefragt sind. Es hat sich nämlich herausgestellt, daß zwischen dem Luftdruck einerseits und den übrigen Elementen andererseits viele verhältnismäßig einfache Beziehungen bestehen. Natürlich sind alle meteorologischen Feldgrößen durch die entsprechenden Grundgleichungen der Physik miteinander ursächlich verknüpft. Aber durch gewisse Vereinfachungen in den komplizierten Gleichungen lassen sich approximative Beziehungen zwischen dem Luftdruck und den anderen Feldgrößen herleiten, die geeignet sind, eine Rechtfertigung für die Methode zu geben, möglichst alle Wettererscheinungen mit einer entsprechenden Luftdruckverteilung zu korrelieren. Hierzu kommt noch, daß der Luftdruck sehr leicht und sehr genau gemessen werden kann und daß er eine große Unempfindlichkeit gegenüber örtlichen Modifikationen durch Vorgänge nahe der Erdoberfläche aufweist. Man kann daher behaupten, daß der am Boden gemessene Luftdruck uns eine integrierte Information über die ganze über dem Beobachtungsort lagernde Luftsäule vermittelt. Variationen des Luftdrucks werden daher viel enger mit Wetteränderungen korreliert sein als etwa solche der Temperatur, da diese schon durch die direkte Sonnenstrahlung und durch die Beschaffenheit der Erdoberfläche selbst stark beeinflußt wird. Schließlich hat sich herausgestellt, daß es gerade wegen der relativ geringen räumlichen Veränderlichkeit des Luftdrucks möglich ist, zwischen verhältnismäßig weit auseinanderliegenden Stationen mit Erfolg zu interpolieren, sodaß auch bei einem weitmaschigen Beobachtungsnetz die analysierte Druckverteilung ein sehr anschauliches Bild der tatsächlichen, kontinuierlichen Feldverteilung vermittelt. Alle diese Vorteile sind bei den anderen meteorologischen Elementen, soweit es sich um Beobachtungen nahe der Erdoberfläche handelt, nicht zu finden. In der freien

Atmosphäre liegen die Verhältnisse einfacher, und hier werden auch entsprechende Analysen des Temperatur- oder Feuchtefeldes leichter durchzuführen sein.

Der erste Schritt zur Darstellung der räumlichen Verteilung eines meteorologischen Elementes besteht in der zweckmäßigsten Wahl des (dreidimensionalen) Koordinatensystems. Die horizontalen Koordinaten werden allgemein in einem fix mit der Erdoberfläche verbundenen kartesischen Koordinatensystem in der Weise festgelegt, daß die y-Koordinate nach Norden und die x-Koordinate nach Osten weist. Als Vertikalkoordinate wird in den meisten Fällen anstelle der geometrischen z-Koordinate der Luftdruck p eingeführt. Als Einheit für den Luftdruck wird allgemein das Millibar verwendet ($1\,\text{mb} = 10^2\,\text{N}\,\text{m}^{-2} = 10^3\,\text{dyn}\,\text{cm}^{-2}$).

Da bei fast allen in der Atmosphäre stattfindenden wetterwirksamen Prozessen die vertikale Abhängigkeit des Luftdrucks durch die einfache hydrostatische Beziehung

$$\frac{\partial p}{\partial z} = -g\varrho \tag{A.1}$$

mit ϱ als Dichte und g als Gravitationsbeschleunigung beschrieben werden kann, ist die Vertauschung der geometrischen z-Koordinate mit dem Luftdruck als unabhängige Variable naheliegend und leicht durchzuführen (s. dazu Teil C, S. 131). Die topographische Darstellung der Höhendruckflächen anstelle der Druckverteilung in einem bestimmten Höhenniveau hat sich sehr bewährt. Eine solche Darstellung einer isobaren Fläche wird auch als *absolute Topographie* der betreffenden Druckfläche bezeichnet. Unter der *relativen Topographie* zweier Druckflächen, etwa der 500 mb- über 1000 mb-Fläche, versteht man die Feldverteilung der Differenz der Höhenwerte dieser beiden Flächen. Die Höhe einer bestimmten Druckfläche wird in der Meteorologie jedoch meist nicht durch den Betrag von z selbst angegeben, sondern durch das Geopotential, das folgendermaßen

$$H = \int_0^z g\,dz \doteq gz \qquad [\text{m}^2\,\text{s}^{-2}] \tag{A.2}$$

definiert ist. Der Vorteil dieser Vorgangsweise besteht darin, daß die Änderung des Druckes mit H nur mehr von der Dichte abhängt. Da die Gravitationsbeschleunigung mit der geographischen Breite variiert (als Folge der durch die Erdrotation hervorgerufenen Zentrifugalbeschleunigung), ergibt sich für die Umrechnung von H in z jeweils ein anderer Faktor. Um den zahlenmäßigen Unterschied zwischen geometrischer Höhe und Geopotential möglichst klein zu machen, wurde eine neue Einheit, das *geopotentielle Meter* eingeführt. Es ist definiert als [gpm] = [9,8 $\text{m}^2\,\text{s}^{-2}$]. Zahlenmäßig sind somit H und z ungefähr gleich. Natürlich läßt sich jederzeit mit dem an einem festen Ort gültigen Wert von g die geometrische Höhe z aus H berechnen.

Die Ermittlung der Höhenwerte der Topographien isobarer Flächen aus den Radiosondenaufstiegen, die Druck, Temperatur und Feuchte in fast kontinuierlichem vertikalen Verlauf liefern, erfolgt mittels der barometrischen Höhenformel. Diese ergibt sich sofort durch die Integration aus (A.1), wenn die Dichte ϱ mit Hilfe der Zustandsgleichung der Gase $p = R\varrho T$ (R = individuelle Gaskonstante der Luft, T = absolute Temperatur) durch Druck und Temperatur ausgedrückt wird. Bedeutet p_1 der Luftdruck in der Höhe z_1, p_2 derjenige in der Höhe z_2, so lautet die *barometrische Höhenformel*

$$p_2 = p_1 \exp\left(-\frac{g}{R}\int_{z_1}^{z_2}\frac{dz}{T}\right) \tag{A.3}$$

oder

$$\ln p_2 - \ln p_1 = -\frac{g\,\Delta z}{T_m} = -\frac{\Delta H}{T_m}, \tag{A.3a}$$

wenn hier unter $\Delta z \equiv z_2 - z_1$ und unter T_m die Mitteltemperatur in dieser Schicht verstanden wird.

Die Formel (A.3) gilt zunächst nur für trockene Luft. Wegen des stark variablen Wasserdampfgehaltes müßte an sich von Fall zu Fall eine andere Gaskonstante Verwendung finden. In der Meteorologie wird jedoch so verfahren, daß nicht die Gaskonstante, sondern die Temperatur korrigiert wird. Dies führt zum Begriff der sogenannten *virtuellen Temperatur*. Diese ist als diejenige Temperatur definiert, bei der absolut trockene Luft denselben Druck und dieselbe Dichte haben würde wie die Luft mit der tatsächlich vorhandenen Feuchte und Temperatur[1]. Trägt man die Druck-, Temperatur- und Feuchtewerte eines Radiosondenaufstieges in eines der gebräuchlichen thermodynamischen Diagramme (sogenannte Adiabatenpapiere) ein, so kann dort meistens direkt die Korrektur zwischen der aktuellen und der virtuellen Temperatur abgelesen werden. Es wurden auch thermodynamische Rechenschieber konstruiert, die eine rasche Berechnung der virtuellen Temperatur gestatten.

Bei Berechnung der absoluten Topographien wird aus einer vorgegebenen Druckdifferenz mittels der barometrischen Höhenformel (A.3) die Höhendifferenz berechnet. Bei der Analyse des Bodendruckfeldes wird (A.3) dazu verwendet, aus einer vorgegebenen Höhendifferenz die Druckdifferenz zu ermitteln, da vor dem Zeichnen der Isobaren die von den verschiedenen Stationen gemeldeten Werte des Luftdruckes auf ein Referenzniveau (Meeresniveau) reduziert werden müssen, um die vorhandenen Höhenunterschiede zu eliminieren. Dabei ist es nicht möglich, eine genaue (mittlere) virtuelle Temperatur der in Betracht kommenden Schicht anzugeben. Man reduziert daher unter der Annahme einer mittleren Temperaturzunahme (etwa 0,65 Grad pro 100 m). Daß eine solche Reduktion für höher gelegene Stationen manchmal ins Gewicht fallende Fehler ergeben kann, ist verständlich. Bei extremen Temperaturverhältnissen kann ein gegenüber der Um-

---

[1] Bezeichnet man mit R' die Gaskonstante feuchter Luft von der spezifischen Feuchte q (Verhältnis der Dichte des Wasserdampfes zur Dichte der feuchten Luft), so gilt $R' = R(1 + 0{,}606\,q)$. Die virtuelle Temperatur wird dann als $T_v = T(1 + 0{,}606\,q)$ definiert. Dabei hängt q mit dem Partialdruck des Wasserdampfes e und dem Luftdruck in folgender Weise zusammen

$$q = 0{,}621\,\frac{e}{p - 0{,}379\,e} \doteq 0{,}621\,e/p.$$

gebung zu hoher oder zu niedriger Luftdruck vorgetäuscht werden. Unter Umständen wird es notwendig sein, solche Werte bei der Analyse fortzulassen.

Trotz der in vielen Kartenteilen zahlreich vorhandenen, zuverlässigen Meldungen bleibt das Zeichnen der Isobaren ein Problem der Interpolation zwischen den gemeldeten Luftdruckwerten. Zur Erleichterung dieser Interpolation verwendet man in der Praxis eine wichtige Beziehung zwischen dem Luftdruck und dem Windvektor. Natürlich regeln ganz allgemein die Bewegungsgleichungen auf der rotierenden Erde die Zusammenhänge zwischen dem Druckfeld und dem Stromfeld. In der theoretischen Meteorologie (s. Teil C, S. **125**) wird bewiesen, daß die Bewegungsgleichungen auf der rotierenden Erde bei Vernachlässigung der Reibungskräfte und unter Voraussetzung quasistatischer Bewegung die folgende Gestalt annehmen:

$$\frac{du}{dt} - fv = -\frac{1}{\varrho}\frac{\partial p}{\partial x}$$

$$\frac{dv}{dt} + fu = -\frac{1}{\varrho}\frac{\partial p}{\partial y}$$

$$g = -\frac{1}{\varrho}\frac{\partial p}{\partial z}, \tag{A.4}$$

wenn hier $f \equiv 2\Omega \sin\varphi$ der sogenannte Coriolisparameter und u und v die Horizontalkomponenten des Geschwindigkeitsvektors $\boldsymbol{v}$ bedeuten. Ω ist die Winkelgeschwindigkeit der Erdrotation und φ die geographische Breite. Da wir in der synoptischen Praxis anstelle der geometrischen z-Koordinate den Druck verwenden, so müssen auch die Bewegungsgleichungen für diesen Fall formuliert werden (sogenanntes p-System, s. Teil C, S. **131**). Sie lauten dann

$$\frac{du}{dt} - fv = -\frac{\partial H}{\partial x}$$

$$\frac{dv}{dt} + fu = -\frac{\partial H}{\partial y}$$

$$\frac{1}{\varrho} = -\frac{\partial H}{\partial p}. \tag{A.4a}$$

Der so formulierte Zusammenhang zwischen Druck- und Windfeld ist für eine Anwendung in der Praxis zu kompliziert. Es lassen sich jedoch wesentlich vereinfachte Beziehungen aus den vollständigen Gleichungen gewinnen, die für viele Zwecke hinreichend genaue Informationen über die gegenseitige Abhängigkeit vermitteln. Den denkbar einfachsten Fall einer Beziehung zwischen Druck- und Stromfeld erhält man aus (A.4) oder (A.4a), wenn die substantiellen Beschleunigungen du/dt und dv/dt gegenüber den Coriolisbeschleunigungen fv bzw. fu vernachlässigt werden. Es ergibt sich dann sofort für die horizontalen Geschwindigkeitskomponenten u_g und v_g

$$fv_g = \frac{1}{\varrho}\frac{\partial p}{\partial x} \qquad fu_g = -\frac{1}{\varrho}\frac{\partial p}{\partial y} \tag{A.5}$$

oder

$$f v_g = \frac{\partial H}{\partial x} \qquad f u_g = -\frac{\partial H}{\partial y}. \tag{A.5a}$$

Aus diesen Beziehungen läßt sich für jede geographische Breite und jede Luftdichte bei bekanntem Druckgradienten (bzw. aus dem bekannten Gradienten des Geopotentials) ein horizontaler Windvektor berechnen. Man bezeichnet das resultierende Geschwindigkeitsfeld auch als *geostrophisches*. Es gilt nur für geradlinige und unbeschleunigte Bewegung. Aus (A.5) und (A.5a) folgt, daß beim geostrophischen Wind die Isobaren(Isohypsen-)richtung mit der Windrichtung zusammenfällt und zwar derart, daß auf der Nordhalbkugel ($f > 0$) der tiefere Druck zur Linken, der höhere zur Rechten liegt.

Die Isobaren als Linien gleichen Luftdrucks in einem festen Niveau oder die Isohypsen als Linien gleichen Geopotentials einer bestimmten Druckfläche vermitteln anschaulich den Druckgradienten oder den Potentialgradienten. Der Abstand der Isolinien ist gleichzeitig ein Maß für die Windgeschwindigkeit. Bei geostrophischen Verhältnissen fallen außerdem die *Stromlinien* und die *Trajektorien* mit den Isobaren zusammen. Unter Stromlinien versteht man die Kurvenscharen, für welche der beobachtete, zweidimensionale Windvektor in jedem Punkt die Tangente darstellt. Auch im allgemeinen Fall können die Stromlinien durch entsprechende Analyse des Windfeldes ohne weiteres gezeichnet werden. Die Trajektorien stellen die Bahn individueller Luftpartikel dar. Sie sind exakt nur aus der Lösung der Bewegungsgleichungen zu ermitteln.

Um den Zusammenhang zwischen Isobaren (Isohypsen), Stromlinien und Trajektorien besser überblicken zu können, ist es angezeigt, die Bewegungsgleichungen (für 2-dimensionale Bewegungen) in sogenannten *natürlichen Koordinaten* zu schreiben. Als natürliches Koordinatensystem wird ein zeitabhängiges, rechtwinkeliges Koordinatensystem bezeichnet, das mit der betrachteten Luftpartikel mitwandert und dessen Achsen in Richtung der Tangente (s-Achse) bzw. der Kurvennormalen in einem Bahnpunkt (n-Achse) (positiv nach links von der Bewegungsrichtung) orientiert sind. Die Parameter s und n sind Funktionen der Zeit. Die Komponenten des Druckgradienten lauten in diesem Koordinatensystem $\partial p/\partial s$ bzw. $\partial p/\partial n$, die des Geopotentialgradienten $\partial H/\partial s$ bzw. $\partial H/\partial n$. Die Bahngeschwindigkeit bezeichnen wir mit $V = ds/dt$ ($V^2 = u^2 + v^2$). Dann gelten für eine zweidimensionale reibungsfreie Bewegung anstelle der Gl. (A.4) oder (A.4a) offenbar die Gleichungen:

$$\left(\frac{dV}{dt}\right)_s = -\frac{1}{\varrho}\frac{\partial p}{\partial s}$$

$$k_t V^2 = -\frac{1}{\varrho}\frac{\partial p}{\partial n} - fV \tag{A.6}$$

mit z als vertikaler Koordinate oder

$$\left(\frac{dV}{dt}\right)_s = -\frac{\partial H}{\partial s}$$

$$k_t V^2 = -\frac{\partial H}{\partial n} - fV \tag{A.6a}$$

mit p als vertikaler Koordinate, wenn hier unter $k_t = 1/R_t$ die Krümmung der Trajektorie (R_t = Krümmungsradius) verstanden wird und $f \equiv 2\Omega \sin \varphi$ wieder der Coriolisparameter ist.

Man sieht in dieser einfachen Form der Bewegungsgleichungen den Vorteil des p-Systems gegenüber dem z-System. Im p-System hängt der Bewegungszustand auf einer Druckfläche vom Geopotentialgradienten, der Krümmung der Trajektorie und dem Coriolisparameter ab. Im z-System kommt die Dichte als zusätzlicher Parameter hinzu. Daher hat die Gl. (A.6) in jedem Höhenniveau je nach der vorhandenen Dichte andere Koeffizienten, während die Gl. (A.6a) auf allen Druckflächen in derselben Form verwendet werden kann.

Der Einfachheit halber wollen wir hier nur die Gl. (A.6a) näher diskutieren. Führt man einen Winkel δ ein, der die Abweichung der tatsächlichen Windrichtung von der Isophysenrichtung anzeigen soll (positiv bei Abweichungen gegen niedrigere Werte, negativ bei solchen gegen höhere Werte von H), und bedeutet N die Koordinate in Richtung des zweidimensionalen Gradienten von H, so läßt sich die Gl. (A.6a) auch

$$\frac{dV}{dt} = -\frac{\partial H}{\partial N} \sin \delta$$

$$k_t V^2 = -fV - \frac{\partial H}{\partial N} \cos \delta \tag{A.7}$$

schreiben. Diese Gleichung beschreibt in einer reibungsfreien Atmosphäre vollständig die Bewegungen auf einer isobaren Fläche. Die Beschleunigung in der Bewegungsrichtung wird durch den Geopotentialgradienten in Richtung der Tangente an die Trajektorie bestimmt. Die bei einer Krümmung der Luftbahn auftretende Zentrifugalbeschleunigung $k_t V^2$ steht im Gleichgewicht mit der Coriolisbeschleunigung fV und dem Geopotentialgradienten in Richtung der Kurvennormalen. Wird in (A.7) dV/dt null gesetzt, so folgt, da $\partial H/\partial N$ voraussetzungsgemäß nicht verschwinden soll, $\delta = 0$. Das ergibt mit der weiteren Annahme, daß die Bewegung geradlinig erfolgen soll ($k_t = 0$), den geostrophischen Wind in Analogie zu (A.5a)

$$V_g = -\frac{1}{f} \frac{\partial H}{\partial N}. \tag{A.8}$$

Führen wir in die zweite Gl. (A.7) für $\partial H/\partial N = -fV_g$ ein, so schreibt sich diese:

$$k_t V^2 + fV - fV_g \cos \delta = 0. \tag{A.9}$$

Die Lösung dieser quadratischen Gleichung liefert den sogenannten Gradientwind:

$$V = \frac{1}{2k_t}\left(-f \pm \sqrt{f^2 + 4k_t f V_g \cos \delta}\right). \tag{A.9a}$$

Eine direkte Verwendung der Gl. (A.9a) für die Analyse ist zum Unterschied vom geostrophischen Wind (A.8) nicht ohne weiteres möglich, da hierzu die Krümmung der Trajektorien bekannt sein muß. Diese fallen nur im stationären Zustand mit den Stromlinien zusammen. Im übrigen ist es nicht schwer, eine Beziehung zwischen der Krümmung der Trajektorien und derjenigen der Stromlinien herzuleiten. Bezeichnen wir letztere mit k_s, so kann folgendermaßen argumentiert werden. Es sei Ψ der Winkel (gemessen im Bogenmaß von einer beliebigen Referenzachse aus), der die Windrichtung (horizontaler Geschwindigkeitsvektor) angeben soll. Dann gilt offenbar $R_t\, d\Psi = ds$ oder $k_t = d\Psi/ds$. Da weiters $d\Psi/ds = (d\Psi/dt)(dt/ds)$ ist, wird nach der Eulerzerlegung[1] des substantiellen Differentialquotienten $d\Psi/dt$

$$k_t = \frac{1}{V}\left(\frac{\partial \Psi}{\partial t} + V\frac{\partial \Psi}{\partial s}\right), \tag{A.10}$$

was sich auch als

$$k_t = k_s + \frac{1}{V}\frac{\partial \Psi}{\partial t} \tag{A.10a}$$

schreiben läßt, da der Term $\partial\Psi/\partial s$ die Änderung von Ψ in Richtung der Bogenlänge bei konstant gehaltener Zeit darstellt, was nichts anderes als die Krümmung der Stromlinie ist. Wird nun (A.10) in (A.9) eingeführt und wiederum die quadratische Gleichung gelöst, so ergibt sich

$$V = \frac{1}{2k_s}\left[-\left(f + \frac{\partial \Psi}{\partial t}\right) \pm \sqrt{\left(f + \frac{\partial \Psi}{\partial t}\right)^2 + 4k_s f V_g \cos\delta}\,\right]. \tag{A.11}$$

Man kann sich leicht überzeugen, daß für zyklonale Krümmungen ($k_s > 0$) ausschließlich, für antizyklonale ($k_s < 0$) in der überwiegenden Zahl der in der Praxis vorkommenden Fälle nur das positive Vorzeichen der Wurzel sinnvolle Resultate liefert. Natürlich hängt die praktische Verwendbarkeit der Formel (A.11) davon ab, wie genau k_s und $\partial\Psi/\partial t$ bestimmt werden können. Die Krümmung der Stromlinien ist in den meisten Fällen (in mittleren und hohen Breiten) nicht allzu abweichend von derjenigen der Isohypsen oder Isobaren. Statistische Untersuchungen über die Größe des Winkels δ haben Werte zwischen 10° und 15° er-

---

[1] Diese Darstellung wird verständlich, wenn man bedenkt, daß für die individuelle (totale) Ableitung einer beliebigen Feldfunktion F

$$\begin{aligned}\frac{dF}{dt} &= \frac{\partial F}{\partial t} + \frac{\partial F}{\partial x}\frac{dx}{dt} + \frac{\partial F}{\partial y}\frac{dy}{dt} + \frac{\partial F}{\partial z}\frac{dz}{dt}\\ &= \frac{\partial F}{\partial t} + u\frac{\partial F}{\partial x} + v\frac{\partial F}{\partial y} + w\frac{\partial F}{\partial z}\\ &= \frac{\partial F}{\partial t} + \mathbf{v}_2\cdot \operatorname{grad} F + w\frac{\partial F}{\partial z}\end{aligned}$$

gelten muß. Man bezeichnet eine solche Aufspaltung einer individuellen Änderung in eine lokale Änderung, einen horizontalen und einen vertikalen Advektionsterm auch als *Eulerzerlegung*. In dem hier verwendeten zweidimensionalen natürlichen Koordinatensystem reduzieren sich die beiden Advektionsterme auf $V(\partial F/\partial s)$.

geben. Größere Abweichungen der Stromlinien von den Isohypsen zeigen sich nur im Bereich der Starkwindbänder (Jet-Streams), von denen später noch die Rede sein wird. Dort ergaben sich Werte von $\delta > 20°$. In Erdbodennähe treten Abweichungen auf, die durch den Reibungsfluß erklärt werden können. Bleiben wir jedoch bei einem Durchschnittswert von 10°, so kann, da cos 10° = 0,985 ist, in der Gl. (A.11) $\cos \delta \doteq 1$ gesetzt werden. Dies enthebt uns allerdings nicht der Aufgabe, noch über $\partial\Psi/\partial t$ eine Aussage zu treffen. Die Tatsache, daß die Krümmung der Stromlinien weitgehend durch diejenige der Isohypsen dargestellt wird, bedeutet nämlich nicht, daß dies auch für die Trajektorien gelten muß. Bei rasch wandernden Zyklonen beispielsweise treten so große Unterschiede zwischen k_t und k_s auf, daß die Gl. (A.11) nicht verwendet werden kann.

Zur Bestimmung von V nach Gl. (A.9a) unter der Voraussetzung, daß $\cos \delta = 1$ ist, sind Diagramme konstruiert worden. Ein derartiges verdanken wir H. Philipps (1947). Es ist in Abb. A.2 dargestellt. Es gestattet für eine gegebene Isohypsendistanz ($\Delta H = 40$ gpm) und bei Kenntnis des Krümmungsradius der Trajektorie, die nach Gl. (A.9a) resultierende Geschwindigkeit für jede geographische Breite

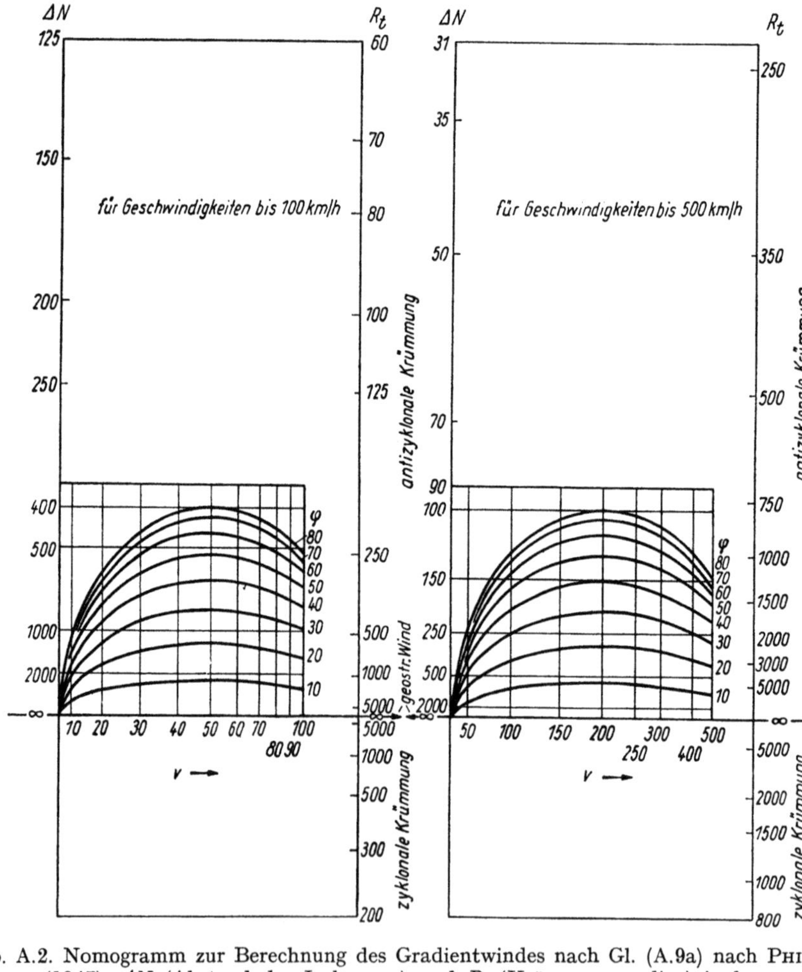

Abb. A.2. Nomogramm zur Berechnung des Gradientwindes nach Gl. (A.9a) nach Philipps (1947), ΔN (Abstand der Isohypsen) und R_t (Krümmungsradius) in km

abzulesen. Zu diesem Zweck zieht man die Verbindungsgerade zwischen dem auf der linken Skala abzulesenden Wert des Isohypsenabstandes in km und dem auf der rechten Seite eingetragenen Betrag des Krümmungsradius (ebenfalls in km). Diese Gerade schneidet dann die zwischen den Skalen befindlichen Kurven für die verschiedenen geographischen Breiten im gesuchten V-Wert. Für zyklonale Krümmungen (Krümmung nach links von der Bewegungsrichtung) ist der untere, für antizyklonale Krümmungen (Krümmung nach rechts) der obere Teil der rechten Skala zu verwenden. Der geostrophische Wind läßt sich ebenfalls aus diesem Nomogramm ablesen. Er ergibt sich für einen unendlich großen Krümmungsradius. Zum Unterschied vom geostrophischen Wind wird der durch Gl. (A.9a) unter der Annahme $\sin \delta \doteq 0$, $\cos \delta \doteq 1$ berechnete Wind auch zyklostrophisch genannt.

Wegen der Unsicherheit bei der Bestimmung von k_s und k_t wird der wahre Wind natürlich mehr oder weniger große Abweichungen von dem mit Hilfe des Nomogramms berechneten aufweisen. Diesbezüglich wurden zahlreiche Untersuchungen vorgenommen. Es kann folgendes behauptet werden:

a) Für geographische Breiten nördlich von 30° und für Windgeschwindigkeiten von 15 bis 50 mph (Meilen pro Stunde) stellt im allgemeinen der einfache geostrophische Wind eine sehr gute Approximation an die tatsächliche Windgeschwindigkeit dar.

b) Für Windgeschwindigkeiten größer als 50 mph ist dagegen der geostrophische Wind keine gute Näherung. Bessere Resultate sind mittels der zyklostrophischen Gl. (A.9a) zu erzielen, vorausgesetzt, daß der Krümmungsradius der Trajektorie abgeschätzt werden kann.

Wie wir gesehen haben, lassen sich durch vereinfachte theoretische Gleichungen enge Beziehungen zwischen dem Druckgradienten und den (horizontalen) Geschwindigkeitskomponenten herleiten. Eine eingehende Analyse des Druckfeldes gibt uns daher auch schon eine hinreichend genaue Information über das Stromfeld. Dies gilt allerdings nach dem eben Gesagten nur für Windgeschwindigkeiten kleiner als 50 mph. Nahe der Erdoberfläche treten höhere Geschwindigkeiten selten auf. Anders liegen aber die Verhältnisse in der mittleren und oberen Troposphäre. Hier werden häufig große Windgeschwindigkeiten beobachtet. Dabei handelt es sich um richtige Starkwindbänder mit ausgeprägter vertikaler und horizontaler Scherung. Diese schlauchförmigen Strahlströme (*Jet-streams*) erreichen oft eine Länge von mehreren tausend Kilometern, während ihre Breite nur einige hundert Kilometer beträgt. Die vertikale Windscherung liegt zwischen 5 und 10 m s^{-1} auf einem Kilometer, während die horizontale im Durchschnitt 5 m s^{-1} auf hundert Kilometern ausmacht. Im Einzelfall werden auch wesentliche Überschreitungen dieser Werte beobachtet. Die maximale Windgeschwindigkeit selbst soll jedenfalls größer als 30 m s^{-1} (60 mph) sein. Doch unterliegt auch dieser Wert größeren Schwankungen.

Einer gewissenhaften und richtigen Analyse solcher *Strahlströme* kommt große Bedeutung zu. In einem solchen Fall müssen neben der genauen Analyse des Druck- oder Geopotentialfeldes noch andere Methoden angewendet werden. Hier bietet sich vor allem eine Isotachenanalyse als Hilfsmittel an. Unter *Isotachen* versteht man Linien gleicher Windstärke. Als gegenseitigen Abstand wählt man z. B. 20 bis 40 mph, doch hängt dies vom Einzelfall ab. Isotachen und Stromlinien beschreiben dann das Stromfeld vollkommen. Solche Isotachenanalysen sind in der oberen Troposphäre notwendig, aber auch in Gebieten niedriger Breite, weil dort die geostrophische Relation wegen des Verschwindens des Coriolisparameters nicht anwendbar ist. In mittleren Breiten wird vornehmlich bei der **300** mb-Fläche die Isotachenanalyse Anwendung finden. Ein Beispiel einer Isotachenanalyse gibt die Abb. A.3 wieder. Man erkennt dabei, daß bei Starkwindbändern beachtliche

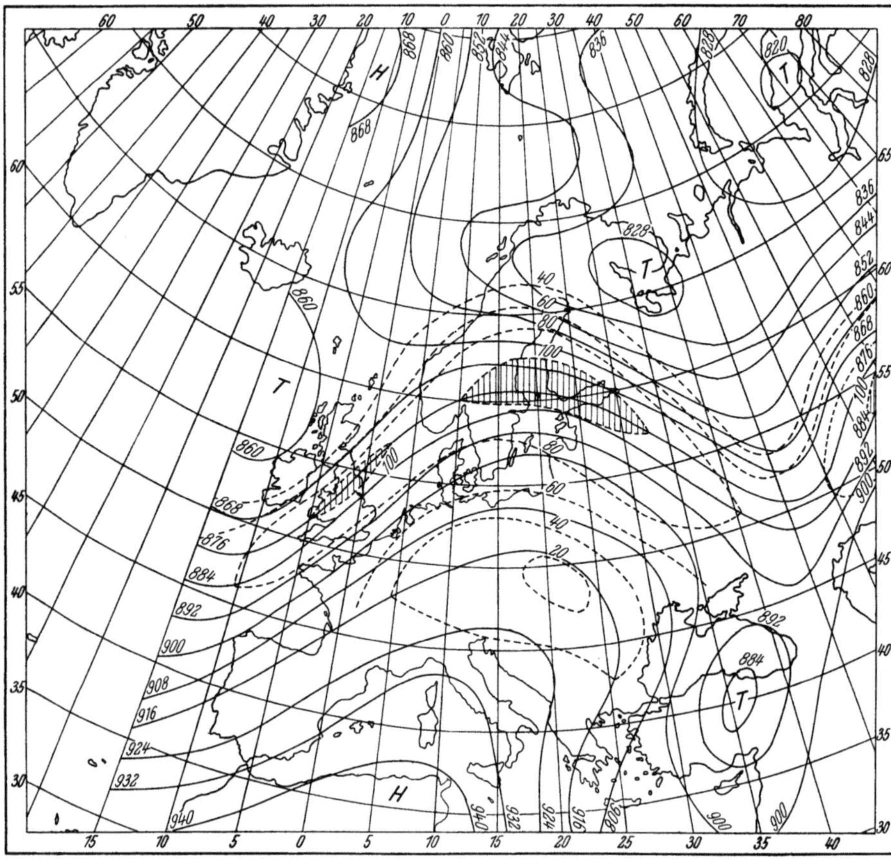

Abb. A.3. Isotachenanalyse für die **300** mb-Topographie vom **20.** Januar **1959**, 00 GMT. Die Isohypsen (ausgezogene Linien) sind in gpdm, die Isotachen (strichlierte Linien) in mph angegeben

horizontale Windscherungen auftreten. Die horizontalen Windscherungen bezeichnet man als zyklonal, wenn links von einem mit der Strömungsrichtung orientierten Beobachter Windabnahme festzustellen ist, im anderen Fall (Windabnahme rechts von der Strömungsrichtung) als antizyklonal. Im allgemeinen handelt es sich bei den Starkwindbändern um Westwinde, doch gibt es auch Jetstreams mit östlicher Orientierung. Bei Westwinden ist die zyklonale Scherung gleichbedeutend mit einer Windabnahme nach Nord, die antizyklonale mit einer solchen nach Süd. Wie die Erfahrung lehrt, übertrifft die zyklonale Scherung die antizyklonale bei weitem. Es können im Einzelfall zyklonale Scherungen von 25 m s^{-1} pro 100 km auftreten. Es gibt theoretische Gründe dafür, daß die antizyklonale Scherung eine bestimmte obere Schranke nicht überschreiten kann, während dies für die zyklonale Scherung nicht zutrifft. Dies hängt mit dem Begriff der sogenannten *hydrodynamischen Instabilität* auf der rotierenden Erde zusammen, auf die schon HELMHOLTZ (1888) hingewiesen hat. Er konnte zeigen, daß die Stabilität einer rein zonalen Strömung nur dann gewährleistet ist, wenn das absolute Rotationsmoment der Geschwindigkeit (Erde plus Atmosphäre) gegen den Äquator hin zunimmt [s. auch Gl. (C.70), S. 159].

Für praktische Belange ist eine Abschätzung über die maximal mögliche antizyklonale Scherung eines zonalen geostrophischen Windes aufgrund des Postulates der Erhaltung des absoluten Rotationsmomentes wichtig, die wir PALMEN (1948) verdanken. Es sei E der Erdradius, Ω die Winkelgeschwindigkeit der Erdrotation, φ die geographische Breite und u die Geschwindigkeit der zonalen Windströmung. Das absolute Rotationsmoment der Geschwindigkeit ist dann gegeben durch

$$\Omega E^2 \cos^2 \varphi + E \cos \varphi \, u = \text{const.} \tag{A.12}$$

Differenziert man diese Gleichung nach y, wobei $\partial/\partial y = \partial/E\,\partial\varphi$ gilt, so ergibt sich

$$-\,2\Omega E \cos \varphi \sin \varphi + E \cos \varphi \,(\partial u/\partial y) - u \sin \varphi = 0$$

oder

$$\partial u/E\,\partial\varphi = 2\Omega \sin \varphi + (u/E) \tan \varphi = f + (u/E) \tan \varphi. \tag{A.13}$$

Verwenden wir nun die Gl. (A.9) mit $\cos \delta = 1$, so wird in unserem Fall

$$u^2/R_t + fu = fu_g. \tag{A.9}$$

Es soll sich nun um eine stationäre Strömung längs eines Breitenkreises handeln. Dann ist der Radius der Trajektorie gleich demjenigen des Breitenkreises selbst, und es besteht die Beziehung (s. Abb. A.4)

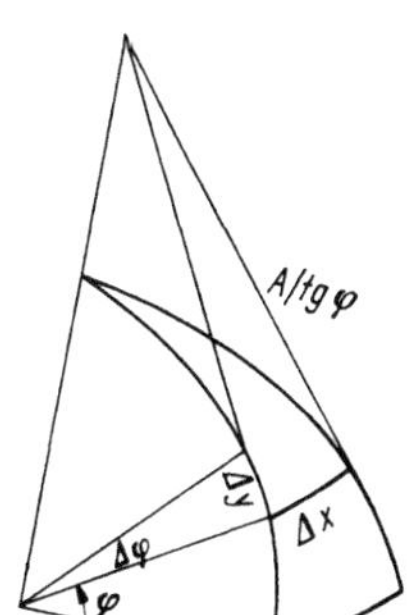

Abb. A.4. Skizze zur Berechnung des Radius eines Breitenkreises

$$R_t = E/\tan \varphi. \tag{A.14}$$

Mit (A.14) schreibt sich (A.9) auch

$$u_g = u + (u^2/fE) \tan \varphi \tag{A.15}$$

oder

$$u_g \cos \varphi = u \cos \varphi + u^2/2E\Omega.$$

Differenzieren wir schließlich (A.15) nach φ und setzen aus Gl. (A.13) $\partial u/\partial\varphi$ ein, so ergibt sich nach leichten Umformungen

$$\partial u_g/\partial\varphi = fE + 3u_g \tan\varphi$$

oder

$$\partial u_g/\partial y = f + (3u_g/E) \tan\varphi. \tag{A.16}$$

Dies stellt ein Kriterium für die maximal mögliche antizyklonale Windscherung einer zonalen (geostrophischen) Westströmung auf der nördlichen Halbkugel dar (Windzunahme in Richtung der positiven y-Achse also in der Nordrichtung). In Tab. A.1 sind für verschiedene Werte des geostrophischen Windes in mph und für verschiedene Werte der geographischen Breite diese maximalen Windscherungen berechnet worden. Der Grenzwert der antizyklonalen Scherung ist dabei in mph pro 100 Meilen Distanz angegeben. Beispielsweise wird bei einem geostrophischen Wind von 100 mph bei 50 Grad Breite die maximal mögliche Scherung 49 mph pro 100 Meilen betragen. Man kann die Werte der Tab. A.1 bei der Analyse der Jet-streams jedenfalls zur Abgrenzung der überhaupt denkbaren Scherung verwenden.

Tabelle A.1. *Maximale geostrophische antizyklonale Windscherung in mph pro 100 Meilen*

$\varphi \backslash u_g$	50	100	150	200	250	300 mph
40°	37	40	43	45	49	52
50°	44	49	53	57	62	66
60°	52	58	64	71	77	83

Die enge Kopplung des Druckfeldes an das Stromfeld bringt es mit sich, daß diese beiden Feldgrößen bei der Analyse meistens gemeinsam berücksichtigt werden. Die einfache geostrophische Beziehung (A.8) gilt nur für geradlinige unbeschleunigte Bewegungen, hilft aber dennoch sehr wesentlich bei der Analyse. Wir wollen nochmals betonen, daß man im allgemeinen an einer weitgehenden Übereinstimmung der Isobarenrichtung mit der Windrichtung festhalten darf, und zwar so, daß auf der Nordhalbkugel ($f > 0$) der hohe Druck zur Rechten, der tiefere zur Linken der Strömungsrichtung liegt. Die Druck-Windrelation wird dazu verwendet, den Abstand der Isobaren (also den Druckgradienten) in Einklang mit dem Windfeld zu bringen. Dies gilt im übrigen auch für die objektive (numerische) Analyse (Kapitel 9).

Bei der praktischen Analyse ist es zweckmäßig, die Druckverteilung auch in eine gewisse Beziehung zur vorangegangenen Wetterkarte zu bringen. Dadurch können mitunter fehlerhafte Beobachtungswerte leichter eliminiert werden. Zeichnet man ferner die Isobaren genau nach den gemeldeten Luftdruckwerten, so zeigen sich häufig Deformationen und Ausbuchtungen, die verschiedene Ursachen haben können. Zur Erfassung der großräumigen Verteilung sollten diese in den meisten Fällen unberücksichtigt bleiben. Das Feld wird dadurch geglättet und von Ballast befreit. Doch ist bei einer solchen Methode Vorsicht am Platz. Wird eine zu weitreichende Ausgleichung vorgenommen, können wetterentscheidende Merkmale unterdrückt werden. In der praktischen Synoptik wird man Deformationen im Isobarenbild, die auf Meldungen mehrerer Stationen beruhen, als real ansehen und nicht glätten.

Das hier vorliegende Problem kann auch rein theoretisch betrachtet werden. In dem außerordentlich umfangreichen Spektrum der in der Atmosphäre möglichen Bewegungsprozesse nehmen die eigentlich synoptisch relevanten nur eine bestimmte Größenordnung ein. Es ist daher eine Aufgabe der Analyse, diese wetterwirksamen Vorgänge besonders deutlich hervorzuheben und andere, vor allem kleinräumige oder lokal bedingte Prozesse weitgehend zu unterdrücken. Die Anwendung der geostrophischen Relation bewirkt, wie man theoretisch beweisen kann, eine sehr weitgehende Filterung im Sinne einer Eliminierung gewisser Vorgänge. Im theoretischen Teil C werden wir im übrigen auf das Filterungsproblem noch eingehend zu sprechen kommen.

Es gibt Deformationen im Isobarenbild, die durch die Orographie der Erdoberfläche verursacht sind. Ein Beispiel für solche Ausbuchtungen der Isobaren findet sich in Europa im Bereich der Alpen. Bei einer quer zum Gebirgskamm orientierten Strömung (Nord- oder Südströmung) kommt es im Luv und Lee des Gebirges zur Ausbildung kleiner Keile und Tröge mit west-östlicher Achse. Für diese Deformation der Isobaren, die eine sehr reale Bedeutung haben, lassen sich theoretisch ohne weiteres Erklärungen finden. Beim Überqueren eines Hindernisses erleidet jede Strömung eine Ablenkung von der ursprünglichen Richtung, deren Ausmaß von der orographisch bedingten Änderung des vertikalen Temperaturgradienten über dem Gebirge gegenüber dem Flachland abhängt. Da Strom- und Druckfeld miteinander eng gekoppelt sind, hat dieser Effekt eine entsprechende Änderung der Isobarenkonfiguration zur Folge.

Die Isobaren der Bodenkarte werden üblicherweise in einem Abstand von 5 zu 5 mb gezeichnet. Bei Annahme einer mittleren Luftdichte von $1{,}25 \cdot 10^{-3}$ g cm^{-3} ergibt das einen Isohypsenabstand von 40 gpm. Eine so analysierte 1000 mb-Fläche fällt daher praktisch mit der Bodendruckkarte zusammen. Da die Funktionen $p(x, y)$ und $H(x, y)$ eindeutige Funktionen des Ortes sind, können sich zwei verschiedene Isobaren bzw. Isohypsen nicht schneiden. Weiters sind sie stetige Funktionen und können daher keine Diskontinuitäten nullter Ordnung aufweisen. Es können aber ohne weiteres solche erster Ordnung, d. h. der ersten Ableitung der Funktion, auftreten. Dies bedeutet, daß Knicke der Isobaren (Isohypsen) möglich sind. Sie treten dort auf, wo das Dichte- bzw. Temperaturfeld Diskontinuitäten erkennen läßt, da hier der Druckgradient und damit auch der Wind eine Unstetigkeitsstelle aufweisen müssen. Solche Fälle sind im Grenzgebiet verschiedener Luftmassen zu finden. Der Windsprung an Fronten ist charakteristisch für die Intensität der Temperaturänderungen von einer Luftmasse zur anderen. Daher stellt dieser Zusammenhang eine wichtige Verbindung zwischen dem Druck- und Stromfeld einerseits und der Temperaturverteilung andererseits her.

Die vordringlichste Aufgabe der Analyse der Druckverteilung ist es, die Position der abgeschlossenen Druckgebilde (Hoch- und Tiefdruckgebiete) sowie der Keile und Tröge zu finden. Immer haben die Meteorologen solchen Isobarengebilden besondere Beachtung geschenkt. Wegen der engen Kopplung des Druck- und Stromfeldes werden auch die Hochdruckgebiete als antizyklonale, die Tiefdruckgebiete als zyklonale Wirbel bezeichnet oder einfach als *Antizyklonen* und *Zyklonen*. Die langjährige synoptische Erfahrung hat erwiesen, daß fast alle markanten Wettererscheinungen mit solchen Druckgebilden verknüpft sind, sodaß die Kenntnis ihrer genauen Lage auf der Wetterkarte und ihre Verlagerung von ausschlaggebender Bedeutung sein kann. Man kann daher auch mit Recht die Wetterlage durch die Beschreibung der Druckverteilung charakterisieren. Allerdings ist dies nicht erschöpfend, und es müssen noch weitere Merkmale, insbesondere die Luftmassenverteilung, herangezogen werden.

3. Analyse des Druckänderungsfeldes

Da, wie wir eben besonders hervorgehoben haben, die Verlagerung der Hoch- und Tiefdruckgebiete, der Tröge und Keile für eine Wetterprognose von großer Wichtigkeit ist, kommt offenbar der Drucktendenz eine ganz besondere Rolle zu. Die meteorologischen (synoptischen) Beobachtungsstationen melden neben den anderen Elementen auch die dreistündige Drucktendenz. Sie wird direkt in die Wetterkarte eingetragen. Eine Analyse des Druckänderungsfeldes erfolgt dann durch das Zeichnen von Linien gleicher Tendenz, den sogenannten *Isallobaren*. Ähnlich wie bei der Luftdruckverteilung zeigt die Isallobarenkarte auch abgeschlossene Gebilde, also Maxima und Minima. Neben der dreistündigen Tendenz wird vor allem die Änderung der Druckverteilung im üblichen Vorhersagezeitraum, also innerhalb 24 oder 48 Stunden, von Interesse sein. Solche Tendenzen werden durch graphische Subtraktion der Druckverteilungen zweier Wetterkarten gewonnen.

Die Druckänderungskarten spielen bei der synoptischen Methode zur Konstruktion von Vorhersagekarten eine große Rolle, da man hierbei vielfach von der vorausgegangenen Druckänderung auf die in der Zukunft zu erwartende extrapoliert. Man hat mit einer solchen Vorgangsweise auch recht beachtliche Erfolge erzielen können. Es darf jedoch nicht unerwähnt bleiben, daß, rein theoretisch gesehen, der Blick in die Vergangenheit nicht unbedingt erforderlich ist, um die zukünftige Entwicklung vorauszusagen. Wir werden im Teil C prognostische Modellgleichungen der numerischen Wettervorhersage kennenlernen, die ohne Drucktendenz auskommen.

Auch bei der Analyse des Druckänderungsfeldes wird man versuchen, Beziehungen zu verschiedenen meteorologischen Elementen herzuleiten, ähnlich etwa derjenigen zwischen Druck- und Windfeld. Um dies zu bewerkstelligen, muß grundsätzlich die Frage beantwortet werden, wie Druckänderungen zustandekommen. Es muß also eine sogenannte *Drucktendenzgleichung* hergeleitet werden. Dies kann auf verschiedene Weise erfolgen. Wir wollen hier die wichtigsten Beziehungen zwischen Druckänderungen einerseits, Temperaturänderungen und Stromfeldänderungen andererseits, näher untersuchen. Zunächst gehen wir von der barometrischen Höhenformel (A.3a) aus. Wir betrachten eine Luftsäule vorgegebener Dicke ΔH. Durch Differentiation der Gl. (A.3a) nach der Zeit erhalten wir sofort:

$$\frac{\frac{\partial p_2}{\partial t}}{p_2} - \frac{\frac{\partial p_1}{\partial t}}{p_1} = \frac{\Delta H}{(T_m)^2} \frac{\partial T_m}{\partial t}. \qquad \text{(A.17)}$$

Dies ist die sogenannte *thermische Drucktendenzgleichung*. Sie stellt die Beziehung zwischen Druckänderungen an der unteren und oberen Begrenzung einer Luftsäule und der mittleren Temperatur derselben dar. Deutet man in (A.17) p_1 als Bodenluftdruck und p_2 als Druck in der Höhe ΔH über dem Erdboden, so gibt es zwei Sonderfälle, die in der synoptischen Meteorologie häufig betrachtet werden.

a) Die Druckänderung in der Höhe ist verschwindend klein. Da es sich hier nicht um die absolute Änderung $(\partial p_2/\partial t)$ sondern um die relative $(\partial p_2/\partial t)/p_2$ handelt, muß dabei gewährleistet sein, daß der Druck p_2 selbst nicht zu klein wird. Daher gilt dieser Sonderfall nur für Verhältnisse in den unteren Luftschichten der Troposphäre.

Die Drucktendenzgleichung lautet dann

$$\frac{\partial p_1}{\partial t} \Big/ p_1 \doteq -\frac{\Delta H}{(T_m)^2} \frac{\partial T_m}{\partial t}. \tag{A.17a}$$

Dies besagt, daß unter den eben angeführten Voraussetzungen die Druckänderungen am Boden eng mit der Temperatur der darüber befindlichen Luftsäule verknüpft sind, und zwar solcherart, daß Abkühlung $\partial T_m/\partial t < 0$ Druckanstieg, Erwärmung $\partial T_m/\partial t > 0$ Druckfall bedeutet, d. h. die Bodenluftdruckänderung weist eine negative Korrelation zu der Mitteltemperatur der darüberliegenden Luftschicht auf. Natürlich kann die Gl. (A.17a) direkt am Beobachtungsmaterial überprüft werden. Dies ist auch schon in den Anfängen der synoptischen Meteorologie geschehen. Dabei zeigte sich, daß (A.17a) bei bestimmten Wetterlagen gut erfüllt ist, daß aber auch beachtliche Abweichungen vorkommen können. Dies offenbar dann, wenn höhere Luftschichten am Zustandekommen der Druckänderung mitbeteiligt sind.

Wir wollen daher jetzt den zweiten Sonderfall untersuchen:

b) Die relative Druckänderung in der Höhe ist groß gegenüber derjenigen am Boden.

Zu Beginn synoptischer Forschungen hat man übersehen, daß dieser Fall dann eine große Bedeutung erlangen kann, wenn die Dicke der betrachteten Luftsäule groß ist. Da nämlich der Luftdruck wegen der barometrischen Höhenformel sehr rasch mit der Höhe abnimmt, wird $(\partial p_2/\partial t)/p_2$ sehr groß, auch wenn $\partial p_2/\partial t$ selbst klein ist. Daher ist in einem solchen Fall

$$\frac{\partial p_2}{\partial t} \Big/ p_2 \doteq +\frac{\Delta H}{(T_m)^2} \frac{\partial T_m}{\partial t}. \tag{A.17b}$$

Gl. (A.17b) besagt, daß die Druckänderung in der Höhe eine positive Korrelation zur Mitteltemperatur der darunterliegenden Luftschicht aufweist (Schedler-Dines-Korrelation). Auch diese Behauptung wurde eingehend an Hand eines umfangreichen Beobachtungsmaterials überprüft. Dabei zeigte sich, wie eigentlich zu erwarten war, daß (A.17b) praktisch immer erfüllt ist, wenn nur die Dicke der Luftschicht genügend groß ist (etwa 8 bis 10 km). In der synoptischen Praxis kann daher die Behauptung, Erwärmung bringt Druckanstieg, Abkühlung Druckfall, in der Höhe als eine allgemein gültige Aussage angesehen werden.

Zum Unterschied von den Beziehungen, die bei der Analyse des Druckfeldes abgeleitet wurden, zeigt das Druckänderungsfeld hier keinen Zusammenhang zweier meteorologischer Elemente im *gleichen* Niveau, sondern eine dreidimensionale Verknüpfung derselben. Das bedeutet, daß aus der beobachteten Drucktendenz indirekt Schlüsse auf das thermische Verhalten in der darüberliegenden Luftschicht gezogen werden können. Da mit dem geostrophischen Wind eine Beziehung zwischen Druck- und Windfeld besteht, die erfahrungsgemäß weitgehend erfüllt ist, muß es möglich sein, auch einen Zusammenhang zwischen der Änderung des geostrophischen Windes und der Änderung der Temperatur abzuleiten.

Wir gehen von den Gln. (A.5a) aus und differenzieren diese nach p. Man erhält sofort

$$\frac{\partial u_g}{\partial p} = -\frac{1}{f}\frac{\partial^2 H}{\partial y\,\partial p}; \qquad \frac{\partial v_g}{\partial p} = \frac{1}{f}\frac{\partial^2 H}{\partial x\,\partial p}. \tag{A.18}$$

Nun setzen wir für $\partial H/\partial p$ aus (A.4a) $-1/\varrho$ ein. Da weiters wegen der Zustandsgleichung der Gase $1/\varrho = RT/p$ sein muß, ergibt dies mit (A.18)

$$\frac{\partial u_g}{\partial p} = +\frac{R}{pf}\frac{\partial T}{\partial y}; \qquad \frac{\partial v_g}{\partial p} = -\frac{R}{pf}\frac{\partial T}{\partial x}. \tag{A.18a}$$

Dies ist die sogenannte *thermische Windgleichung* im p-System. Man kann auch noch eine andere Form der Gleichung finden, wenn man in (A.18a) zu endlichen Differenzen übergeht und bedenkt, daß $\Delta p = -(p/RT_m)\,\Delta H$ ist. Man erhält dann sofort den thermischen Wind

$$u_{\text{th}} \equiv \Delta u_g = -\frac{\Delta H}{fT_m}\frac{\partial T_m}{\partial y}$$

$$v_{\text{th}} \equiv \Delta v_g = \frac{\Delta H}{fT_m}\frac{\partial T_m}{\partial x} \tag{A.18b}$$

als Differenzvektor des geostrophischen Windes, berechnet auf zwei p-Flächen, die um die Höhendifferenz ΔH auseinanderliegen. T_m ist hier die Mitteltemperatur der betrachteten Schicht. Wir haben schon erwähnt, daß unter der relativen Topographie eine Analyse der Differenz der Höhenwerte zweier p-Flächen verstanden wird. Nach (A.3a) ist diese Differenz proportional der Mitteltemperatur in der Schicht. Daher kann die thermische Windgleichung in der Form (A.18b) auch mit demselben Erfolg und denselben Einschränkungen für die Analyse der relativen Isohypsen verwendet werden, wie die geostrophische Relation für die Analyse des Druckfeldes selbst. Allerdings ist eine quantitative Auswertung der Gl. (A.18b) etwas umständlich. Man begnügt sich daher meist damit, daß man den Differenzvektor des geostrophischen Windes der beiden begrenzenden isobaren Flächen nur für die Festlegung der Richtung der Isohypsen der relativen Topographie heranzieht. Auch das ist natürlich eine wertvolle Hilfe bei der Analyse.

Neben der thermischen Drucktendenzgleichung (A.17) gibt es noch eine dynamische, die wir nun betrachten wollen. Ausgangspunkt ist wiederum die hydrostatische Beziehung (A.1), die wir hier in der Form

$$p_z = \int_z^\infty g\varrho\, dz \tag{A.19}$$

schreiben. Die lokale Druckänderung in der Höhe z ist dann

$$\frac{\partial p_z}{\partial t} = \int_z^\infty g \frac{\partial \varrho}{\partial t} dz. \qquad \text{(A.20)}$$

Nun verwenden wir die Kontinuitätsgleichung [s. Teil C, S. 118, Gl. (C.5)], die besagt, daß

$$-\frac{\partial \varrho}{\partial t} = \operatorname{div} \varrho \boldsymbol{v}$$

ist. Spalten wir hier die Divergenz in einen horizontalen zweidimensionalen Teil $\operatorname{div}_2 \varrho \boldsymbol{v}$ und in einen vertikalen $\partial(\varrho w)/\partial z$ auf, so ergibt sich für unsere *dynamische Drucktendenzgleichung*

$$\frac{\partial p_z}{\partial t} = -\int_z^\infty g \operatorname{div}_2 (\varrho \boldsymbol{v})\, dz - \int_z^\infty g \frac{\partial(\varrho w)}{\partial z} dz \qquad \text{(A.20a)}$$

oder nach Durchführung der Integration im zweiten Term, da ϱw an der oberen Grenze verschwindet ($\varrho = 0$),

$$\frac{\partial p_z}{\partial t} = -\int_z^\infty g \operatorname{div}_2 (\varrho \boldsymbol{v})\, dz + g(\varrho w)_z. \qquad \text{(A.20b)}$$

Dabei kann g ohne weiteres als konstant (gleich dem Betrag an der Erdoberfläche) gesetzt werden, da in Wirklichkeit die Integration keineswegs bis ∞ erstreckt werden muß, weil die Dichte sehr rasch mit der Höhe abnimmt.

Als erster hat M. Margules (1904) diese Gleichung abgeleitet. Sie besagt: Die Druckänderung in einer bestimmten Höhe z kommt durch zwei Terme zustande, durch die Divergenz des horizontalen Massentransportes über dem Niveau und durch einen vertikalen Massentransport durch das Niveau.

Für die Bodendruckänderung vereinfacht sich die Gl. (A.20b) dadurch, daß der zweite Term wegfällt, da an der (ebenen) Erdoberfläche die Vertikalkomponente der Geschwindigkeit null wird. Man erhält dann

$$\frac{\partial p_0}{\partial t} = -\int_0^\infty g \operatorname{div}_2 (\varrho \boldsymbol{v})\, dz. \qquad \text{(A.20c)}$$

Diese Gleichung stellt eine notwendige Ergänzung der thermischen Drucktendenzgleichung (A.17) dar. Sie vermittelt uns den Zusammenhang zwischen Druckänderung und Stromfeld. Aus (A.20c) ergibt sich eine wichtige Folgerung. Werden nämlich für die Geschwindigkeitskomponenten die entsprechenden geostrophischen nach (A.5) eingesetzt, so zeigt sich, daß abgesehen von einer geringfügigen Variation des Coriolisparameters $\operatorname{div}_2 \varrho \boldsymbol{v}_g = 0$ wird. Daraus folgt, daß in einem streng geostrophischen Windfeld keine Druckänderungen auftreten können. Daher sind für jedwede Druckänderung Abweichungen vom geostrophischen Gleichgewicht unerläßliche Voraussetzung. Dies bedeutet, daß eine zu weitgehende Verwendung der geostrophischen Beziehung bei der Analyse Effekte unterdrücken kann, die für die weitere Wetterentwicklung von ausschlaggebender Bedeutung sein können.

Man kann die Tendenzgleichung (A.20b) noch in einer anderen Form schreiben, die physikalisch besonders durchsichtig ist, indem man die Divergenz der Impulsdichte $\varrho \boldsymbol{v}$ in zwei Terme aufspaltet, nämlich

$$\operatorname{div}_2 \varrho \boldsymbol{v} = \varrho \operatorname{div}_2 \boldsymbol{v} + \boldsymbol{v}_2 \cdot \operatorname{grad} \varrho,$$

sodaß dann (A.20b) die Form

$$\frac{\partial p_z}{\partial t} = -\int\limits_z^\infty g \varrho \operatorname{div}_2 \boldsymbol{v}\, dz - \int\limits_z^\infty g \boldsymbol{v}_2 \cdot \operatorname{grad} \varrho\, dz + g(\varrho w)_z \tag{A.20d}$$

annimmt. Sie zeigt auf, daß die Divergenz des horizontalen Massentransportes durch zwei Vorgänge entstehen kann, erstens durch eine reine Stromfelddivergenz $\operatorname{div}_2 \boldsymbol{v}$ und zweitens durch einen entsprechenden Dichtegradienten grad ϱ.

Die thermische Tendenzgleichung (A.17) könnte den Eindruck erwecken, daß es bei den Druckänderungen nur auf Temperaturänderungen ankommt, während die dynamische Tendenzgleichung klar die Divergenzen des Stromfeldes als zusätzlichen Einflußfaktor herausstellt. Allerdings sind im allgemeinen die Divergenzen des Stromfeldes klein, sodaß in (A.20d) der Term, der die Advektion der Dichte darstellt, vielfach dominiert, was natürlich ebenfalls auf eine Art thermische Erklärung der Drucktendenz hinausläuft. Dennoch hat man in der synoptischen Meteorologie bald erkannt, daß Divergenzen und Konvergenzen des Stromfeldes gerade bei besonders starken Druckänderungen Bedeutung erlangen können.

Es erhebt sich natürlich die Frage, ob es nach dem eben Gesagten nicht zweckmäßig oder sogar notwendig wäre, neben den im zweiten Kapitel diskutierten Analysen des Druck- und Stromfeldes noch eine Analyse der Divergenz vorzunehmen. Tatsächlich sind Methoden dazu entwickelt worden (s. S. 40), doch erweist sich im allgemeinen eine Berechnung der Divergenz aus den Beobachtungsdaten als sehr ungenau.

Wir haben soeben gesehen, daß Druckänderungen am Boden nur dann auftreten, wenn entsprechende Abweichungen vom geostrophischen Wind vorhanden sind. Die Analyse des Drucktendenzfeldes stellt daher eine sehr notwendige Ergänzung zur Analyse des Druckfeldes dar. Man könnte vermuten, daß zwischen dem Gradienten der Isallobaren und den ageostrophischen Windkomponenten (Abweichungen des tatsächlichen Windes vom geostrophischen) ähnliche Zusammenhänge bestehen, wie etwa zwischen dem Druckgradienten und dem Windfeld. Es ist aber nicht möglich, hier eine für die Praxis ähnlich leicht verwendbare Beziehung wie die geostrophische herzuleiten, zumal, wie schon betont wurde, die Abweichungen vom geostrophischen Wind sehr klein sind im Vergleich zum Wind selbst. Es genügt daher, die isallobarischen Gebilde als Indikatoren für diese Abweichungen aufzufassen, ohne eine direkte Beziehung zum Stromfeld herzustellen.

Auch die Isallobaren müssen, ähnlich dem Vorgang beim Auszeichnen der Isobaren, ausgeglichen werden, um Fehler der Interpolation, der Beobachtung und Übermittlung auszumerzen. Dabei ist folgende Tatsache zu beachten: Die Isallobaren sind nicht durchwegs stetige Funktionen des Ortes. Sie zeigen an Stellen, wo im Druckfeld Diskontinuitäten erster Ordnung auftreten, also z. B. an Luftmassengrenzen (Fronten), bereits solche nullter Ordnung. Diese sollen bei der Analyse nicht durch Ausgleichen eliminiert werden, da sie unter Umständen gerade für die Festlegung der Fronten wertvolle Hilfe leisten können. In der Abb. A.5 ist der Verlauf dreistündiger Isallobaren an der zu einem Tiefdruckgebiet gehörenden Warm- bzw. Kaltfront nach S. PETTERSSEN (1956) schematisch

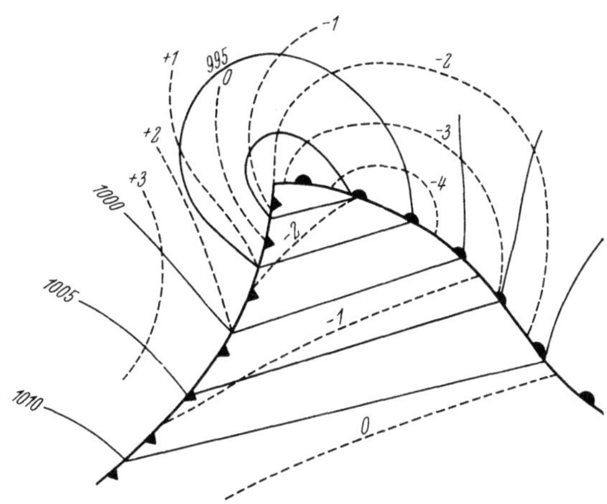

Abb. A.5. Dreistündige Isallobaren (strichlierte Linien) im Bereich der zu einem Tiefdruckgebiet gehörenden Warm- und Kaltfront

wiedergegeben. In diesem Zusammenhang ist es wichtig, bei der Analyse des Drucktendenzfeldes die in den synoptischen Wettermeldungen enthaltene *Art* der dreistündigen Druckänderung zu berücksichtigen. Ist nämlich der Verlauf der Tendenz nicht einheitlich, sondern z. B. anfangs steigend, dann fallend, so kann die tatsächlich gemeldete Differenz zwischen dem Endwert und dem Anfangswert unter Umständen ein unrichtiges Bild ergeben.

4. Analyse des Temperatur- und Feuchtefeldes

Neben dem Luftdruck und dem Windvektor sind die Temperatur und die Feuchte die wichtigsten meteorologischen Elemente zur Charakterisierung des synoptischen Wetterzustandes. Wir wollen daher in diesem Kapitel die Analysenmethoden dieser beiden Größen besprechen. Auch hierbei wird der erste Schritt darin bestehen, die Feldverteilung möglichst anschaulich darzustellen und dann Querverbindungen zu den anderen meteorologischen Elementen herzuleiten.

Analog zu der Gepflogenheit, das Druckfeld durch Zeichnen von Isobaren zu erfassen, kann das Temperaturfeld durch Isothermen veranschaulicht werden. Doch treten hier bereits einige Schwierigkeiten auf. Tatsächlich sind nämlich die Schwankungen der Temperatur zumindest in den untersten Luftschichten nahe der Erdoberfläche ziemlich groß und sehr stark von örtlichen Gegebenheiten beeinflußt.

Dazu kommt noch der meist sehr ausgeprägte Tagesgang der Temperatur, der wiederum örtlich große Unterschiede aufweisen kann. Daher ist das momentane Bild des Temperaturfeldes in der synoptischen Wetterkarte nicht immer als repräsentativ für die betreffende Wetterlage anzusehen. Zur Umgehung dieser Schwierigkeiten bieten sich mehrere Möglichkeiten an. Der Weg, den die Klimatologie beschreitet, nämlich zeitliche Mittelwerte anstelle der Momentanwerte heranzuziehen, scheidet für die Synoptik aus. Eine andere Möglichkeit ist, das Temperaturfeld in Luftschichten zu betrachten, die nicht mehr den starken Modifikationen durch die Erdoberfläche unterliegen. So zeigen die Isothermen in rund 1000 bis 1500 m Höhe bereits einen wesentlich ausgeglicheneren Verlauf. Es ist daher möglich, durch Isothermen in der 850 mb-Fläche einen recht brauchbaren Überblick über die großräumige Temperaturverteilung zu erhalten. Eine weitere Darstellung der Temperaturverhältnisse bedient sich solcher Werte, die über eine bestimmte vertikale Schicht gemittelt sind. Wir kommen hier auf die schon erwähnten Beziehungen zwischen Druck- und Temperaturfeld gemäß der barometrischen Höhenformel zurück. Wird eine relative Topographie zweier fix gewählter Druckflächen gezeichnet, so fallen diese relativen Isohypsen nach (A.3a) mit den Linien gleicher Mitteltemperatur der Schicht zusammen. Daher vermittelt die relative Topographie ein Bild der vertikal gemittelten Temperaturverteilung. Schließlich kann das Temperaturfeld auch durch abgeleitete Temperaturgrößen charakterisiert werden, die bei einfachen thermodynamischen Prozessen invariant bleiben. Dazu gehören z. B. die *potentielle* und die *äquivalentpotentielle Temperatur*.

Betrachtet man adiabatische Vorgänge, d. h. thermodynamische Prozesse, die ohne äußere Wärmezufuhr ablaufen, so können in einer trockenen Atmosphäre Temperaturänderungen nur durch Druckänderungen entstehen. In Teil C (S. 119) werden wir in Gl. (C.8a) die Definition der bei trockenadiabatischen Vorgängen invarianten *potentiellen* Temperatur Θ geben. Sie lautet:

$$\Theta = T\left(\frac{P_0}{p}\right)^k. \tag{A.21}$$

Hierbei ist P_0 der Luftdruck des Bezugsniveaus (1000 mb), und $k = R/c_p$ eine Konstante vom Betrag 0,288 (R ist die individuelle Gaskonstante für trockene Luft und c_p die spezifische Wärme der Luft bei konstantem Druck).

Berücksichtigt man jedoch den Wasserdampf in der Atmosphäre und läßt man Phasenumwandlungen des Wasserdampfes zu, so können außer durch Druckänderungen auch durch das Freiwerden oder Binden der Umwandlungswärme (= latente Wärme) Temperaturänderungen bewirkt werden. Die *äquivalentpotentielle Temperatur* Θ_e wurde als Größe definiert, die bei solchen feuchtadiabatischen Prozessen invariant bleibt. Sie läßt sich mittels der Formel

$$\Theta_e = \Theta(1 + 0{,}46\, q_m) \exp(L q_m / c_p T) \tag{A.22}$$

berechnen. Dabei ist Θ die potentielle Temperatur nach (A.21) und L die Umwandlungswärme. Mit q_m wird das sogenannte Mischungsverhältnis $q_m = \varrho_w/\varrho_t$, das Verhältnis zwischen der Dichte des Wasserdampfes und derjenigen der trockenen Luft, bezeichnet. Zwischen dem Mischungsverhältnis und dem Partialdruck des Wasserdampfes besteht die Beziehung, die ähnlich einer analogen für die spezifische Feuchte ist (s. Fußnote auf S. 7),

$$q_m = 0{,}621(e/(p - e)). \tag{A.23}$$

Zur Ableitung der Formeln (A.22) und (A.23) muß auf Bücher der dynamischen (theoretischen) Meteorologie verwiesen werden.

Aus (A.21) folgt, daß Linien gleicher potentieller Temperatur auf Flächen konstanten Druckes auch einfache Isothermen sind. Der Gradient der potentiellen Temperatur und derjenige der aktuellen unterscheiden sich nur um einen konstanten Faktor:

$$\text{grad}\,\Theta = (P_0/p_1)^k\,\text{grad}\,T. \tag{A.24}$$

Um auf den isobaren Flächen Isothermen der potentiellen Temperatur mit einem gegenseitigen Abstand von 5 Grad zu erhalten, müssen die Isothermen der aktuellen Temperatur in einem Abstand gezeichnet werden, der aus Tab. A.2 zu entnehmen ist [nach REUTER (1961)].

Tabelle A.2. *Zuordnung von aktuellen und potentiellen Temperaturwerten für verschiedene Druckflächen*

850		700		500		300 mb	
Θ	T	Θ	T	Θ	T	Θ	T[1]
312	25	327	22	342	7	362	– 17
307	20	322	17	337	3	357	– 21
302	15	317	13	332	– 1	352	– 24
297	10	312	8	327	– 5	347	– 28
292	5	307	4	322	– 10	342	– 31
287	1	302	– 1	317	– 14	337	– 35
282	– 4	297	– 5	312	– 18	332	– 38
277	– 9	292	– 10	307	– 22	327	– 42
272	– 14	287	– 14	302	– 26	322	– 45
267	– 18	282	– 19	297	– 30	317	– 49
262	– 23	277	– 23	292	– 34	312	– 52
257	– 28	272	– 28	287	– 38	307	– 56
		267	– 32	282	– 42	302	– 60
		262	– 37	277	– 46	297	– 63

[1] °K bzw. °C.

Werden in verschiedenen isobaren Flächen die in der Tab. A.2 angeführten Isothermen gezeichnet, so läßt sich die Änderung der potentiellen Temperatur mit der Höhe (von einer isobaren Fläche zur anderen) in ihrer flächenmäßigen Verteilung durch graphische Addition zweier auf einem Leuchttisch übereinandergelegten Karten finden. Man kann die Zunahme der potentiellen Temperatur von einer Fläche zur anderen bei gegebenen Isothermen aus der Tab. A.2 ermitteln. Zum Beispiel erkennt man, daß die Schnittpunkte der Isothermen von – 10°C im 700 mb-Niveau mit der 1°C-Isotherme im 850 mb-Niveau Punkte kennzeichnen, in welchem die potentielle Temperatur um 5 Grad steigt.

Will man eine ähnliche Darstellung der äquivalentpotentiellen Temperatur für eine feuchte Atmosphäre gewinnen, so muß außer der Temperaturanalyse eine geeignete Analyse des Feuchtefeldes durchgeführt werden. Die Meldungen der Bodenstationen und der Radiosondenstationen enthalten als Feuchteparameter Taupunktswerte. Die *Taupunktstemperatur* T_d ist diejenige Temperatur, bei der der momentan herrschende Partialdruck des Wasserdampfes der Sättigungsdampfdruck wäre. Zwischen der Taupunktstemperatur und dem Partialdruck des Wasserdampfes gilt folgende Beziehung:

$$\log e = -A/T_d + B, \qquad A = 2346, \quad B = 8{,}373. \tag{A.25}$$

Hierbei ist T_d in °K einzusetzen und e in cb (= 10 mb). Gemeinsam mit (A.23) liefert (A.25) eine Beziehung zwischen der Taupunktstemperatur und dem Mischungsverhältnis, nämlich

$$q_m = \frac{0{,}621 \cdot 10^{-A/T_d+B}}{p - 10^{-A/T_d+B}} \,[\mathrm{kg\,kg^{-1}}], \tag{A.26}$$

wobei der Luftdruck p hier ebenfalls in cb einzusetzen ist. Aus (A.26) geht hervor, daß auf einer isobaren Fläche die Isothermen des Taupunktes auch Linien gleichen Mischungsverhältnisses sind. Die zahlenmäßige Zuordnung zwischen den beiden Parametern ist in der Tab. A.3 für verschiedene Druckniveaus angegeben.

Tabelle A.3. *Zuordnung von Taupunktisothermen und Linien gleichen Mischungsverhältnisses (g kg⁻¹) auf isobaren Flächen*

q_m	850	700	500 mb
0,5	− 27	− 28	− 32°C
0,7	− 23	− 25	− 29
1,0	− 19	− 20	− 25
1,5	− 14	− 16	− 21
2,0	− 11	− 12	− 17
3,0	− 5	− 7	− 12
4,0	− 2	− 3	− 9
5,0	1	0	
6,0	4	2	
7,0	6	4	
8,0	8	6	
9,0	10		
10,0	11		
12,0	14		

Das Mischungsverhältnis ist zur Erfassung des Feuchtefeldes sehr geeignet, da es als invariante Größe angesehen werden darf, solange keine Kondensation eintritt. Überdies kann mit Hilfe der Analyse des Mischungsverhältnisses und der potentiellen Temperatur die Feldverteilung der äquivalentpotentiellen Temperatur auf isobaren Flächen auf rein graphischem Wege ermittelt werden. Nach (A.22) können die Schnittpunkte der Linien gleicher potentieller Temperatur mit denjenigen gleichen Mischungsverhältnisses zu Linien gleicher äquivalentpotentieller Temperatur im selben Druckniveau verbunden werden. In Tab. A.4 ist die Zuordnung zwischen Mischungsverhältnis und potentieller Temperatur für $\Theta_e = 300°K$ und $\Theta_e = 305°K$ gegeben.

Tabelle A.4. *Zuordnung von Werten des Mischungsverhältnisses und der potentiellen Temperatur im 850 mb-Niveau bei äquivalentpotentiellen Temperaturen von 300 und 305°K*

$\Theta_e \setminus q_m$	0,5	2,0	4,0	6,0	8,0	10,0	12,0 g kg^{-1}
305°	302	297	292	287	282	277	272°K
300°	297	292	287	282	277	272	267°K

Andere Werte im gegenseitigen Abstand von 5 Grad erhält man durch entsprechende Verschiebung der Temperaturwerte. Solcherart konstruierte Karten der synoptischen Verteilung der äquivalentpotentiellen Temperatur stellen eine äußerst wertvolle Hilfe bei der Klassifikation von Luftmassen dar, bzw. bei der Festlegung von Luftmassengrenzen (Fronten), wovon noch die Rede sein wird.

Die vertikale Struktur der Atmosphäre wird am besten mit Hilfe der verschiedenen thermodynamischen Diagramme studiert. In der klassischen Thermodynamik wird das p, v-Diagramm verwendet, bei welchem die eine Koordinate der Druck, die andere das spezifische Volumen ist. Der Vorteil des p, v-Diagramms ist der, daß die thermodynamische Arbeitsleistung unmittelbar durch Planimetrieren der von der Kurve eines Kreisprozesses umschlossenen Fläche bestimmt werden kann. In der Meteorologie werden jedoch andere Darstellungen bevorzugt, wobei so ziemlich alle denkbaren Kombinationen der verschiedenen thermodynamischen Kenngrößen als unabhängige Variable vorgeschlagen wurden. Mit Vorliebe wird als Abszisse die Temperatur, als Ordinate eine Funktion des Luftdruckes gewählt. Will man erreichen, daß das p, v-Diagramm flächentreu auf das neue Diagramm abgebildet werden kann, um somit auch in diesem die Arbeitsleistung durch Planimetrieren ermitteln zu können, so müßte $\ln p$ als Ordinate aufgetragen werden. Tatsächlich finden solche Diagramme auch in der Meteorologie Verwendung. Allerdings hat sich in vielen Wetterdiensten das von Stüve [s. Weickmann, L. (1938)] vorgeschlagene Diagramm, bei welchem die Ordinate nicht $\ln p$ sondern p^{R/c_p} ist, außerordentlich bewährt (s. Muster im Anhang). Die Flächentreuheit gegenüber dem p, v-Diagramm ist zwar hierbei nicht erfüllt, doch ist der Fehler bei der Bestimmung der Arbeitsleistung durch Planimetrieren nicht sehr groß. Das Stüve-Diagramm hat aber den großen Vorteil, daß die p^{R/c_p}-Teilung annähernd einer linearen Höhenskala entspricht und daß außerdem wegen (A.21) die Trockenadiabaten (Linien gleicher potentieller Temperatur) Gerade sind. Man kann mit Hilfe der barometrischen Höhenformel leicht zeigen, daß ihnen eine Temperaturabnahme von etwa 1° pro 100 m Höhe entspricht. Die Temperaturabnahme bei Erhaltung der äquivalentpotentiellen Temperatur ist etwas schwieriger zu berechnen. Näherungsweise ergibt sich eine Abnahme von 0,5—0,6° pro 100 m im Druckbereich der mittleren Troposphäre. Die Feuchtadiabaten sind jedenfalls ebenso wie die Linien gleichen maximalen Mischungsverhältnisses nach (A.23) im Stüve-Diagramm eingetragen. Auch die virtuelle Temperatur kann dem Diagramm entnommen werden.

Die Wertetripel Druck, Temperatur und Feuchte, die bei den Radiosondenaufstiegen ermittelt werden, können in derartige Diagramme eingetragen werden und damit der aktuelle Zustand der Atmosphäre im Vergleich zu einem adiabatischen veranschaulicht werden. Im allgemeinen ist die Atmosphäre thermodynamisch stabil geschichtet, d. h. die Abnahme der Temperatur mit der Höhe (bzw. mit der Druckabnahme) ist geringer, als sie dem trockenadiabatischen Verlauf entsprechen würde. Überadiabatische Temperaturgradienten (Temperaturabnahme größer als ein Grad pro 100 m) kommen zwar in bodennahen Schichten öfters vor, sind aber in der freien Atmosphäre sehr selten. Dies gilt nicht für feuchtadiabatische Prozesse. Daher tritt häufig der Fall ein, daß die Atmosphäre zwar trockenstabil, aber feuchtlabil ist, also eine Temperaturabnahme zeigt, die größer ist als der feuchtadiabatische Gradient, aber kleiner als der trockenadiabatische. Wird in einem solchen Fall die Luft gehoben, so kann sie bei Erreichen des Kondensationsniveaus, also an der Wolkenuntergrenze, einen starken zusätzlichen Auftrieb erhalten (sie ist wärmer als die umgebende Luft) und es kommt zu den mächtigen thermischen Konvektionswolken (Cumulonimbusbewölkung). Daher ist die Prognose solcher Wolken mit Hilfe des im thermodynamischen Diagramm eingezeichneten Radiosondenaufstieges möglich.

5. Luftmassen- und Frontenanalyse

Es war sicherlich eine der bedeutendsten Entdeckungen der synoptischen Meteorologie, daß es Luftkörper mit verschiedenen konservativen Eigenschaften gibt, die oft über weite Strecken mit der vorherrschenden Windströmung transportiert werden, ohne daß sie ihre wesentlichen Merkmale verlieren. Dies hat zur Folge, daß bei Annäherung zweier verschiedener Luftmassen sich mehr oder weniger scharfe Grenz- oder Übergangszonen ausbilden. Man bezeichnet die Schnittlinie der Grenzfläche zweier verschiedener Luftmassen mit der Erdoberfläche auch als Front. Auch in der mittleren oder höheren Troposphäre kann eine sehr scharfe Trennungsfläche der Luftmassen vorhanden sein, sodaß zur genauen Festlegung der Luftmassen und Luftmassengrenzen dreidimensionale Analysen erforderlich sind.

Die Klassifikation der Luftmassen erfolgt nach erstmalig von Bergeron (1928) aufgestellten Richtlinien. Zunächst wird einerseits eine geographische Klassifikation nach dem Ursprungsgebiet der Luftmassen durchgeführt und andererseits eine thermodynamische, die in erster Linie zum Ausdruck bringen soll, ob es sich um eine Kalt- oder Warmluftmasse handelt. Dann wird noch wegen der mehr oder weniger großen Transformation der Luftmassen auf ihrem Weg, der sie über weite Strecken führen kann, eine Einteilung notwendig sein, die die Länge dieses Weges und die Beschaffenheit des Untergrundes entlang des Weges (z. B. Festland oder Ozean) berücksichtigt. Die Ursprungsgebiete der Hauptluftmassen sind vorwiegend quasistationäre große Hochdruckgebiete, wie etwa die subtropischen Antizyklonen oder diejenigen im polaren Bereich. In der Tab. A.5 ist eine Übersicht über die wichtigsten europäischen Luftmassen gegeben, die in Anlehnung an Scherhag (1948) vorgenommen wurde. Wir erkennen die geographische Klassifikation nach dem Ursprungsgebiet und die thermodynamische nach der thermischen Beschaffenheit. Die beiden Hauptgruppen der

Tabelle A.5. *Übersicht über die Hauptluftmassen Europas*

Gattung	Bezeichnung	Benennung	Luftmasse	Ursprungsland	Weg
T	T_S	Afrikanische Tropikluft	cT_S	Sahara	—
			mT_S		Mittelmeer
	T	Tropikluft	cT	südlicher Balkan	—
			mT	Azorenhoch	Atlantik
	T_P	Gemäßigte Tropikluft	cT_P	Zentraleuropa	—
			mT_P	Nordatlantik	—
P	P_T	Gealterte Polarluft	cP_T	Polargebiet	Südosteuropa
			mP_T		Atlantik südl. 50°Br.
	P	Polarluft	cP		Osteuropa
			mP		westlich Island
	P_A	Arktische Polarluft	cP_A		Nordosteuropa
			mP_A		östlich Island

ersten Kolonne, die tropischen Luftmassen T und die polaren Luftmassen P, sind in je drei Untergruppen geteilt, wobei die Bezeichnung T_S andeuten soll, daß diese Luftmasse aus dem Wüstengebiet der Sahara stammt, während die Schreibweise T_P, P_T und P_A einen polaren, tropischen oder arktischen Einfluß auf die betreffende Luftmasse zum Ausdruck bringen soll. Diese Luftmassen werden schließlich noch jeweils in zwei Gruppen unterteilt, wobei die Suffixe c bzw. m einen kontinentalen bzw. maritimen Einfluß anzeigen sollen. Die Ursprungsgebiete selbst sind aus der fünften Kolonne abzulesen, während die sechste Kolonne den Weg andeutet, entlang dem die Luftmasse gewöhnlich wandert, bevor sie Mitteleuropa erreicht. Die in der Klassifikation auftretenden gemäßigten Luftmassen kommen durch Vermischung der beiden Grundtypen zustande. Die hier gegebene Einteilung der Luftmassen ist typisch für Europa. In Nordamerika muß eine andere Einteilung getroffen werden. Auch gilt ein solches Schema keineswegs mehr für die Verhältnisse der Südhalbkugel. Die grobe Einteilung in Luftmassen polaren, subtropischen und tropischen Ursprungs bleibt jedoch immer erhalten.

Die Charakterisierung der Luftmassen auf der Wetterkarte geschieht derart, daß man möglichst konservative Größen einführt, die auch bei größeren Verlagerungen weitgehend konstant bleiben. Hier ist die Temperatur selbst aus den schon angeführten Gründen weniger geeignet, und man greift daher auf die oben definierten Begriffe der potentiellen oder äquivalentpotentiellen Temperatur zurück. Auch das Mischungsverhältnis kann hierfür verwendet werden.

Ferner haben sich beispielsweise die Art der Bewölkung, die Sichtverhältnisse und auch die Durchlässigkeit für die Sonnenstrahlung, die man durch Einführung eines sogenannten Trübungsfaktors beschreibt, in dieser Hinsicht als zweckmäßig erwiesen. Man hat in zahlreichen Untersuchungen diese thermodynamische Klassifizierung der Luftmassen sehr weit getrieben und ist dabei bis zu den größten Details vorgedrungen. In Deutschland haben sich vor allem SCHINZE (1943) und seine Mitarbeiter mit diesem Problem befaßt. Allerdings kann im praktischen Wetterdienst diese an sich begrüßenswerte Detailarbeit leicht Verwirrung stiften, da eine zu weitgehende Luftmassenanalyse sehr zeitraubend und für die Prognose nicht immer förderlich ist. Es bestehen nämlich keine umkehrbar eindeutigen Beziehungen zwischen einem typischen Wetterablauf und einer bestimmten Luftmasse. Dagegen ist die Analyse der Luftmassengrenzen, also der Fronten, und deren Verlagerung von ausschlaggebender Bedeutung, weil vielfach mit einem Luftmassenwechsel, d. h. mit einem Frontdurchgang, markante Wettererscheinungen verbunden sind.

Verlagert sich die Luftmassengrenze nicht, so spricht man von einer stationären Front, andernfalls unterscheidet man *Warm-* und *Kaltfronten* je nachdem, ob der Luftmassenwechsel an einem festen Ort ein Wechsel von kälterer zu wärmerer Luft ist oder umgekehrt. Kommen drei Luftmassen zusammen, sodaß die mittlere vollständig von der Erdoberfläche abgehoben wird, handelt es sich um eine sogenannte *Okklusion*. Sie entsteht, wenn sich eine Kaltfront schneller vorwärts bewegt als die vorangegangene Warmfront und diese daher einholt. Die Okklusion tritt im allgemeinen nicht gleichzeitig an der ganzen Front auf, sondern wächst langsam, von einem Ende der Front beginnend. Die Grenze zwischen okkludiertem und nicht-okkludiertem Teil der Front wird als *Okklusionspunkt* bezeichnet. Je nachdem, ob die Kaltluftmasse der zweiten Front kälter oder wärmer ist als die Luftmasse vor der Warmfront, spricht man von einer Okklusion mit Kalt- oder Warmfrontcharakter. Eine schematische Darstellung der beiden Okklusionstypen ist in Abb. A.6 wiedergegeben. Jede Front kann von speziellen, für den Frontentyp charakteristischen Wettererscheinungen begleitet sein, doch ist es mitunter

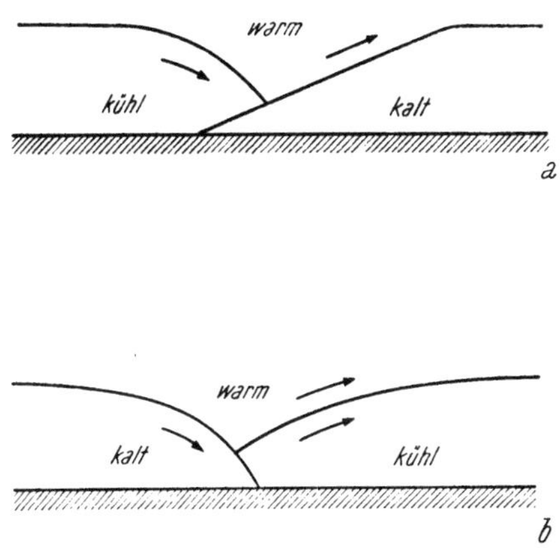

Abb. A.6. Die beiden Haupttypen der Okklusionen

recht schwierig, die Wetterwirksamkeit einer solchen Front richtig einzuschätzen. Man muß daher bei der Analyse zwischen ausgeprägten (aktiven) Fronten und solchen, die bereits in Auflösung sind, unterscheiden. Wenn eine Luftmasse auf längerem Wege weitgehend transformiert wurde und dabei ihre wesentlichen Merkmale bereits der Umgebung angepaßt sind, wird eine Abgrenzung gegenüber anderen Luftkörpern, lediglich aus historischen Gründen, kaum zu rechtfertigen sein.

Die Fronten müssen entsprechend ihrer Definition mit Linien oder schmalen Flächenstücken von mehr oder weniger scharfen Diskontinuitäten der, im Bereich der Luftmassen konservativen, meteorologischen Elemente zusammenfallen. Der stationäre Fall solcher Diskontinuitätsflächen (in erster Näherung handelt es sich um Ebenen) wurde bereits von Margules (1906) einer theoretischen Behandlung unterworfen. Wir wollen hier die wichtigsten Ergebnisse dieser Untersuchung näher betrachten.

Es muß angenommen werden, daß der Druck selbst auch an der Diskontinuitätsfläche einen stetigen Übergang aufweist. Würden die Druckwerte in den verschiedenen Luftmassen bei Annäherung an einen beliebigen Punkt der Diskontinuitätsfläche von beiden Seiten her nicht einem und demselben Betrag zustreben, so müßte der Druckgradient der Grenzfläche über alle Maße steigen, was offenbar unmöglich ist. Wird mit dem Index 1 im folgenden die kältere, mit dem Index 2 die wärmere Luftmasse gekennzeichnet, so gilt an der Diskontinuitätsfläche

$$p_1 - p_2 = 0. \qquad \text{(A.27)}$$

Bildet man das totale Differential von (A.27), so folgt

$$d(p_1 - p_2) = \left[\left(\frac{\partial p}{\partial x}\right)_1 - \left(\frac{\partial p}{\partial x}\right)_2\right]dx + \left[\left(\frac{\partial p}{\partial y}\right)_1 - \left(\frac{\partial p}{\partial y}\right)_2\right]dy + \\ + \left[\left(\frac{\partial p}{\partial z}\right)_1 - \left(\frac{\partial p}{\partial z}\right)_2\right]dz = 0, \tag{A.28}$$

woraus sich die Neigung der Grenzfläche zur horizontalen x, y-Ebene zu

$$\frac{dz}{dx} = -\frac{(\partial p/\partial x)_1 - (\partial p/\partial x)_2}{(\partial p/\partial z)_1 - (\partial p/\partial z)_2}$$

$$\frac{dz}{dy} = -\frac{(\partial p/\partial y)_1 - (\partial p/\partial y)_2}{(\partial p/\partial z)_1 - (\partial p/\partial z)_2} \tag{A.29}$$

ergibt.

Wenn zur Diskussion von (A.29) die Koordinatenachsen so orientiert werden, daß die Front (Schnittlinie der Fläche mit der x, y-Ebene) parallel zur y-Achse verläuft, dann wird

$$\frac{dx}{dy} = 0 \quad \text{oder} \quad (\partial p/\partial y)_1 - (\partial p/\partial y)_2 = 0. \tag{A.30}$$

Da die kältere Luft als die spezifisch schwerere unter die wärmere zu liegen kommen muß, ist dz/dx positiv. Nun muß aber auch

$$\left(\frac{\partial p}{\partial z}\right)_1 < \left(\frac{\partial p}{\partial z}\right)_2 \tag{A.31}$$

sein, da der Druck in der Kaltluftmasse rascher mit der Höhe abnimmt als in der warmen. Daher ergibt sich schließlich aus der ersten Gl. (A.29), daß

$$\left(\frac{\partial p}{\partial x}\right)_1 > \left(\frac{\partial p}{\partial x}\right)_2 \tag{A.32}$$

sein muß. Die Gln. (A.30) und (A.32) sagen folgendes aus:

An einer Front ist die Komponente des Druckgradienten parallel zur Front in beiden Luftmassen dieselbe, dagegen ist die Komponente des Druckgradienten normal zur Front in der Kaltluftmasse größer als in der Warmluftmasse.

Aus (A.30) und (A.32) folgt auch, daß die Isobaren, die eine Front schneiden, nur eine Trogform annehmen können. Man sieht dies leicht ein, wenn man die verschiedenen möglichen Fälle für das Vorzeichen der Komponente des Druckgradienten normal zur Front, in unserem Fall also für $(\partial p/\partial x)_1$ und $(\partial p/\partial x)_2$, betrachtet. Es gibt nämlich nur folgende Möglichkeiten: entweder sind beide Komponenten positiv oder beide negativ, oder aber $(\partial p/\partial x)_1 > 0$ und $(\partial p/\partial x)_2 < 0$. Alle Fälle liefern für den Verlauf der Isobaren an der Frontlinie einen Trog.

Setzt man in der ersten Gl. (A.29) anstelle des Druckgradienten den geostrophischen Wind nach (A.5) ein, so erhält man die sogenannte Margules-Formel für die Neigung der (stationären) Grenzfläche, nämlich

$$\operatorname{tg}\alpha = \frac{dz}{dx} = \frac{2\Omega \sin\varphi}{g} \frac{\varrho_1 v_1 - \varrho_2 v_2}{\varrho_1 - \varrho_2}. \tag{A.33}$$

Mit Hilfe der Zustandsgleichung der Gase $\varrho = p/RT$ kann (A.33) auch auf die Form

$$\operatorname{tg} \alpha = \frac{2\Omega \sin \varphi}{g} \frac{T_2 v_1 - T_1 v_2}{T_2 - T_1} \tag{A.33a}$$

gebracht werden.

Für eine Diskussion der an einer Front herrschenden Windverhältnisse wird zweckmäßigerweise (A.33a) noch etwas vereinfacht, indem im Zähler der Unterschied zwischen T_1 und T_2, der gewöhnlich gering ist, durch Einführung einer Mitteltemperatur vernachlässigt wird. Ist diese $T_m = \frac{1}{2}(T_1 + T_2)$, so wird (A.33a)

$$\operatorname{tg} \alpha = \frac{2\Omega \sin \varphi}{g} T_m \frac{v_1 - v_2}{T_2 - T_1} \tag{A.33b}$$

zu schreiben sein. Da wir die Koordinatenachsen so orientiert haben, daß die Front parallel zur y-Achse verläuft, sind unter v_1 und v_2 in (A.33), (A.33a) und (A.33b) die (geostrophischen) Windkomponenten parallel zur Front zu verstehen. In der Formel (A.33b) bezieht sich die Bezeichnung 2 auf die wärmere Luftmasse. Daher ist der Nenner in (A.33b) immer positiv. Da weiters T_m, g und $f = 2\Omega \sin \varphi$ ebenfalls positiv sind[1], ist nicht jede beliebige Kombination der Geschwindigkeitskomponenten v_1 und v_2 möglich, wenn gewährleistet sein soll, daß die wärmere Luft über der kälteren liegt. Man kann sich leicht überzeugen, daß dies bedeutet, daß an Fronten nur eine zyklonale Scherung der Windkomponenten denkbar ist.

Neben den Anhaltspunkten, die man aus der Isobarenkonfiguration und dem Windfeld gewinnen kann, werden zur Bestimmung der Lage und Art der Fronten auch die Temperatur- und Feuchtefelder, die relativen Topographien, die Drucktendenz sowie Wettererscheinungen wie Bewölkung, Niederschlag und Sichtweite verwendet. Wird die Temperaturverteilung zur Festlegung der Luftmassengrenzen herangezogen, so ist es nach dem früher Gesagten ratsam, die Temperaturwerte oberhalb der Bodenreibungsschicht, also etwa in der 850 mb-Fläche, zu betrachten. Wie wir gesehen haben, sind die Isothermen auf einer Druckfläche auch Linien gleicher potentieller Temperatur. Werden die Fronten aufgrund der Temperaturverteilung in die Wetterkarte eingezeichnet, muß folgendes überlegt werden. Handelt es sich um eine Warmfront, d. h. um die Schnittlinie der in einem kleinen Winkel schräg über der Kaltluft liegenden Grenzfläche mit der Erdoberfläche, so ist bereits in Gebieten vor dieser Front ein Temperaturanstieg zu erwarten. Durch die aufgleitende Warmluft wird nämlich eine Zunahme der atmosphärischen Gegenstrahlung verursacht, was einer Verminderung des Wärmeverlustes der darunterliegenden kalten Luft gleichkommt. Speziell in der kalten Jahreszeit wird dieser Effekt häufig zu beobachten sein. In einem solchen Fall ist dann die Warmfront auf der Bodenkarte als diejenige Linie zu zeichnen, an der der Temperaturanstieg aufhört. Jenseits dieser Linie hat die Temperatur einen nahezu konstanten Betrag. Entgegengesetzt liegen die Verhältnisse bei der

[1] Auf der Südhalbkugel wird f negativ.

Kaltfront. Hier beginnt der Temperaturfall in dem Augenblick, in dem die Front den betreffenden Ort passiert, er hält auch noch jenseits der Frontlinie an.

Der Feuchtezustand der Luftmassen wird durch die Feldverteilung der Taupunktstemperatur oder, wie bereits gesagt, besser durch die des Mischungsverhältnisses beschrieben. Wählt man eine Darstellung der äquivalentpotentiellen Temperatur Θ_e, so werden Feuchte- und Temperaturverteilung gleichzeitig charakterisiert.

Eine Drängung der Isolinien von Θ_e deutet auf Diskontinuitäten und damit auf Frontalbereiche hin. Die Schnittlinien der Grenzflächen verschiedener Luftmassen mit isobaren Flächen verlaufen im allgemeinen nahezu parallel zu den Linien gleicher äquivalentpotentieller Temperatur auf diesen Flächen.

Auch mit Hilfe der relativen Topographie erhält man einen sehr guten Überblick über die mutmaßliche Frontenlage. Nach SCHERHAG (1948) müssen die Isopotentialen der relativen Topographie 500/1000 mb in der Nähe von Fronten einen Verlauf zeigen, wie er in der Abb. A.7 dargestellt ist. Durch das Studium

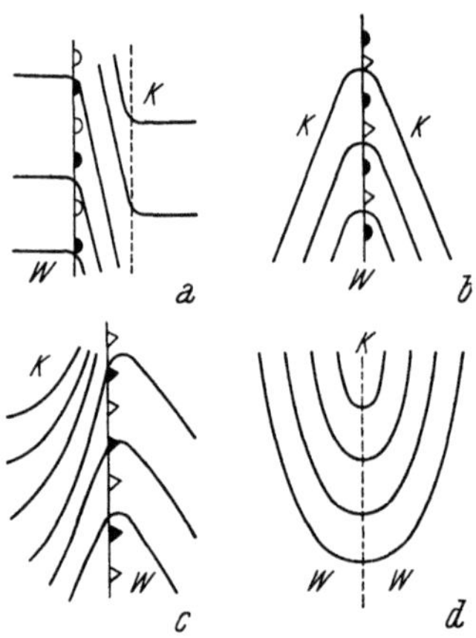

Abb. A.7. Verlauf der Linien gleicher relativer Topographie a) an einer Warmfront, b) an einer Okklusion, c) an einer Kaltfront, d) an einer Troglinie

der relativen Topographie wird es in vielen Fällen gelingen, die Front zu identifizieren. Speziell wichtig ist in dieser Hinsicht die Tatsache, daß über einer okkludierten Front die relativen Isohypsen einen Keil zeigen müssen. Es gelingt auf diese Weise, Okklusionen eindeutig von Troglinien zu unterscheiden, obwohl sie sich in der Bodenwetterkarte oft nicht leicht identifizieren lassen. Es ist unter Umständen angezeigt, auch solche Troglinien in der Wetterkarte zu kennzeichnen, da in ihrem Bereich ebenso markante Wettererscheinungen auftreten können wie bei Fronten. So wird z. B. gewöhnlich hinter der Front ein schmales Aufheiterungsgebiet zu beobachten sein (postfrontales Aufklaren), das seinen Grund in einer starken Absinkbewegung der Kaltluft knapp hinter der Front hat. Die Troglinie, die häufig in der Höhe der Kaltfront nachfolgt, bringt jedoch dann wieder starke Bewölkung und Niederschläge, die mitunter unterschätzt werden.

Die Analyse der dreistündigen Drucktendenz ist eine wertvolle Hilfe bei der Bestimmung des Okklusionspunktes, da dieser in den meisten Fällen mit dem

Zentrum des (dreistündigen) isallobarischen Tiefs zusammenfällt, d. h. mit dem Feldpunkt, der im Bereich des Tiefs den stärksten Druckfall aufweist. Früher wurde auch für die Festlegung der Front selbst die Drucktendenz den anderen Parametern vielfach vorgezogen. Es muß jedoch betont werden, daß das eingehende Studium der zeitlichen Druckänderungen gelehrt hat, daß diese Größe keineswegs immer die Frontenlage eindeutig charakterisiert. Der thermisch bedingte Druckanstieg hinter einer Kaltfront kann z. B. durch Vorgänge in höheren Niveaus überkompensiert sein. Auch ist die Änderung des Luftdruckes zwischen den synoptischen Terminen (drei Stunden) in manchen Fällen eine zu grobe Approximation an den tatsächlichen Differentialquotienten.

Bei der Verwendung von Bewölkungsart, Niederschlag, Sichtweite usw. zum Aufsuchen der genauen Frontenlage muß beachtet werden, daß keine umkehrbar eindeutigen Beziehungen zwischen diesen Elementen bestehen. Beispielsweise wird man im Bereich einer Kaltfront quellende Wolkenformen, Gewitter oder schauerartige Niederschläge finden, alles Erscheinungen, die bekanntlich auch ohne Front in einer einheitlichen Luftmasse auftreten können. Die endgültige Entscheidung über eine Frontenlage wird daher in erster Linie aufgrund der definitionsgemäßen Diskontinuität des Dichte- bzw. Temperaturfeldes und dem daraus resultierenden Windsprung zu treffen sein.

Eine sehr wesentliche Hilfe bei der Frontenanalyse stellen auch die Satellitenbilder dar. Mit ihnen gelingt es, die Fronten sehr genau festzulegen. Dabei ergeben sich recht interessante und neue Gesichtspunkte, auf die wir im Kapitel 8 näher eingehen werden. Hier sei nur noch hervorgehoben, daß eine individuelle Front während ihrer Verlagerung auf aufeinanderfolgenden Wetterkarten genau verfolgt werden muß. Die Festlegung der Front auf einer bestimmten Wetterkarte muß dann so erfolgen, daß die Verlagerung seit dem letzten synoptischen Termin nicht im Widerspruch zu den herrschenden Windverhältnissen steht. Die Geschwindigkeit der Fronten in Abhängigkeit vom umgebenden Druckfeld bzw. aufgrund der gemeldeten Drucktendenzen wird noch später (S. 69) diskutiert werden. Taucht eine neue Front auf der Wetterkarte auf, darf die alte nicht vergessen werden, solange noch charakteristische Eigenschaften derselben vorhanden sind. Wenn eine Front von der Wetterkarte verschwindet, so soll ein glaubwürdiger Grund dafür vorliegen, z. B. weitgehende Transformation der Luftmassen.

Manchmal ist es erforderlich, auch sekundäre Fronten in die Wetterkarte mit aufzunehmen. Insbesondere wird dies bei mächtigen Kaltluftvorstößen auf der Rückseite von Tiefdruckgebieten der Fall sein, wo die Kaltluft gewöhnlich staffelweise südwärts vordringt. Es soll jedoch vermieden werden, zu viele sekundäre Fronten einzuführen, um die Übersicht nicht zu verlieren. Außerdem dürfen diese sekundären Fronten nicht mit dem Hauptsystem verwechselt werden. Andererseits sollen zusammenhängende Frontensysteme möglichst miteinander verbunden werden, selbst wenn entlang der so gezeichneten Frontenlinie nicht überall typische Wettererscheinungen beobachtet werden können. Es ist dabei zu beachten, daß immer die allgemeine (großräumige) Luftmassenverteilung richtig erkannt wird. Allerdings soll dies nicht soweit gehen, daß durch stationäre Hochdruckgebiete Fronten hindurchgelegt werden. Es kann jedoch mitunter zweckmäßig sein, den *kalten*, veränderlichen Teil des Hochdruckgebietes von dem *warmen*, stationären, durch eine Massengrenze zu trennen. Falls die Luftmassenanalyse und die Festlegung der Fronten auf der Wetterkarte nicht für rein wissenschaftliche Detailuntersuchungen durchgeführt wird, sondern nur für Zwecke der Wetterprognose dient, ist es wesentlich, besonderes Augenmerk auf die Wetterwirksamkeit zu legen, d. h. z. B. schwache Fronten als solche zu kennzeichnen.

Wir wollen am Ende dieses Kapitels ein Beispiel einer Frontenanalyse mit Hilfe der hier besprochenen Methoden folgen lassen. Auf der Abb. A.8 sehen wir die Bodenwetterkarte mit der Druckverteilung vom 27. Januar 1959, 00 Uhr GMT. Eingezeichnet sind die Luftmassengrenzen, und zwar in zwei getrennten Bereichen.

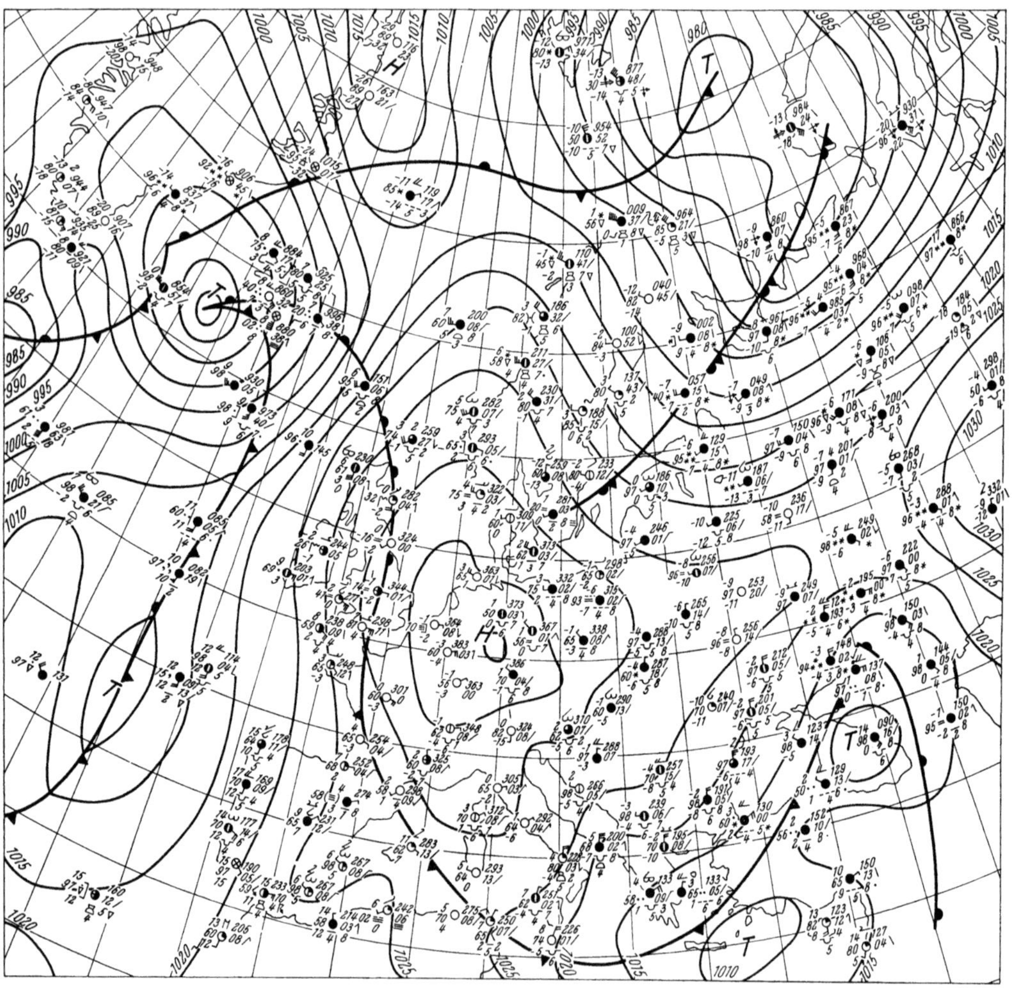

Abb. A.8. Bodenkarte (Druckverteilung und Frontenlage) vom 27. Januar 1959, 00 GMT

Das polare Frontensystem reicht von der Südspitze Grönlands über die Dänemarkstraße in das Gebiet zwischen dem Nordkap und Spitzbergen. Es trennt die reine arktische Polarluft von gemäßigter Kaltluft. Das zweite Frontensystem greift am Atlantik weit nach Norden vor. Hierbei handelt es sich offenbar um einen aktiven

Vorstoß von subtropischer Warmluft. Demgegenüber sehen wir über Südosteuropa einen Kaltlufteinbruch, der polare Kaltluftmassen bis in den östlichen Mittelmeerraum verfrachtet. Über Finnland ist noch eine mit keinem der beiden erwähnten Frontensysteme zusammenhängende Okklusion, offenbar als Rest einer vorangegangenen Entwicklung, eingezeichnet. Als Hilfsmittel zur Frontenanalyse wurden zunächst die Feldverteilung der (potentiellen) Temperatur im 850 mb-Niveau (Abb. A.9) herangezogen. Schon aus dieser Darstellung wird die großräumige

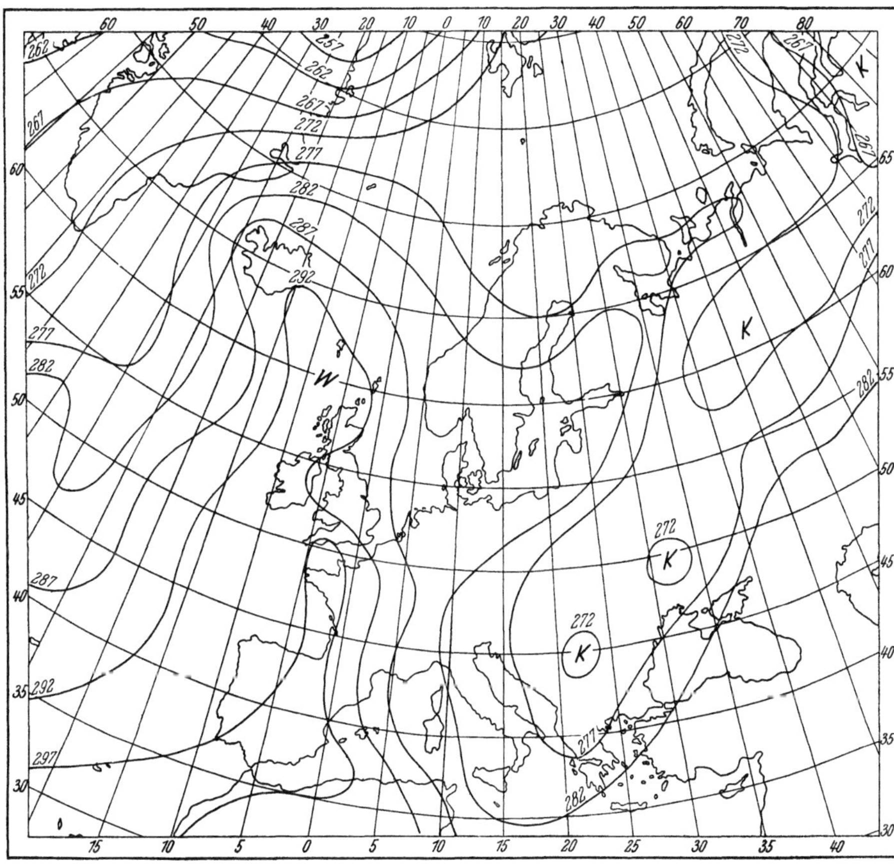

Abb. A.9. Linien gleicher potentieller Temperatur (in °K) im 850 mb-Niveau vom 27. Januar 1959, 00 GMT

Verteilung der Warm- und Kaltluftmassen klar ersichtlich. Es ist dies noch eine mehr qualitative Klassifizierung, wenngleich sowohl die Größe der Warmluftzunge am Atlantik als auch des Kaltlufttroges über Osteuropa deutlich hervortritt. Um die Fronten genau festzulegen, ziehen wir zusätzlich die Feuchteverteilung zu Rate. Abb. A.10 vermittelt uns die synoptische Verteilung des Mischungsverhältnisses im gegenständlichen Fall. Kombiniert man nach der früher auseinandergesetzten Methodik Abb. A.9 mit Abb. A.10, so erhält man die Feldverteilung der äquivalentpotentiellen Temperatur (Abb. A.11). Eine weitgehende Ähnlichkeit zu der Temperaturverteilung der Abb. A.9 ist offensichtlich. Doch ist gerade für die genaue Klassifizierung der Luftmassen und der Frontenlage die äquivalentpotentielle Temperatur besser geeignet. In der Abb. A.11 sind die Bodenfronten eingezeichnet und die Luftmassen durch die Bezeichnungen der Tab. A.5 ersichtlich gemacht. Für die Identifizierung der Luftmassen ist natürlich nicht nur die äquivalentpotentielle Temperatur maßgeblich. Es kann daher vorkommen, daß in der Praxis Meinungsverschiedenheiten auftreten. Doch betrifft dies meistens

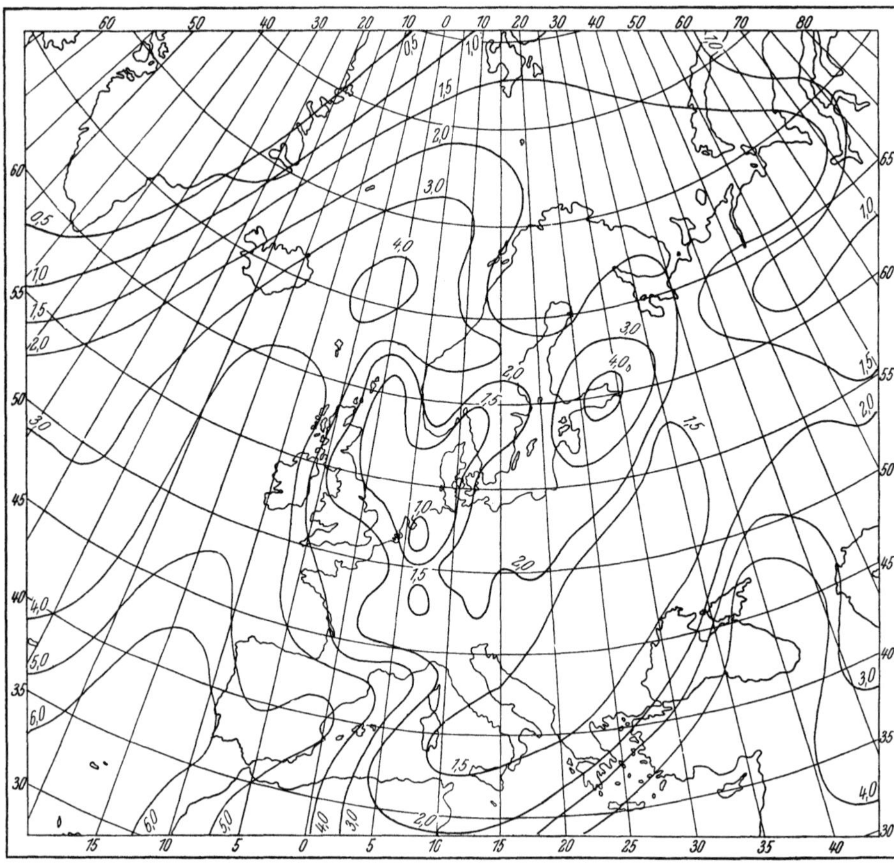

Abb. A.10. Feldverteilung des Mischungsverhältnisses (g kg^{-1}) im 850 mb-Niveau vom 27. Januar 1959, 00 GMT

nur die mehr oder weniger gealterten und transformierten Luftmassen, die dann schwer in ein Schema einzuordnen sind. Für die eigentliche Frontenlage leistet die Analyse der äquivalentpotentiellen Temperatur eine große Hilfe. Man sieht sehr deutlich, daß die Fronten fast genau dort zu finden sind, wo die äquivalentpotentielle Temperatur den stärksten Gradienten aufweist, also ihre Isothermen stark gedrängt sind. Dies entspricht genau der Auffassung, daß die Luftmassengrenzen eine mehr oder weniger scharfe Diskontinuität der konservativen Eigenschaften der Luftmassen selbst aufweisen sollen. Die Okklusionsfront über Finnland liegt in einer keilförmigen Ausbuchtung der Isothermen, wie es der Abb. A.7 entspricht.

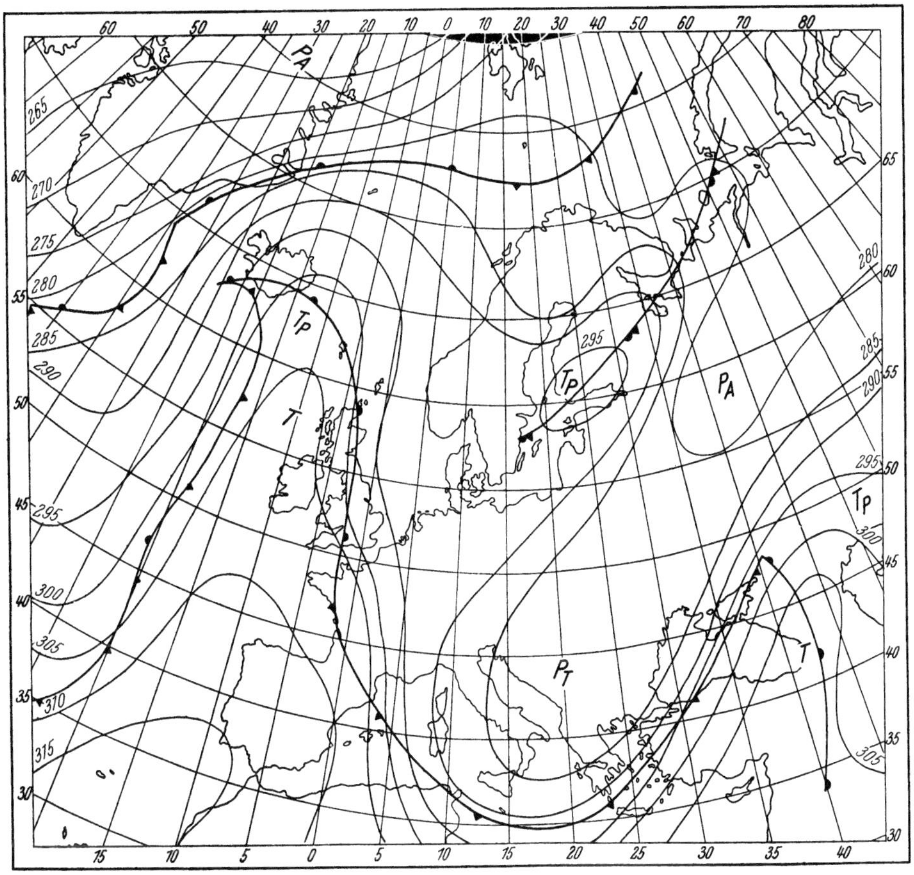

Abb. A.11. Linien gleicher äquivalentpotentieller Temperatur im 850 mb-Niveau und Lage der Bodenfronten vom 27. Januar 1959, 00 GMT

6. Analyse abgeleiteter Feldgrößen (Divergenz und Vorticity) und der Vertikalbewegung

Neben der Feldverteilung der gemessenen meteorologischen Elemente haben zwei aus dem Geschwindigkeitsvektor abgeleitete Größen für die synoptische Wetterprognose Bedeutung erlangt. Es sind dies die Divergenz, ein Skalar, und der Rotor, eine vektorielle Größe. In der Praxis benötigt man vornehmlich die zweidimensionale Divergenz

$$\mathrm{div}_2\, \boldsymbol{v} = \frac{\partial u}{\partial x} + \frac{\partial v}{\partial y} \tag{A.34}$$

und die Vertikalkomponente des Rotorvektors

$$\mathrm{rot}_z\, \boldsymbol{v} = \frac{\partial v}{\partial x} - \frac{\partial u}{\partial y}\,. \tag{A.35}$$

Falls im p-System gearbeitet wird, sind die partiellen Ableitungen der Geschwindigkeitskomponenten u und v in (A.34) und (A.35) bei konstant gehaltenem Druck anstelle konstant gehaltener z-Komponente zu verstehen. Es ist leicht einzusehen, daß die Divergenz besonderes Interesse hervorruft. Wir haben bereits den Zusammenhang zwischen Divergenz und Drucktendenz anhand der Tendenzgleichung (A.20) aufgezeigt. Im p-System besteht eine noch einfachere Beziehung zwischen der Divergenz auf isobaren Flächen und der generalisierten Vertikalgeschwindigkeit dp/dt, die sogenannte Richardsongleichung [s. Teil B, Gl. (B.9)]. Es sind daher Gebiete mit merklicher Divergenz stets auch mit Druckänderungen und vertikalen Strömungen korreliert. In der Praxis stößt man jedoch beim Auffinden solcher Gebiete auf Schwierigkeiten, weil die Divergenz des Stromfeldes im allgemeinen sehr klein ist. Die Größenordnung der zweidimensionalen Divergenz ist magn $\operatorname{div}_2 \boldsymbol{v} = 10^{-6}\,\mathrm{s}^{-1}$. Will man die Divergenz direkt aus dem beobachteten Windvektor ableiten, ist es zweckmäßig, Isolinien der beiden Windkomponenten u und v zu zeichnen. Ist d die Gitterdistanz eines (endlichen) zweidimensionalen Gitternetzes, so wird (Abb. A.12)

$$\operatorname{div}_2 \boldsymbol{v} = \frac{u_1 - u_3 + v_2 - v_4}{2d}. \tag{A.36}$$

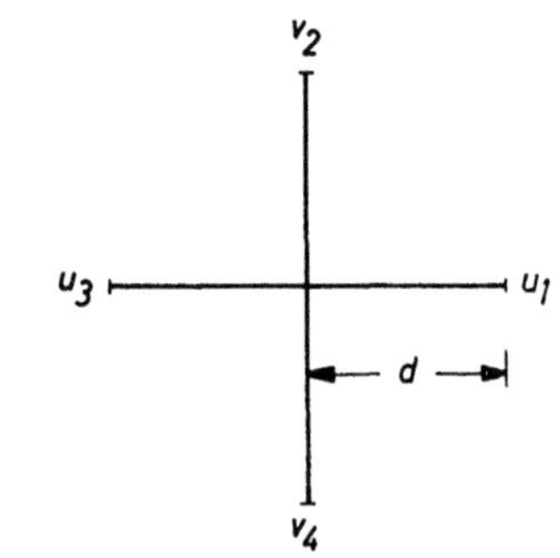

Abb. A.12. Skizze zur Berechnung der Divergenz des zweidimensionalen Geschwindigkeitsvektors bei endlicher Gitterdistanz

Die beiden Differenzen $u_1 - u_3$ und $v_2 - v_4$ haben gewöhnlich ähnliche Zahlenwerte aber entgegengesetzte Vorzeichen. Dies führt dazu, daß die Größenordnung magn $\operatorname{div}_2 \boldsymbol{v} \doteq 1/2d$ wird. Durchschnittswerte der Divergenz werden am besten mit einer Gitterdistanz von rund 500 km erreicht. Bei kleineren Distanzen wird meistens der (mittlere) Wind in Richtung der Koordinatenachsen nicht hinreichend genau erfaßbar sein. Natürlich gibt es bei besonderen Wettererscheinungen, wie bei starker Konvektion unterhalb und in Gewitterwolken, auf relativ kleinem Raum beachtliche Werte der Divergenz. In einem solchen Fall ist es möglich, bereits mit Gitterdistanzen von $d = 3$ bis 5 km zu rechnen.

Bellamy (1949) hat eine andere Methode zur Bestimmung der Divergenz entwickelt. Betrachten wir ein Dreieck mit den Eckpunkten A, B und C, und sind die Komponenten des Windes in diesen Punkten normal zur gegenüberliegenden Seite (d. h. in Richtung der Höhe des Dreieckes) V_A, V_B und V_C, so berechnet sich nach Bellamy die (mittlere) Divergenz auf der vom Dreieck eingeschlossenen Fläche zu

$$\operatorname{div}_2 \boldsymbol{v} = \frac{V_A}{h_A} + \frac{V_B}{h_B} + \frac{V_C}{h_C}, \tag{A.37}$$

wobei unter h_A, h_B und h_C die Höhen des Dreieckes zu verstehen sind. Bei der Ableitung der Formel (A.37) ist vorausgesetzt, daß die Geschwindigkeit zwischen den Eckpunkten des Dreiecks linear variiert.

Nach der Richardsongleichung besteht eine eindeutige Beziehung zwischen Vertikalgeschwindigkeit und Divergenz. Ist also eine der beiden Größen bekannt, läßt sich die andere berechnen. In der Praxis ist die Gleichung jedoch meist nicht ohne weiteres anwendbar, da einerseits die Vertikalgeschwindigkeit im allgemeinen nicht bekannt ist, andererseits die eben geschilderten Methoden zur Bestimmung der Divergenz aus gemessenen Winden zu ungenau sind. In der numerischen Wettervorhersage hingegen kann eine solche Berechnung durchgeführt werden, da man es bei den vorausberechneten Windkomponenten mit Größen zu tun hat, die aus dem Stromfeld und nicht aus beobachteten Windwerten ermittelt werden.

Man kann aber auch zur Bestimmung der Divergenz den umgekehrten Weg einschlagen, indem man versucht, zuerst auf andere Weise die Vertikalgeschwindigkeit abzuschätzen. Dies gelingt z. B. dadurch, daß zeitlich nicht zu weit auseinanderliegende Feldverteilungen einer konservativen Größe miteinander verglichen werden. Natürlich erhält man solcherart auch nur eine zeitlich gemittelte Vertikalgeschwindigkeit. Der Gedanke bei dieser Methode ist es, eine innerhalb des Zeitintervalls konservative Größe zu finden, d. h. eine solche, für welche die individuelle (substantielle) zeitliche Änderung verschwindet. Beispielsweise kann die im vorangegangenen Kapitel definierte äquivalentpotentielle Temperatur mit Erfolg hierzu verwendet werden. Man wird berechtigt sein, für einen kürzeren Zeitraum

$$\frac{d\Theta_e}{dt} \equiv \frac{\partial \Theta_e}{\partial t} + \boldsymbol{v}_2 \cdot \operatorname{grad} \Theta_e + \omega \frac{\partial \Theta_e}{\partial p} = 0 \tag{A.38}$$

voraussetzen zu dürfen. In (A.38) ist $\omega \equiv dp/dt$ die generalisierte Vertikalgeschwindigkeit im p-System. Für diese ergibt sich sofort

$$\omega = -\frac{\boldsymbol{v}_2 \cdot \operatorname{grad} \Theta_e + \partial \Theta_e/\partial t}{\partial \Theta_e/\partial p}. \tag{A.39}$$

Die Schwierigkeit bei der Anwendung der Formel (A.39) in der Praxis besteht in der Bestimmung des ersten Terms im Zähler, also des skalaren Produkts aus dem zweidimensionalen Geschwindigkeitsvektor und dem Gradienten der äquivalentpotentiellen Temperatur. Man kann dabei so verfahren, daß die Linien gleicher äquivalentpotentieller Temperatur mit den Isohypsen einer Druckfläche verglichen werden (unter der Annahme, daß der Wind hinreichend genau in Richtung dieser Isohypsen weht). Nach Abb. A.13 gilt dann offenbar

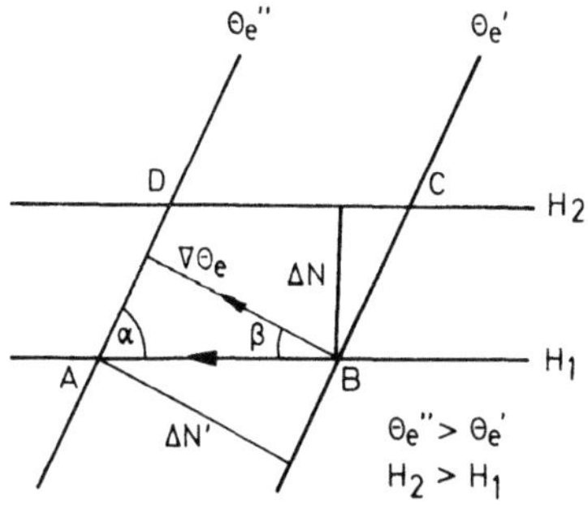

Abb. A.13. Skizze zur Berechnung des skalaren Produktes $\boldsymbol{v}_2 \cdot \operatorname{grad} \Theta_e$ ($\operatorname{grad} \Theta_e \equiv \nabla \Theta_e$)

$$\boldsymbol{v}_2 \cdot \operatorname{grad} \Theta_e = |\boldsymbol{v}_2| \, |\operatorname{grad} \Theta_e| \cos \beta$$
$$= |\boldsymbol{v}_2| \, |\operatorname{grad} \Theta_e| \sin \alpha. \tag{A.40}$$

Da nun

$$|\boldsymbol{v}_2| \sim \frac{1}{f} \frac{\Delta H}{\Delta N} \quad \text{und} \quad |\operatorname{grad} \Theta_e| = \frac{\Delta \Theta_e}{\Delta N'}$$

ist und die Fläche des Parallelogrammes $ABCD$ sich zu

$$F_{ABCD} = \overline{AB} \cdot \Delta N = \frac{\Delta N'}{\sin \alpha} \Delta N$$

berechnet, wird $\boldsymbol{v}_2 \cdot \operatorname{grad} \Theta_e$ proportional $(1/F)$.

Es lassen sich aus diesen Überlegungen folgende Regeln für eine Erkennung von Vertikalbewegungen aufstellen:

a) Die Vertikalgeschwindigkeit ist umgekehrt proportional der Änderung der äquivalentpotentiellen Temperatur mit der Höhe. Nimmt Θ_e mit der Höhe ab $(\partial \Theta_e / \partial p > 0)$, so wird $\omega < 0$. Dies bedeutet eine Aufwärtsbewegung. Nimmt dagegen Θ_e mit der Höhe zu, so läßt dies auf eine Abwärtsbewegung schließen, falls der Zähler in (A.39) positiv bleibt.

b) Die Vertikalgeschwindigkeit ist aber auch direkt proportional einem Faktor, der sich aus zwei Summanden zusammensetzt, nämlich

α) einem Term, der umgekehrt proportional der Fläche des Parallelogrammes ist, das durch zwei aufeinanderfolgende Isohypsen und Isothermen der äquivalentpotentiellen Temperatur gebildet wird, und

β) einem Term, der gleich der lokalen zeitlichen Änderung von Θ_e auf der betreffenden Druckfläche ist.

Im allgemeinen wird auch die hier geschilderte Methode nur qualitative Hinweise für Vertikalbewegungen geben, und zwar schon deswegen, weil die zeitliche Änderung der äquivalentpotentiellen Temperatur nur bei Vorliegen eines entsprechenden Radiosondenaufstieges ermittelt werden kann. Da diese jedoch nur in einem zeitlichen Intervall von 12 Stunden durchgeführt werden, ist der daraus abgeleitete Differenzenquotient keine gute Näherung des hier benötigten Differentialquotienten. Weiters lehrt die Erfahrung, daß der Schnittwinkel zwischen den Isohypsen der Druckflächen und den Isothermen von Θ_e meist sehr klein ist, sodaß die Berechnung der Fläche ungenau wird.

Ein anderer Indikator für Vertikalbewegungen ist die Drucktendenz, da gemäß der Tendenzgleichung (A.20c) Bodendruckänderungen mit entsprechenden Divergenzen im Stromfeld der darüber liegenden Luftschichten korreliert sind. Mit Hilfe der Drucktendenz läßt sich die verallgemeinerte Vertikalgeschwindigkeit am Boden, ω_0, ermitteln. Es gilt offenbar im z-System für die individuelle Druckänderung folgende Beziehung

$$\omega \equiv \frac{dp}{dt} = \frac{\partial p}{\partial t} + \boldsymbol{v}_2 \cdot \operatorname{grad} p + w \frac{\partial p}{\partial z} \cdot \tag{A.41}$$

Wegen der nahezu isobarenparallelen zweidimensionalen Strömung und der hydrostatischen Approximation ($\partial p/\partial z = -g\varrho$) kann (A.41) in guter Näherung

$$\frac{dp}{dt} \doteq \frac{\partial p}{\partial t} - g\varrho w \tag{A.41a}$$

geschrieben werden. Am Erdboden ist bei ebener Berandung $w_0 = 0$, bei vorhandener Orographie ist w_0 aus der kinematischen Grenzbedingung unter Verwendung der Topographie der Erdoberfläche berechenbar, sodaß

$$\omega_0 \doteq \frac{\partial p_0}{\partial t} - g\varrho w_0 \tag{A.42}$$

gilt.

Die anschaulichsten Hinweise für Vertikalbewegungen geben uns Bewölkung und Niederschlag. Mit wenigen Ausnahmen (Strahlungsnebel, Inversionsbewölkung) sind Wolkenbildungen und Niederschlag an entsprechende Vertikalbewegungen gekoppelt. Daher kann eine Analyse dieser komplexen meteorologischen Erscheinungsformen indirekt über die Vertikalkomponente des Geschwindigkeitsvektors Aufschluß geben. Hierbei kann die Satellitenmeteorologie einen wesentlichen Beitrag liefern.

Wir wollen uns jetzt mit der zweiten das Stromfeld charakterisierenden Größe, nämlich der Rotation, beschäftigen. Die Bedeutung der Vertikalkomponente des Rotorvektors (A.35), die allgemein *relative Vorticity* genannt und mit ζ bezeichnet wird, ergibt sich aus der Tatsache, daß sie ein Maß für die Wirbelbildung im Stromfeld darstellt und die Methoden der Wetteranalyse und -prognose in erster Linie auf einer Wirbeldynamik beruhen. Schon bei der Besprechung der Analyse des Druck- und Stromfeldes wurde ersichtlich, daß besondere Wettererscheinungen mit Wirbelbildungen eng zusammenhängen, womit die Bedeutung der Hoch- und Tiefdruckgebiete als antizyklonale und zyklonale Wirbel deutlich zum Ausdruck kommt.

Neben der durch (A.35) definierten relativen Vorticity, hat in der theoretischen Synoptik auch die sogenannte *absolute Vorticity*, nämlich

$$\eta \equiv \zeta + f = \frac{\partial v}{\partial x} - \frac{\partial u}{\partial y} + 2\Omega \sin \varphi, \tag{A.43}$$

große Bedeutung erlangt. Tatsächlich stellt der Coriolisparameter f die Vertikalkomponente des Drehvektors der Erdrotation dar, sodaß (A.43) ein Maß für die gesamte auf der rotierenden Erde erfolgende Drehbewegung an einer bestimmten Stelle ist. Wie in der theoretischen Physik gezeigt wird, besteht ein Zusammenhang zwischen der Zirkulation um eine geschlossene Kurve im Stromfeld und der mittleren Vorticity in der von der Kurve eingeschlossenen Fläche (Satz von STOKES). Es läßt sich aber auch eine (vereinfachte) Beziehung zur Divergenz herleiten (Vorticitygleichung s. S. 147). Dies ist von großem Nutzen, da die Wirbelgröße die Divergenz um ein bis zwei Größenordnungen übertrifft (magn $\zeta = 10^{-5}\,\mathrm{s}^{-1}$, magn $f = 10^{-4}\,\mathrm{s}^{-1}$).

Will man die Vorticity direkt nach (A.35) berechnen, so kann man dabei ähnlich wie bei der Divergenz verfahren, falls man zuerst die Komponenten u

und v ermittelt hat. Eine andere Methode geht von der Schreibweise in natürlichen Koordinaten aus, die wir schon auf S. 9 bei Ableitung der Gradientwindgleichung kennengelernt haben. Man kann zeigen, daß in diesen Koordinaten die relative Vorticity sich

$$\zeta = V k_s - \frac{\partial V}{\partial n} \qquad \text{(A.44)}$$

schreibt, wenn hier k_s die Krümmung der Stromlinien und n wie früher die Koordinate in Richtung der Kurvennormalen ist. Der erste Term in (A.44) wird die *Krümmungsvorticity*, der zweite die *Scherungsvorticity* genannt. Für zyklonale Krümmungen wird ζ positiv, für antizyklonale negativ. Will man die Vorticity mit Hilfe der Formel (A.44) berechnen, so ist es notwendig, die Krümmung der Stromlinien und die Windscherung hinreichend genau aus einer Stromfeldanalyse zu bestimmen.

Die Vorticity läßt sich aber auch geostrophisch approximieren, was bei der Divergenz nicht zielführend ist. Theoretische Untersuchungen über die Genauigkeit der geostrophischen Approximation sind im Teil C, S. 151, wiedergegeben. Verwenden wir Gl. (A.5a), so ergibt sich für

$$\zeta_g = \frac{1}{f}\left(\frac{\partial^2 H}{\partial x^2} + \frac{\partial^2 H}{\partial y^2}\right) - \frac{1}{f^2}\frac{\partial H}{\partial y}\frac{\partial f}{\partial y}. \qquad \text{(A.45)}$$

Der zweite Term auf der rechten Seite, der dadurch zustande kommt, daß der Coriolisparameter zwar nicht von der x-Koordinate (West-Ost-Richtung), wohl aber von der y-Koordinate (Nord-Süd-Richtung) abhängt, ist in mittleren und hohen Breiten zu vernachlässigen. Daher wird die geostrophisch approximierte Vorticity

$$\zeta_g \doteq \frac{1}{f}\left(\frac{\partial^2 H}{\partial x^2} + \frac{\partial^2 H}{\partial y^2}\right) = \frac{1}{f}\nabla^2 H \text{ [1]}. \qquad \text{(A.45a)}$$

Geht man zu endlichen Differenzen über, so läßt sich der Laplaceoperator $\nabla^2 H$

---

[1] In der Vektorrechnung wird vielfach auch der mit dem Zeichen ∇ versehene symbolische Vektor mit den Komponenten $(\partial/\partial x, \partial/\partial y, \partial/\partial z)$ verwendet. Dieser Nablaoperator ermöglicht es, die Gleichungen in vereinfachter Form zu schreiben. Es wird

$$\frac{d}{dt} = \frac{\partial}{\partial t} + \mathbf{v} \cdot \nabla.$$

Es kann dann auch grad $F = \nabla F$ geschrieben werden oder div $\mathbf{v} = \nabla \cdot \mathbf{v}$. Schließlich schreibt sich noch der sogenannte Laplacesche Operator

$$\frac{\partial^2 F}{\partial x^2} + \frac{\partial^2 F}{\partial y^2} + \frac{\partial^2 F}{\partial z^2} = \nabla^2 F.$$

Wir werden im folgenden des öfteren von dieser Schreibweise Gebrauch machen. In (A.45a) ist unter ∇^2 nur der zweidimensionale (horizontale) Laplaceoperator zu verstehen.

auf folgende Weise darstellen (Abb. A.14)

$$\nabla^2 H_0 \doteq \frac{H_1 + H_2 + H_3 + H_4 - 4H_0}{d^2} = \frac{4}{d^2}(\bar{H} - H_0), \qquad \text{(A.46)}$$

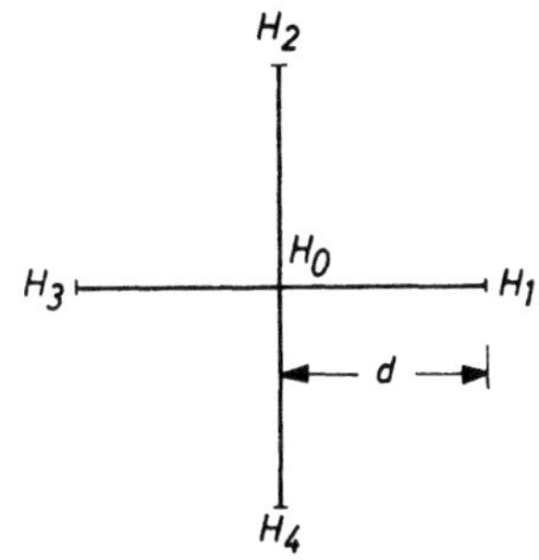

Abb. A.14. Skizze zur Berechnung der geostrophisch approximierten Vorticity bei endlicher Gitterdistanz

wenn unter $\bar{H}$ das räumliche Mittel

$$\bar{H} = \tfrac{1}{4}(H_1 + H_2 + H_3 + H_4)$$

verstanden wird. Nach Gl. (A.45a) ist dann

$$\zeta_g \doteq \frac{4}{f d^2}(\bar{H} - H_0). \qquad \text{(A.47)}$$

Die geostrophisch approximierte Vorticity ist mithin proportional der Abweichung des Zentralwertes vom räumlichen Mittel. Im Falle zyklonaler Krümmung (Tiefdruckgebiet) wird $\bar{H} - H$ positiv, bei antizyklonaler Krümmung (Hochdruckgebiet) negativ, wodurch die bereits oben aufgestellte Behauptung über das Vorzeichen von ζ bestätigt wird.

Für praktische Zwecke laßt sich ζ_g synoptisch am besten dadurch darstellen, daß das räumlich gemittelte Feld durch graphische Addition des Geopotentialfeldes gebildet wird.

7. Bestimmung des zonalen Index und Konstruktion zonaler Windprofile

Die bisherigen Analysenmethoden befaßten sich in erster Linie mit der Aufgabe, die von den meteorologischen Beobachtungsstationen gelieferten Meßwerte in geeigneter Form zusammenzufassen, um die Anfangsverteilung für Zwecke der Prognose übersichtlich darzustellen. Bei Betrachtung von Wetterkarten innerhalb längerer Zeiträume wird es offensichtlich, daß die allgemeine Zirkulation in den mittleren Breiten mehr oder weniger regelmäßige Schwankungen zwischen einer zonalen und einer meridionalen Strömung erkennen läßt, die in Zusammenhang mit der Ausbildung langer Wellen in Form von Trögen und Keilen im Isobaren- oder Isohypsenfeld stehen. Man wird daher besonderes Augenmerk auf die Verlagerungsgeschwindigkeit und die Intensitätsänderungen (Amplitudenschwankungen) solcher *planetarischer Wellen* richten. Dabei zeigte sich, daß der gleiche Prozeß sich immer wieder zyklusartig wiederholt. Anfangs herrscht eine weitgehend zonale Grundströmung. Kleine überlagerte Wellen schaukeln sich allmählich auf, und mit zunehmender Amplitude dieser Wellen nimmt auch die meridionale Komponente der Strömung zu. Schließlich greifen die Wellen weit nach Norden und Süden aus und erreichen eine Instabilitätsgrenze. Die Folge ist eine Abspaltung von zyklonalen und antizyklonalen Wirbeln und ein Zusammenbruch des Feldes, das den Höhepunkt der möglichen meridionalen Orientierung überschritten hat. Der Endzustand ist wieder eine weitgehende Zonalisierung, allerdings meistens mit dem Schwerpunkt in einer anderen geographischen Breite als derjenigen des Anfangsfeldes. Während die abgespalteten antizyklonalen Wirbel rasch zerfallen (der antizyklonalen Krümmung sind bekanntlich Grenzen gesetzt) und daher eher uninteressant sind, hat die Abspaltung zyklonaler Wirbel für die Wetterprognose große Bedeutung, da in den abgeschlossenen Wirbeln sehr markante Wettererscheinungen auftreten. Es hat sich herausgestellt, daß auch zwischen den hemisphärischen Wellen des Höhendruckfeldes und dem ungleich rascher veränderlichen Bodendruckfeld eine enge Beziehung besteht derart, daß von einer Steuerung des Bodendruckfeldes durch die Höhenströmung gesprochen werden kann. Gelingt es daher rechtzeitig, Änderungen im Höhendruckfeld zu erfassen, so ist dies für die Prognose der Bodendruckverteilung und damit für die Wettervorhersage von großer Wichtigkeit.

Einen ersten Überblick wird man dadurch erhalten, daß man für jede vorliegende synoptische Feldverteilung des Höhendruckfeldes die Wellenzahl für die ganze Hemisphäre feststellt und zeitliche Änderungen der Wellenlänge und auch der Amplituden registriert. Man erhält dann ein durchschnittliches Verhalten dieser langen Wellen, ohne auf die eigentlichen dynamischen Ursachen einzugehen. Rossby (1939) konnte zeigen, daß sich das Verhalten dieser Wellen durch sehr einfache Beziehungen beschreiben läßt. Seine berühmt gewordene Formel für die Phasengeschwindigkeit planetarischer Wellen, die einem zonalen Grundstrom überlagert sind, werden wir im Teil C bei Besprechung des sogenannten barotropen atmosphärischen Modells ableiten und im Teil B (S. 72) eingehend diskutieren.

Über die Schwankungen zwischen zonaler und meridionaler Strömung lassen sich auch durch einfache Stromfeldanalysen recht gute Hinweise erhalten, und zwar durch Konstruktion *zonaler Windprofile.* Zu diesem Zweck werden die Höhenwerte einer Druckfläche entlang eines Breitenkreises (etwa im Abstand von 5 Längengraden) über die ganze Hemisphäre oder zumindest über einen großen Teil derselben gemittelt. Aus der Differenz derart gemittelter Höhenwerte zweier benachbarter Breitenkreise (etwa im Abstand von 5 Breitengraden) ergibt sich dann mit Hilfe der geostrophischen Beziehung (A.5a) ein (mittlerer) zonaler Wind. Trägt man nun diesen als Funktion der Breite auf, so erhält man die Darstellung eines zonalen Windprofils. In der Abb. A.15 ist ein solches Profil für die 850 mb-Fläche für die Zeit vom 17. bis 25. Januar 1959 im Abstand von je zwei Tagen veranschaulicht. Man sieht, daß beachtliche zeitliche Änderungen in der Form eines solchen Windprofils auftreten können. Bei der Abszisse bedeuten positive Zahlen zonalen Westwind, negative zonalen Ostwind. Man erkennt das langsame Anwachsen zu einem Maximum in rund 50 Grad Breite in der Zeit vom 17. bis zum 21. Januar. In der weiteren Folge verlagert sich das Maximum unter Abschwächung nach Norden. Führt man die Berechnung des zonalen Windprofils laufend durch, so läßt sich auch eine Isoplethendarstellung mit der Zeit als Abszisse und der geographischen Breite als Ordinate finden, wie sie Abb. A.16 zeigt. Mit Hilfe solcher Darstellungen kann das mittlere Verhalten des Strömungszustandes über einem großen Gebiet dargestellt werden.

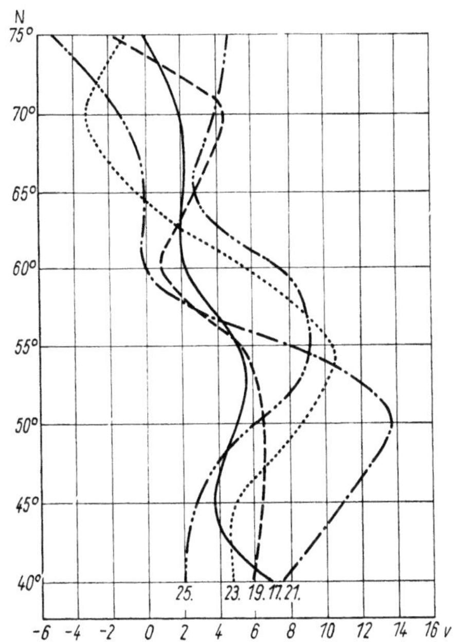

Abb. A.15. Zonales Windprofil der 850 mb-Fläche zwischen den Längengraden 40°W und 70°E im Abstand von je zwei Tagen für die Zeit vom 17. bis 25. Januar 1959. Die Abszisse gibt die zonale Windstärke in ms^{-1} an, wobei positive Werte Westwind, negative Ostwind bedeuten

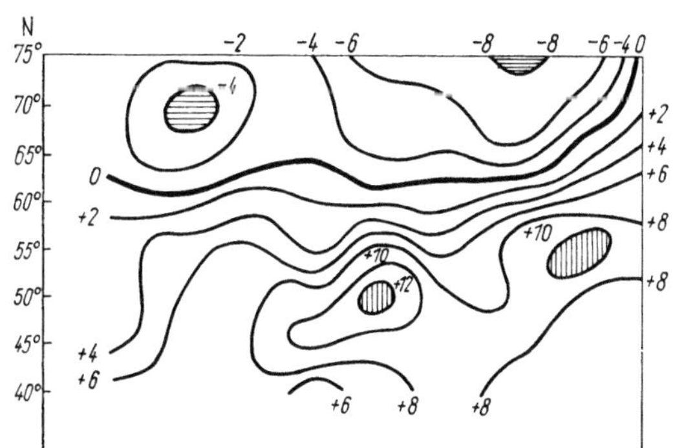

Abb. A.16. Isopletendarstellung des zonalen Windes der 850 mb-Fläche für die Zeit vom 17. bis 25. Januar 1959. Die Zahlenwerte geben die Stärke des zonalen Windes in ms^{-1} an, wobei positive Beträge Westwind, negative Ostwind bedeuten

Für längere Perioden und hemisphärische Betrachtungen ist es nicht notwendig, die genaue Abhängigkeit des zonalen Windes von der geographischen Breite zu kennen. Es genügt dann, lediglich zwei Breitenkreise (z. B. 40 und 60 Grad) herauszugreifen. Man nennt die mittlere Druckdifferenz (bzw. Höhendifferenz) zwischen zwei ausgewählten Breitenkreisen auch *Index*. Er ist offenbar ein Maß für den Grad der Zonalisierung der Strömung in dem betrachteten Zeitraum. Dabei ist es gleichgültig, ob nur die Druck- oder Höhendifferenz in ihrer zeitlichen Variation verfolgt wird oder der sich daraus ergebende geostrophische Wind. Im übrigen läßt sich in vollkommener Analogie auch ein meridionaler Index definieren, der dann den Grad der Meridionalisierung der Strömung zum Ausdruck bringt. Charakterisiert man die Wetterlage eines bestimmten Zeitraumes durch ihren Index — man spricht von einem hohen oder niedrigen Index je nachdem, ob die mittlere zonale Strömung stark oder schwach ist — so gewinnt man, entsprechend dem am Anfang des Kapitels beschriebenen Ablauf (zonale Strömung, Wellenbildung, Zusammenbruch des Feldes, Aufbau einer neuen zonalen Strömung), einen *Indexzyklus*, der unter Umständen Hinweise für die (mittelfristige) Wetterprognose liefern kann.

Interessant sind in dieser Hinsicht auch jahreszeitliche Schwankungen, die nach Namias (1951) am besten an zeitlich übergreifenden fünftägigen Mittelwerten studiert werden können. Ein Beispiel dafür ist in der Abb. A.17 wiedergegeben.

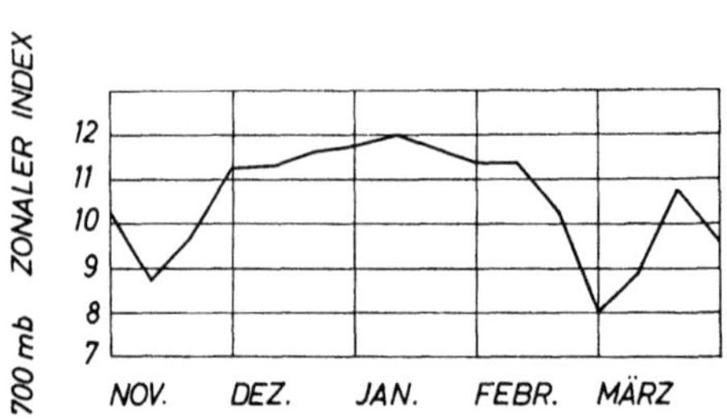

Abb. A.17. Verlauf des zonalen Index der 700 mb-Fläche in ms^{-1} während fünf Monaten nach Namias (1951)

Hier fällt vor allem der niedrige Wert im November und Ende Februar auf, wodurch zum Ausdruck kommt, daß in diesen Zeiten meridionale Strömungen überwiegen.

8. Satellitenmeteorologie als Hilfsmittel für die Analyse

Die Satellitenmeteorologie eröffnete gänzlich neue Möglichkeiten für die Analyse des synoptischen Wetterzustandes. Noch ist diese Entwicklung nicht abgeschlossen. Es kann jedoch mit Recht behauptet werden, daß die Analyse durch Verwendung der Satellitendaten wesentlich verbessert werden konnte. Die ständige Weiterentwicklung der vom Satelliten mitgeführten Beobachtungsinstrumente sowie die gezielte Auswahl bestimmter Umlaufbahnen ermöglicht heute eine kontinuierliche Überwachung der Wettererscheinungen in verschiedenen Spektralbereichen. Eine erste grundsätzliche Unterscheidung muß zwischen den Aufnahmen im sichtbaren Spektralbereich (TV-Bilder) und jenen im infraroten Bereich (IR-Bilder) getroffen werden. Beim TV-Bild wird die reflektierte Sonnenstrahlung, also die Albedo gemessen, beim IR-Bild die Temperaturstrahlung der Erdoberfläche, bzw. der Atmosphäre oder der Wolken. Die Unterscheidbarkeit verschiedener Wolken oder Erdoberflächenmerkmale hängt im TV-Bild vom unter-

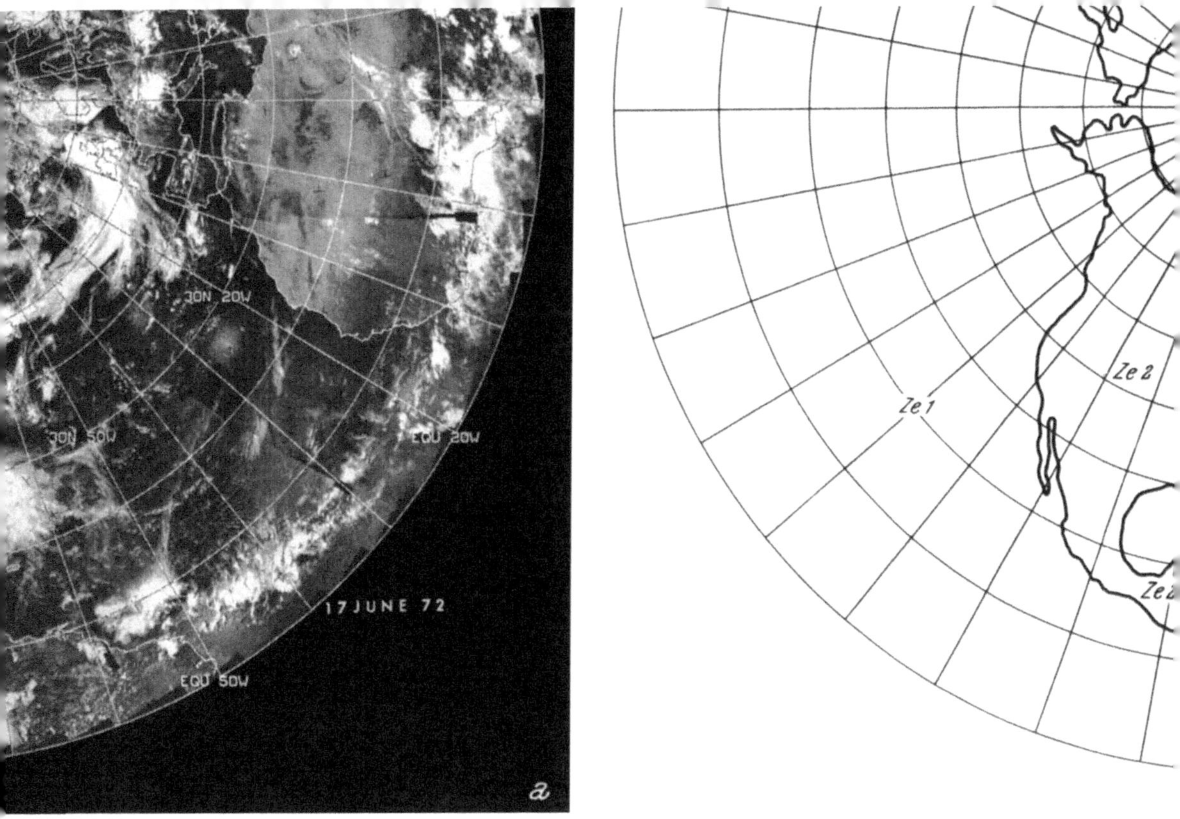

'. Juni 1972, zusammengesetzt aus
Spektralbereich (TV-Bild). (NOAA,
terung siehe Text

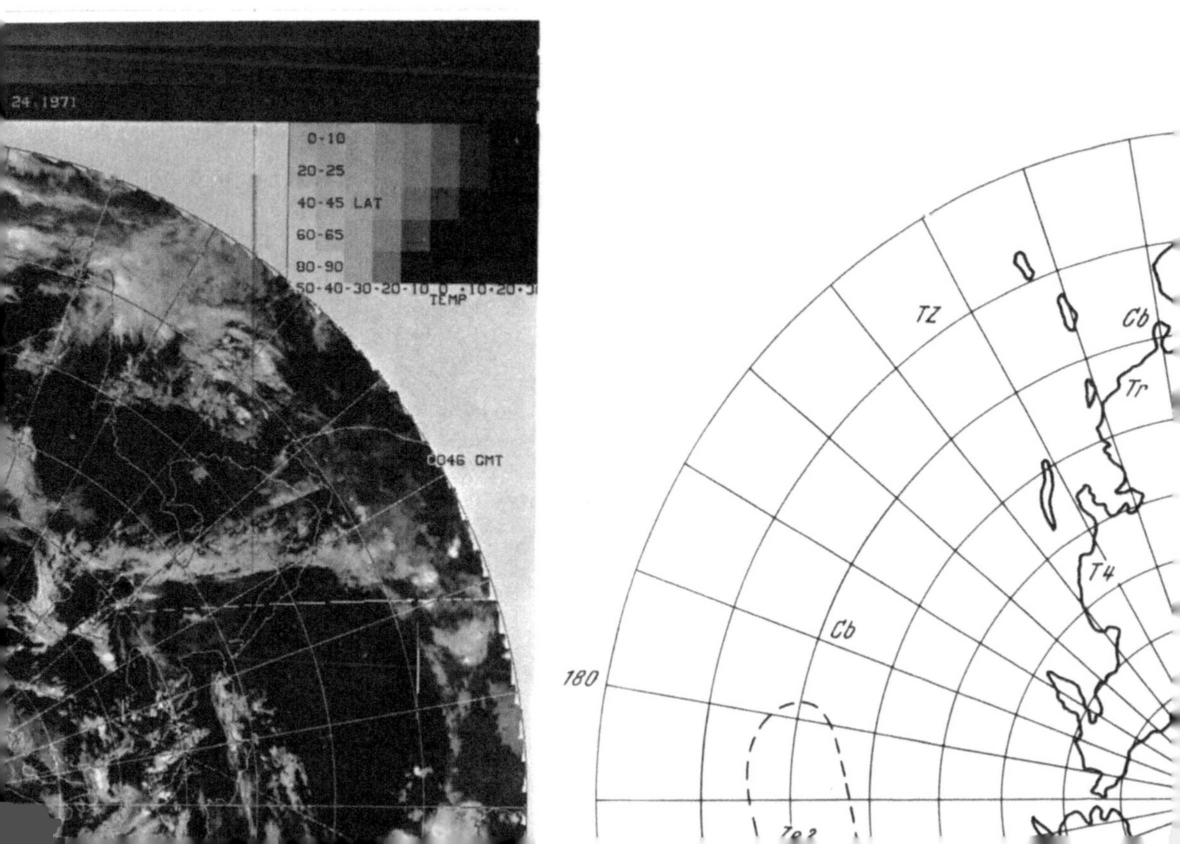

schiedlichen Reflexionsvermögen, im IR-Bild von der unterschiedlichen Temperatur ab. Beispiele zweier solcher Bilder geben die Abb. A.18 und Abb. A.19.

Aus den Satellitenbildern erhält man sofort Informationen über zwei wichtige meteorologische Parameter, nämlich die Bewölkung und die Temperatur. Wir wollen uns zunächst mit der Bewölkung beschäftigen. Da vom Satelliten praktisch die ganze Erde einschließlich der nicht besiedelten Gebiete aufgenommen wird, ist das Bild in diesem Punkt jeder Bodenanalyse weit überlegen, in welcher es immer große datenarme Gebiete gibt. Mit geostationären Satelliten kann sogar eine ständige Beobachtung (Bilder in 20-Minuten-Abständen) gewährleistet werden. Es ist daher eine der Aufgaben der Satellitenmeteorologie, die empfindlichen Lücken im Beobachtungsnetz auf den Ozeanen und in den nicht besiedelten Gebieten auf den Kontinenten zu schließen sowie auch Daten zu liefern, die zeitlich zwischen die Termine der üblichen synoptischen Beobachtung fallen. Natürlich ist es schwierig, ohne zusätzliche meteorologische Parameter lediglich aus dem Wolkenbild einen Zusammenhang zu Größen der atmosphärischen Dynamik, etwa dem Druck- oder Stromfeld, oder zur Verteilung der Feuchte herzustellen, obwohl dies für eine Wetterprognose erforderlich wäre. Man verfährt daher so, daß man zunächst in Gebieten mit vielen konventionellen Beobachtungsdaten Satellitenmeteorologie betreibt, um dann die dort erhaltenen Ergebnisse auf diejenigen Teile der Erdoberfläche zu übertragen, die durch das Beobachtungsnetz nur mangelhaft erfaßt werden. Beim heutigen Stand der Forschung sind qualitative Aussagen bei vielen Wettererscheinungen aufgrund der Satellitenbilder möglich. Dagegen sind quantitative Angaben derzeit nur im beschränkten Umfang, z. B. bei der Feuchteverteilung, dem Niederschlag und der Windströmung, zu machen.

Im folgenden wollen wir die wichtigsten Methoden, mit denen die Satellitenmeteorologie die eben erwähnten Aufgaben zu lösen versucht, besprechen.

Zur Identifizierung der einzelnen Wolkentypen nützt man die Tatsache aus, daß gleiche Wolkentypen im TV- und IR-Bild nicht die gleichen Grauschattierungen aufweisen müssen, da Wolken mit hohem Reflexionsvermögen nicht immer kalt, solche mit geringem Reflexionsvermögen nicht immer warm sein müssen. Zur Erkennung bestimmter Wolkentypen werden meist 5 charakteristische Eigenschaften herangezogen [Anderson (1969)]:

1) *Helligkeit:* Je heller eine Wolke im TV-Bild ist, desto größer ist ihre Schichtdicke, je heller eine Wolke im IR-Bild erscheint, desto kälter ist sie, d. h. desto höher liegt ihre Obergrenze.

2) *Größe und Konturen:* Zur Bewertung kommt hierbei die Anordnung in Spiralform, in Bändern oder in einzelnen Zellen sowie die räumliche Ausdehnung.

3) *Struktur:* Hierbei wird das Augenmerk auf Schattenwirkungen gerichtet, die eine höhere Wolke auf eine niedrigere ausübt. Auch das Durchscheinen einer tieferen Wolke durch eine höhere kann mitunter festgestellt werden.

4) *Maserung:* Zur Beurteilung gelangen hier besondere Eigenschaften im Hinblick auf das allgemeine Aussehen, wie etwa ein glattes, klobiges, diffuses oder faseriges Aussehen.

5) *Formation:* Bewertet werden hierbei Wolkenbildungen im meso- oder synoptischen Skalenbereich, also z. B. Wolkenformationen in zyklonalen Wirbeln, auf der Rückseite eines Tiefdruckgebietes oder auch im Bereich einer Antizyklone.

Hat man mit diesen Hilfsmitteln die Wolkenart (Stratus, Altostratus, Cumulus, Cumulonimbus usw.) festgelegt, so kann approximativ auch die Wolkenhöhe bestimmt werden. Aus dem TV-Bild ergibt sich hierzu eine Möglichkeit, wenn die Wolke entweder auf den Erdboden oder eine darunterliegende Wolke einen Schatten wirft. Den Zusammenhang zwischen Schattenlänge, Sonnenstand und Satellitenposition vermittelt eine einfache trigonometrische Rechnung, auf die wir hier nicht näher eingehen wollen. Auch aus dem IR-Bild kann näherungsweise die Wolkenhöhe geschätzt werden. Man muß sich vor Augen halten, daß die Helligkeit auf dem Bild von der jeweils wirksamen Strahlungstemperatur abhängt. Bei wolkenfreiem Himmel und Vernachlässigung der atmosphärischen Eigenstrahlung ist dies die Temperatur der Erdoberfläche. Bei feuchter und bewölkter Atmosphäre kann man bei Vorliegen eines Radiosondenaufstieges ohne weiteres die resultierenden Strahlungsströme mit Hilfe bekannter Strahlungsdiagramme berechnen. Es zeigt sich, daß eine signifikante Abhängigkeit dieser effektiven Ausstrahlung an der Grenze der Atmosphäre vom Bewölkungsgrad und von der Wolkenhöhe besteht. Werden für Modellatmosphären mit verschiedenem Be-

Abb. A.20. Wolkenbild des Hurrikan „Ines", aufgenommen vom Wettersatelliten ESSA 3 am 7. Oktober 1966 um 20,03 GMT. Das Zentrum der Zyklone lag bei 21,5°N und 90,5°W. (National Environmental Satellite Center, Washington, D.C., USA)

wölkungsgrad und unterschiedlicher Wolkenhöhe solche Berechnungen durchgeführt, so lassen sich umgekehrt aus dem IR-Bild Aussagen über die (zumindest wahrscheinlichste) Wolkenhöhe machen.

Überaus wichtige Ergebnisse brachte die Satellitenmeteorologie über die Wolkenformationen in Beziehung zu der Größenordnung. Für lokale Wetterprognosen sind die kleinräumigen Strukturen, wie z. B. bei der Land-Seewindzirkulation, sicher sehr wichtig. Hier interessieren uns aber doch in erster Linie die großräumigen Erscheinungsformen. Für die Synoptik wird das Wolkenbild im Bereich von Tiefdruckgebieten von besonderer Bedeutung sein. Das erste Resultat der von Satelliten aufgenommenen Bilder tropischer und außertropischer Tiefdruckgebiete (Abb. A.20 und Abb. A.21) war die in den meisten Fällen dominierende spiralige Struktur der Wolken im Wirbelfeld. Dies ist nicht allzu überraschend. Sie ist nur der Ausdruck für eine nicht starre Rotation der Wolkenbänder um den Tiefdruckkern und steht daher in Zusammenhang mit der Windverteilung in Abhängigkeit von der Entfernung vom Tiefdruckzentrum. Das

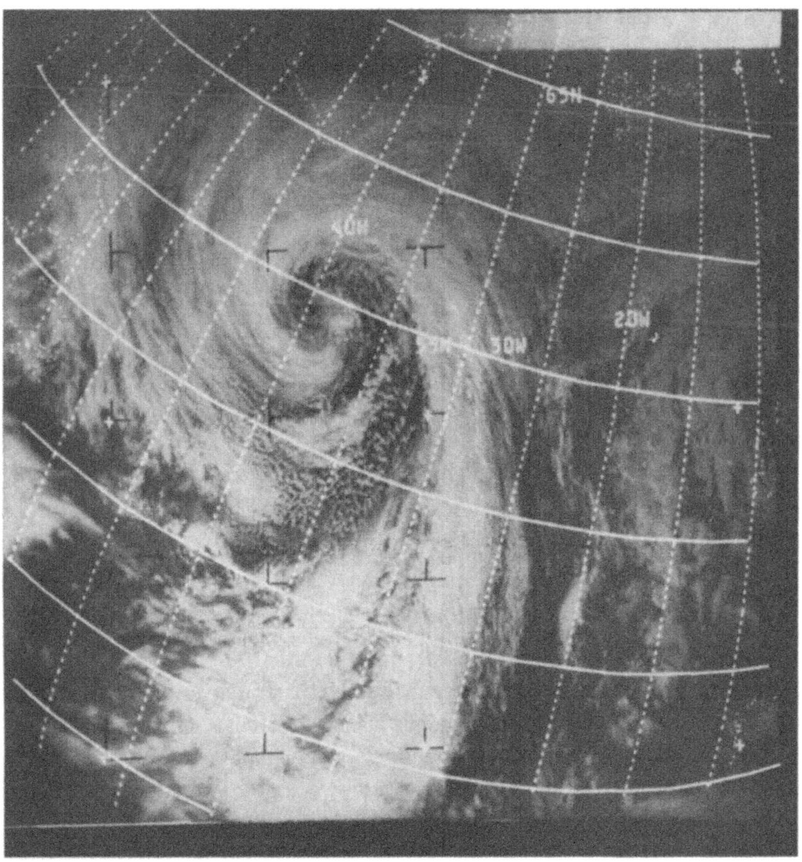

Abb. A.21. Aufnahme des Wolkenfeldes des Islandtiefs vom 12. Februar 1967, 15,03 GMT, vom Wettersatelliten ESSA 3 aus. Das Zentrum des Tiefdruckgebietes mit einem Bodendruck von 962 mb lag bei 54°N und 38°W. (National Environmental Satellite Center, Washington, D.C., USA)

Studium der Wolkenbilder in den einzelnen Entwicklungsphasen der Tiefdruckwirbel hat dann eine Reihe wichtiger neuer Resultate gebracht, die vor allem bei den außertropischen Tiefdruckgebieten die von der Polarfronttheorie schon seit langem bekannten Stadien im Lebenslauf einer Zyklone bestätigten und ergänzten. Wir kommen im Teil B, Kapitel 5, auf die Polarfronttheorie zu sprechen. Im Satellitenbild lassen sich sehr genau vier Entwicklungsstadien unterscheiden:

1) *Wellenstadium:* Dies ist das Anfangsstadium der zyklonalen Entwicklung und zeigt eine Ausbuchtung des Frontalbandes zur Kaltluft hin.

2) *Okklusionsstadium:* Die schematische Verteilung der Bewölkung in diesem Stadium zeigt die Abb. A.22. Die besonderen Kennzeichen sind hierbei das Eindringen der wolkenarmen, trockenen Kaltluft in die feuchte Warmluft, von der die Hauptwolkenmasse herrührt. In der Kaltluft selbst tritt ein kleineres, kommaförmiges Wolkengebilde auf (*K*). Der Jet-stream, der das Frontalband kreuzt, stellt auch ein markantes Merkmal in diesem Stadium dar.

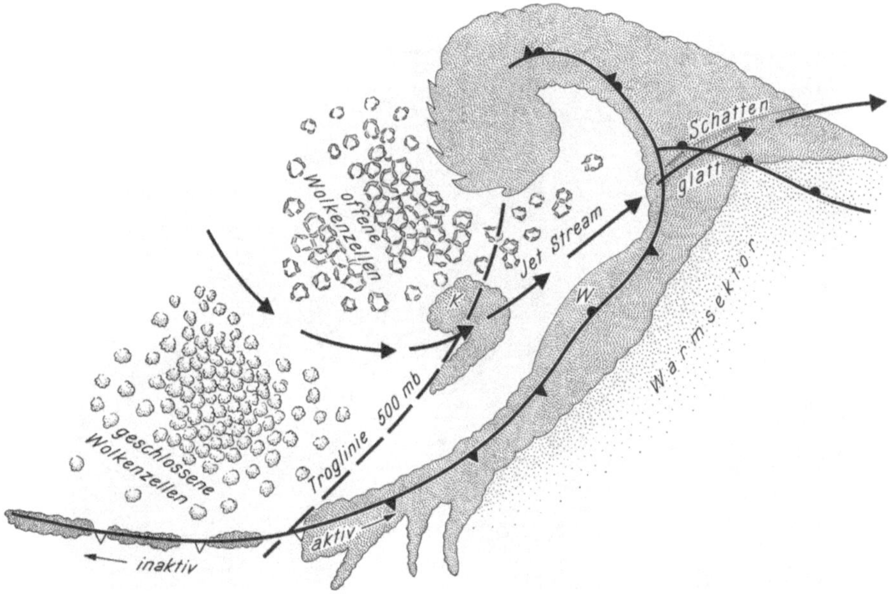

Abb. A.22. Zyklonenmodell der außertropischen Tiefdruckgebiete mit Berücksichtigung der Satellitenmeteorologie (Okklusionsstadium)

3) *Reifestadium:* Dieses ist in der Abb. A.21 veranschaulicht. Hier hat die Spiralstruktur ihren Höhepunkt erreicht. Die Kaltluft ist bis zum Zentrum vorgedrungen. In ihrem Bereich ist es vielfach nur gering bewölkt. Die dort auftretenden Wolken haben die charakteristische flockige Struktur der konvektiven Bewölkung.

4) *Auflösungsstadium:* Die bereits vollkommen verwirbelte Wolkenmasse hat sich in diesem Stadium vom Frontalband abgelöst und ist von weiterer Zufuhr feuchter Luftmassen abgeriegelt.

Sehr wesentlich ist immer die Tatsache, daß die Satellitenbilder nicht nur die Verhältnisse in den unteren Schichten der Troposphäre sondern auch diejenigen in den höheren Schichten erfassen. So kann z. B., wie die Abb. A.22 zeigt, die Troglinie im 500 mb-Niveau aufgrund des Kommas einerseits und aufgrund einer Änderung der Frontalbandbewölkung andererseits ziemlich genau lokalisiert werden. Vor der Trogachse haben wir überwiegend aufwärtsgerichtete Vertikalströmung, daher Wolkenbildung (Komma), hinter der Trogachse dominieren abwärtsgerichtete Strömungskomponenten, also Effekte, die Wolkenauflösung verursachen. Dort ist auch der Übergang von der aktiven zur inaktiven Front festzustellen.

Eine besondere Anwendung der Satellitenmeteorologie für die Analyse des synoptischen Wetterzustandes beruht auf der Möglichkeit, die Fronten durch Wolkenbänder zu lokalisieren, ihre Wetterwirksamkeit abzuschätzen und eine eventuelle Ausbildung von Sekundärwellen, also zyklogenetische Prozesse, zu erkennen. Gemäß unseren früheren Überlegungen wollen wir auch hier eine Unterteilung vornehmen.

1) *Kaltfronten.* Sie stellen markante Wolkenbänder dar, die in einem Gebiet mit ausgeprägter Baroklinie (großer Temperaturgradient auf einer Druckfläche) zu finden sind. Bei aktiven, also noch wetterwirksamen Fronten ist das Band zusammenhängend und sehr dicht, bei inaktiven Fronten dagegen unterbrochen und wesentlich schmäler. Das Band besteht aus Stratus- und Cumulusbewölkung mit einer Cirrusschicht darüber. Bei aktiven Fronten verlaufen die Höhenwinde nahezu parallel zur Front, bei inaktiven eher normal dazu.

2) *Warmfronten.* Diese sind wesentlich schwerer zu lokalisieren, wenngleich sie stets von einem größeren Wolkenband begleitet sind. Wegen der Breite des Wolkenbandes und wegen des über der niedrigen Bewölkung befindlichen Cirrusschirmes ist die eigentliche Frontenlage meistens nicht genau festzulegen. Inaktive Warmfronten sind auf dem Bild nicht erkennbar.

3) *Okkludierte Fronten.* Wenn man das Wolkenband einer Kaltfront genau betrachtet, so zeigt sich ein deutlicher Strukturunterschied im nichtokkludierten und okkludierten Bereich. Während die Wolkenmasse in der eigentlichen Kaltfront ein glattes Aussehen hat, nimmt sie im okkludierten Gebiet eine klobige Form an. Mitunter ist auch ein Schatten zwischen den beiden Teilen zu sehen, der von einer Cirrusbewölkung im Bereich des Jet-streams herrührt (siehe auch Abb. A.22). Jedenfalls kann in vielen Fällen der Übergang zur okkludierten Front und damit der Okklusionspunkt aus dem Bild erkannt werden. Hier ergab sich auch eine recht gute Übereinstimmung mit der auf S. 35 erwähnten Regel, daß der Okklusionspunkt mit jenem Feldpunkt zusammenfällt, der den stärksten Druckfall aufweist.

4) *Nicht frontalgebundene Wolkenbänder.* Wolkenbänder, die nicht mit Tiefdruckkernen in Verbindung stehen, zeigen Gebiete mit starker Konvektionsbewölkung an. Sie finden sich häufig im Übergangsbereich zwischen Hoch- und Tiefdruckzellen, falls sie ungefähr in nord-südlicher Richtung orientiert sind. Dadurch kann in datenarmen Gebieten (Ozeanen) oft die Lage der beiden Hauptdruckzentren erkannt werden.

Eine vordringliche Aufgabe der synoptischen Wetteranalyse ist es, diejenigen Stellen auf der Wetterkarte herauszufinden, an denen Frontalzonen auftreten, die in der Folge zyklonale Entwicklungen auslösen können. Solche Frontalzonen können durch charakteristische Stromfeldkonfigurationen (etwa im Sinne der

Polarfronttheorie) festgelegt werden, machen sich aber auch durch typische Wolkenformationen in den Satellitenbildern bemerkbar. Oft ist – wie schon erwähnt wurde – im Wolkenbild ein Anzeichen für eine kleine Wellenbildung zu erkennen, was als Beginn eines zyklogenetischen Prozesses gedeutet werden kann. Eine besondere Rolle spielt dabei das kommaförmige Wolkengebilde, das wir beim Okklusionsstadium schon kennengelernt haben und das auch in der Abb. A.22 im (idealisierten) Zyklonenmodell eingezeichnet ist. Es ist ein optischer Indikator für eine kleinräumige Wirbelbildung (relatives Vorticitymaximum), die in Verbindung mit der Advektion von Wirbelgröße in der Höhe oberhalb der Frontalzone gebracht werden darf. Advektion von Wirbelgröße (Vorticity-advektion) in höheren Luftschichten kann das auslösende Moment für Wellenbildung und Zyklogenese im Bereich der Frontalzone sein.

Auf der Rückseite einer außertropischen Zyklone lassen die Satellitenbilder häufig große Gebiete mit zellularer Bewölkung erkennen (s. dazu auch die Abb. A.21 und Abb. A.22). Sie sind das Ergebnis konvektiver Durchmischungsprozesse in einem gegenüber den großen Stromfeldern kleineren Scale-Bereich. Man kann mitunter diese Wolkenformen sehr deutlich bei einer warmen Meeresoberfläche, über die Kaltluft advektiert wird, beobachten. Durch Konvektionsströmung kommt es sowohl zu aufwärtsgerichteten, als auch durch Absinkvorgänge in der Kaltluft zu abwärtsgerichteten Vertikalbewegungen. Es kann sich dann ein Gleichgewichtszustand einstellen, der zu recht beständigen zellularen Wolkenfeldern führt.

Abb. A.23. Cirruswolken in Verbindung mit dem Subtropenjet. Aufgenommen während des Gemini-12-Fluges am 14. November 1966. Die Abbildung zeigt Ägypten mit dem Niltal, das Rote Meer und die Arabische Halbinsel mit Blickrichtung nach Südost. (Goddard Space Flight Center, Greenbelt, Maryland, USA)

Natürlich können durch Auswertung von Satellitenbildern neben der Lokalisation und Interpretation der außertropischen Zyklonen noch viele andere meteorologische Erscheinungen erfaßt werden. Die Entstehung und Verlagerung der tropischen Zyklonen wird besonders genau überwacht, um diese so äußerst gefährlichen Wettererscheinungen rechtzeitig erfassen zu können. Mitunter gelingt es auch, direkt aus dem Wolkenband im Cirrusniveau den Strahlstrom in der oberen Troposphäre sichtbar zu machen. Einen solchen Fall zeigt die Abb. A.23. Diese Aufnahme wurde von einem bemannten Flugkörper aufgenommen. Auch die orographisch bedingten Schwerewellen (Föhnwellen) manifestieren sich häufig in Gestalt charakteristischer Wolkenformationen. Hier eröffnet sich eine Möglichkeit, direkt aus dem Wolkenbild auf das Windfeld zu schließen. Man weiß nämlich, daß zur Ausbildung solcher Leewellenbewölkung verschiedene Voraussetzungen nötig sind, wie etwa, daß die Windrichtung normal zur Gebirgskette orientiert, die Windgeschwindigkeit in Gipfelhöhe mehr als 25 kts betragen und nach oben stetig zunehmen muß und daß die Atmosphäre stabil geschichtet sein muß. Weiters sind auch quantitative Zusammenhänge zwischen der Wellenlänge von Leewellen, die aus der Bewölkung ersichtlich ist, und dem Windfeld bekannt.

Schließlich sei noch erwähnt, daß auch die Land-Seewindzirkulation durch entsprechende Wolkenbilder in ihrem zeitlichen Verlauf und in ihrer Größenordnung erfaßt werden kann.

Neben den Beobachtungen der Bewölkung nehmen auch solche des Zustandes der Erdoberfläche selbst in der Satellitenmeteorologie einen breiten Raum ein. Hier ist vor allem der Grad der Schneebedeckung eine überaus wichtige zusätzliche Information für die Analyse und Prognose des synoptischen Wetterzustandes. Bezüglich weiterer Einzelheiten muß jedoch auf die Spezialliteratur verwiesen werden.

Schon bei Besprechung der synoptischen Analysenmethoden stand die Aufgabe im Vordergrund, Zusammenhänge zwischen den verschiedenen meteorologischen Elementen zu finden. Es erhebt sich daher die Frage, ob zwischen den aus dem Satellitenbild ersichtlichen Wolkenformationen und anderen Merkmalen zahlenmäßig formulierte Beziehungen zu wichtigen meteorologischen Größen, vornehmlich der Vertikalgeschwindigkeit, hergeleitet werden können. Es kommen hier mehrere von der theoretischen Meteorologie verwendete Gleichungen in Frage, wie beispielsweise die ω-Gleichung (Teil C, S. 154) oder die Vorticitygleichung (Teil C, S. 147). Doch gelingt es derzeit nur, qualitative Aussagen über Gebiete mit aufwärts- oder abwärtsgerichteter Strömungskomponente zu machen. Quantitative Angaben sind kaum möglich. Allerdings kann von weiteren diesbezüglichen Untersuchungen noch vieles erwartet werden.

Viele der angeführten Erscheinungsformen im Satellitenbild können in den Abb. A.18a und Abb. A.19a gefunden werden. Wir wollen daher eine Beschreibung dieser beiden Abbildungen mit verschiedenen Einzelheiten folgen lassen. Die Wolkenformationen, von denen jeweils die Rede ist, sind auf den Abb. A.18b und A.19b mit den im Text angegebenen Abkürzungen gekennzeichnet.

Abb. A.18a (TV-Bild der Nordwesthalbkugel vom 17. Juni 1972 aufgrund von Aufnahmen des Satelliten ESSA 9).

Tiefdruckgebiete: T_1 und T_3 befinden sich im Auflösungsstadium, T_2 im Okklusionsstadium (ohne Spiralstruktur).

Frontalband: Von Nordamerika quer über den Atlantik bis Großbritannien reichend. An der Ostküste Amerikas bei (*W*) eine Wellenformation.

Tropische Zyklone: Nahe der Südspitze von Florida befindet sich der Hurrikan *Agnes* (T_Z).

Gebiete mit zellularer Wolkenstruktur:

Ze_1: Stratocumulusbewölkung, die gegen die amerikanische Küste zu in Stratus übergeht;

Ze_2: mächtige Konvektionsbewölkung;

Ze_3: Staubewölkung am Südrand des Himalayamassivs;

Ze_4: Schönwetterbewölkung über Rußland sowie über Frankreich und Spanien.

Schattenwirkungen: Im Bereich der Bewölkung der intertropischen Konvergenzzone (ITC) am Atlantik zwischen Afrika und Südamerika zeigen sich bei (*Sch*) deutlich Schattenwirkungen hochreichender Cumulonimbusbewölkung.

Zwischen 0° und 12°N ist am Bildrand der fast geschlossene Wolkengürtel der intertropischen Konvergenzzone (ITC) über die ganze Hemisphäre zu verfolgen.

Abb. A.19a (IR-Bild der Nordhalbkugel vom 24. Mai 1971, aufgenommen vom Satelliten ITOS als Nachtaufnahme).

Tiefdruckgebiete: T_1 Okklusionsstadium, T_2 Reifestadium, beide mit zellularer Bewölkung im Kaltluftbereich, T_3 fortgeschrittenes Wellenstadium (die hellen Wolken sind hochreichende Cumulonimbuswolken), T_r Änderung des Wolkencharakters der zu T_4 gehörenden Frontalbewölkung bei Kreuzen der (Höhen) Trogachse.

Frontalband: J_1 cirrusförmige Bewölkung kreuzt das Frontalband von T_2.

Tropische Zyklone: Im Pazifik befindet sich bei T_Z der Taifun *Jinah.*

Wolkenbänder im Zusammenhang mit dem Subtropenjet: J_2 und J_3, in beiden Fällen Anzeichen von starker Turbulenz.

Gebiete mit zellularer Wolkenstruktur: Ze_1 und Ze_2, flache nach oben beschränkte Konvektionsbewölkung (Passatinversion) nahe dem subtropischen Hochdruckgürtel am Atlantik und im Pazifik.

Besondere Konvektionsbewölkung: Kreisförmige Cumulonimbuszellen in den Tropen und Subtropen (*Cb*). Markanter Cumulonimbus mit Amboßbildung von der zum Tief T_2 gehörenden Front (Cb_A).

Nebel oder dünner Stratus: bei *N*. Ebenso wie auf dem TV-Bild ist zwischen 0° und 15°N am Bildrand fast durchgehend die Bewölkung der ITC zu erkennen.

Für die praktische Analyse der Wetterkarte mit Hilfe der Satellitenbilder ist vor allem die dadurch ermöglichte genauere Lokalisierung der Tiefdruckzentren und der Frontenlage von Bedeutung. Die Abb. A.24 und A.25 zeigen eine Analyse der Bodenwetterkarte unter Verwendung der Satellitenaufnahme. Die wichtigsten zusätzlichen Informationen sind dabei die Feststellung des Entwicklungsstadiums bei den Zyklonen, die genaue Lage der Fronten, der Übergang von der aktiven zur passiven Front und die Ausbildung von Wellen. So zeigt z. B. die Abb. A.24, daß bei 60°N und 50°E ein okkludiertes Tiefdruckgebiet vorhanden ist, das sich aus einer Welle am Vortag entwickelt hat. Bei 40°N und 10°W ist deutlich eine Welle im Frontalband sichtbar, die offenbar ohne Satellitenbild kaum zu lokalisieren gewesen wäre. Aus der Abb. A.25 ist die Lage einer teils aktiven, teils inaktiven Front im Mittelmeerraum erkennbar, die in Zusammenhang mit einem Kaltlufttropfen (Höhentief) steht und die aus der Bodenanalyse allein nicht so

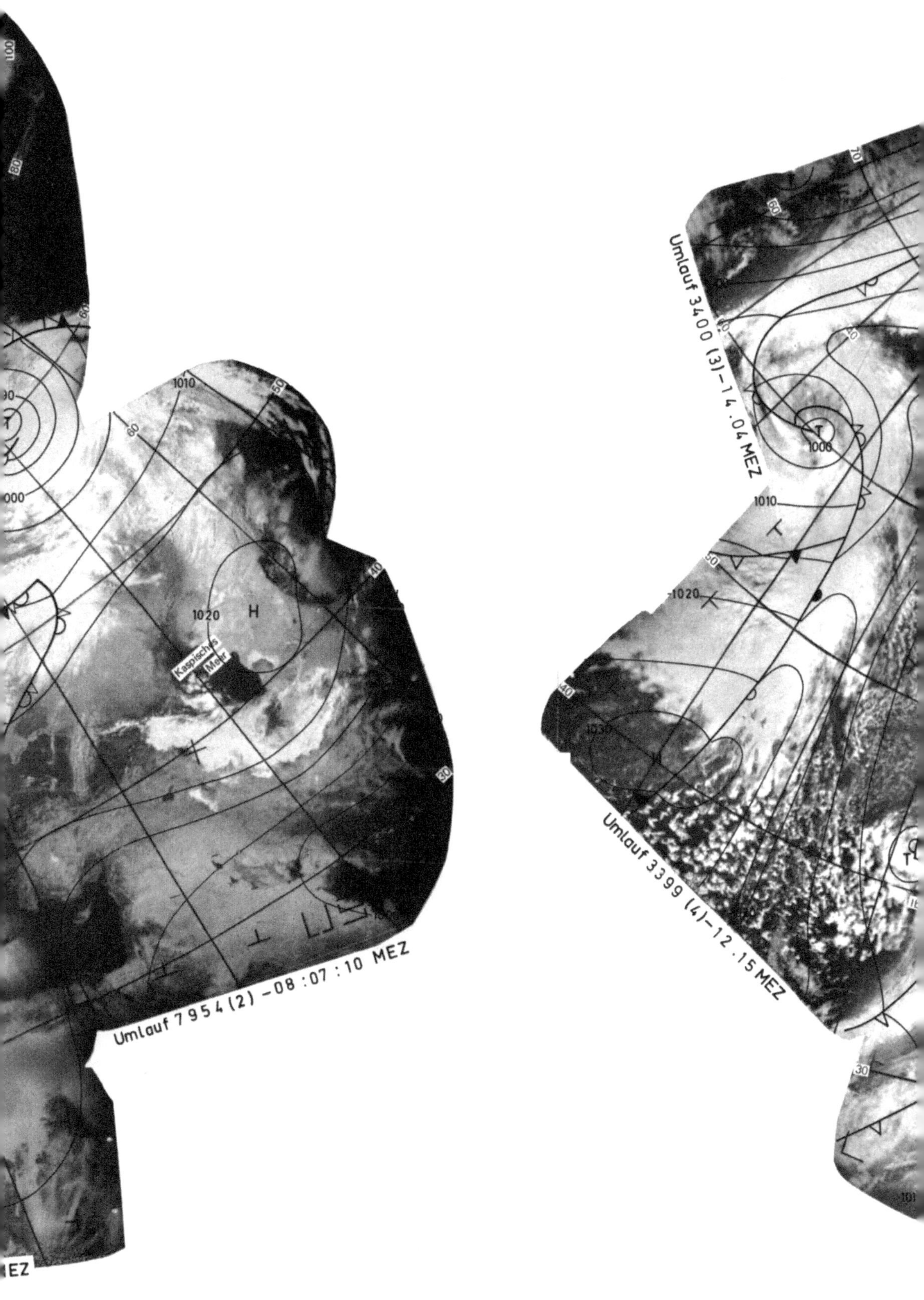

nanalyse auf
MT. (Institut

Abb. A.25. Das

leicht festzulegen wäre. Beim genauen Studium der Bilder sind noch eine Vielzahl von Einzelheiten abzulesen, doch wollen wir hier auf deren Aufzählung verzichten, da die meisten Erscheinungen auch schon bei der eingehenden Besprechung der Bilder der Abb. A.18a und Abb. A.19a zur Sprache kamen. Bei der hier gezeigten Bodenanalyse waren sowohl synoptische Meldungen in hinreichendem Maß vorhanden, als auch Satellitenaufnahmen. In datenarmen Gebieten wird es auch möglich sein, lediglich unter Zuhilfenahme von Satellitenbildern eine Analyse vorzunehmen. Dabei werden dann Erfahrungen, die aus synoptisch gut erfaßten Gebieten stammen, genützt. So wurden z. B. zur Lokalisierung des Kerns einer Zyklone folgende Richtlinien abgeleitet:

Liegt bei einem Tief eine Spiralstruktur vor, so wird der sogenannte Wolkenmittelpunkt im Zentrum der Spirale fixiert, bei nichtspiraliger Struktur im Schwerpunkt der Wolkenmasse. Mit Hilfe einer Statistik wurden Durchschnittswerte für die Entfernung des Tiefdruckzentrums von diesem Wolkenschwerpunkt ermittelt. Es ergaben sich Werte zwischen 100 und 400 km. Eine jahreszeitliche Variation konnte dabei nicht nachgewiesen werden.

Es hat auch nicht an Versuchen gefehlt, quantitative Angaben über das Feuchte- und Niederschlagsfeld aus Satellitenbildern zu erhalten. Hierbei können zwar nur Mittelwerte über eine relativ große Schicht (Boden bis 500 mb) gefunden werden, doch sind solche Angaben in Gebieten, wo keine anderen Meldungen vorliegen, sehr wertvoll. Die Methode basiert auf Erfahrungswerten über den Betrag der Feuchte bei verschiedenen Wolkenformationen. Sie schwanken z. B. zwischen mehr als 80% bei Schichtbewölkung in Wolkenbändern (insbesondere bei Fronten) und weniger als 50% bei leichter Haufenbewölkung in Form von offenen Zellen oder in nahezu wolkenfreien Gebieten. Noch schwieriger als die Abschätzung von mittleren Feuchtewerten ist die Erfassung des Niederschlags, doch sind auch hier die bisherigen Untersuchungen recht ermutigend.

Abschließend sei noch darauf verwiesen, daß mit kontinuierlich aufeinanderfolgenden Aufnahmen von einem geostationären Satelliten recht gute Abschätzungen der Windrichtung und Windstärke aus driftenden Wolken gewonnen werden können. Bei den Polarbahnsatelliten ist eine solche Methode weniger aussichtsreich.

Soweit haben wir uns mit den aus den Satellitenaufnahmen erhaltenen Informationen über die Bewölkung beschäftigt. Das IR-Bild liefert natürlich auch direkte Angaben über die Temperaturverteilung, wobei vor allem die (mittlere) Temperatur der festen und flüssigen Erdoberfläche und der Wolken interessiert.

Es gibt auch eine Möglichkeit, mit Hilfe von selektiven Strahlungsmessungen quantitative Angaben über die vertikale Temperaturverteilung zu erhalten, wodurch Radiosondenmessungen ersetzt werden können. Diese Methode wurde erst in den letzten Jahren nach Überwindung großer Schwierigkeiten entwickelt und beruht auf Daten, die unter den Namen SIRS- (Satellite Infrared Spectrometer) bzw. IRIS- (Infrared Interferometer Spectrometer) Daten bekannt geworden sind. Es handelt sich dabei um die Interpretation von Strahlungsmessungen des Satelliten in mehreren hinreichend kleinen Spektralbereichen.

Für die Eigenstrahlung im infraroten Bereich kommen als wichtigste Bestandteile der Atmosphäre der Wasserdampf (bzw. das flüssige Wasser) und das Kohlendioxyd in Frage. Obwohl der Wasserdampf den bei weitem größten Beitrag zur

Absorption und daher auch zur Emission langwelliger Strahlung leistet, ist er als Trägermedium für unsere Überlegungen hier nicht geeignet, da er viel zu große räumliche und zeitliche Schwankungen aufweist. Das gilt nicht für das Kohlendioxyd. Für diesen Bestandteil der Atmosphäre kann (für nicht zu lange Zeitspannen) eine bekannte, durch Messungen überprüfbare Verteilung in einer vertikalen Luftsäule vorgegeben werden. Daher sind für unsere Zwecke Strahlungsmessungen erforderlich, die in einem Spektralbereich aufgenommen werden, in dem lediglich oder überwiegend das CO_2 als absorbierendes (emittierendes) Medium auftritt. Glücklicherweise hat das Spektrum des Wasserdampfes einige Stellen, die zwar für die Strahlung des Wasserdampfes durchlässig sind (sogenannte Fenster), wo aber gerade das Kohlendioxyd starke Absorptionsbanden aufweist. Solche Verhältnisse liegen in der Nähe des 15 Mikron-CO_2-Bandes vor. Sind Wolken vorhanden, so treten zu den Absorptionsbanden des Wasserdampfes noch diejenigen des Wassers selbst, die wesentlich größere Absorption hervorrufen. Man wird daher verhältnismäßig einfache Verhältnisse nur bei einer wolkenfreien Atmosphäre vorfinden.

Das *Fenster* des Wasserdampfspektrums ist wesentlich größer als die dort befindlichen Absorptionsbanden des CO_2. Man kann daher auch einen Spektralbereich erfassen, in welchem in der ganzen Atmosphäre nahezu keine Absorption stattfindet. Messungen in diesem Bereich geben dann recht genaue Auskunft über die Temperatur der Erdoberfläche selbst.

Um unser Problem mathematisch formulieren zu können, müssen die Grundgleichungen der Strahlungstheorie herangezogen werden. Für einen hinreichend kleinen Frequenzbereich $\Delta\nu$ läßt sich die Strahlungsintensität, die vom Satelliten aufgrund der Ausstrahlung der Erdoberfläche und der Atmosphäre empfangen wird, in folgender Weise schreiben [s. auch Smith (1970)]

$$I_\nu = B[\nu, T(x_0)]\tau(\nu, x_0) - \int_0^{x_0} B[\nu, T(x)] \frac{d\tau(\nu, x)}{dx} dx. \tag{A.48}$$

Die unabhängige Variable x soll hier die Entfernung vom Satelliten angeben (x_0 ist die Distanz bis zur Erdoberfläche), B ist die Hohlraumstrahlung (Black-body radiation) entsprechend der Planckschen Formel (eine Funktion der Frequenz und der Temperatur) und τ eine Transmissionsfunktion, abhängig von der Frequenz und der Entfernung. Es wird hier angenommen, daß die Erdoberfläche selbst wie ein schwarzer Körper ausstrahlt. Dies ist praktisch erfüllt. Für sehr genaue Untersuchungen müßte noch ein entsprechender Emissionsfaktor hinzugefügt werden.

Die analytische Form der Transmissionsfunktion ist verschieden, je nachdem, ob es sich um eine lineare oder diffuse Strahlung handelt. Im ersten Fall nimmt sie die einfache Gestalt einer e-Potenz (Lambert-Bouger-Beersches Gesetz) an, im zweiten Fall muß sie als sogenanntes Exponentialintegral (Goldsche Funktion) geschrieben werden. Sie gilt im übrigen zunächst nur für einen streng monochromatischen Strahl. Man kann aber auch eine Transmissionsfunktion für eine Gruppe von Spektrallinien (Banden) ableiten. In einem solchen Fall wurde von Elsasser (1942) für τ eine Funktion eingeführt, die das Gaußsche Fehlerintegral enthält.

Der erste Term auf der rechten Seite der Gl. (A.48) stellt die von der Erdoberfläche ausgesandte Strahlung dar, die vom Instrument des Satelliten registriert wird. Hierzu kommt noch der zweite Term, der die Eigenstrahlung der Atmosphäre berücksichtigt. Jede Schicht der Atmosphäre strahlt nämlich ebenfalls Energie aus, und zwar nach dem bekannten Kirchhoffschen Gesetz einen vom jeweiligen Absorptionsvermögen abhängigen Teil der Hohlraumstrahlung. Diese Eigenstrahlung wird dann auf ihrem Weg bis zur Auffangfläche des Satelliteninstrumentes wieder um einen Betrag geschwächt, für den die für die entsprechende Entfernung gültige Transmissionsfunktion verantwortlich ist. Das Integral in (A.48) stellt die analytische Formulierung dieses Vorganges dar.

Wenn die Transmissionsfunktion bzw. die Absorptionskoeffizienten für die Spektrallinien bekannt sind, ist es bei vorgegebener Temperaturverteilung der Atmosphäre (etwa aufgrund eines Radiosondenaufstieges) nicht allzu schwierig, das Integral numerisch auszuwerten. Dazu wurden verschiedene Diagramme konstruiert. In unserem Fall handelt es sich aber um das Umkehrproblem der eben formulierten Aufgabe. Der Satellit liefert uns Werte der Strahlungsintensität aus verschiedenen Schichten durch selektive Messungen in mehreren (derzeit 8) Kanälen. Gefragt ist die Temperaturverteilung unter der Voraussetzung, daß die Transmissionsfunktion bekannt ist. Die Lösung dieser Aufgabe bereitet erhebliche Schwierigkeiten und ist rein theoretisch nicht eindeutig durchführbar. Es wurden eine Reihe von Näherungsverfahren entwickelt, die zielführend sein können. Auf Einzelheiten der mathematischen Lösungsmethoden wollen wir hier nicht eingehen. Sie finden sich in der Spezialliteratur. Es können aber grundsätzlich sehr verschiedene Wege dabei beschritten werden. Versucht man, das Integral (A.48) numerisch zu lösen, so kann es in eine Summe verwandelt werden, und es soll die Anzahl der (endlichen) vertikalen Schichten mit derjenigen der selektiven Strahlungsmessungen übereinstimmen. Die Kanäle sind so gewählt, daß der Hauptanteil der von jedem Kanal gemessenen Strahlung aus einer anderen Schicht stammt. Bei Strahlungsmessungen in 8 Kanälen können acht Gleichungen aufgestellt werden, für jede Schicht eine. Man erhält eine Lösung der algebraischen Gleichungen, wenn es gelingt, die Matrix (Determinante) des Systems umzukehren. Dies erweist sich aber als schwierig, da die Koeffizienten in ihrer Abhängigkeit von der Transmissionsfunktion und der Schwarzstrahlung ein sehr ähnliches Verhalten zeigen, sodaß Vieldeutigkeit auftritt. Man muß daher versuchen, das Gleichungssystem auf andere Weise zu lösen. Eine Möglichkeit dazu bietet die Statistik. Beispielsweise können aus bekannten Radiosondenmessungen, für die gleichzeitige Satellitendaten vorliegen, Regressionsbeziehungen zwischen der Temperaturverteilung und den Meßwerten hergeleitet werden. Sie werden dann auf den Fall, bei dem nur Strahlungsmessungen des Satelliten vorhanden sind, angewendet.

Schließlich gibt es auch iterative Verfahren zur Lösung unserer Aufgaben. Man startet mit einem Versuchswert der Temperatur, berechnet die daraus resultierenden Strahlungswerte in den betreffenden Spektralbereichen und modifiziert hierauf das Temperaturprofil solange, bis die berechneten und beobachteten Strahlungsintensitäten innerhalb gewisser Fehlergrenzen übereinstimmen.

Jedenfalls ist es in letzter Zeit gelungen, auf diese Weise sehr brauchbare Temperaturprofile aus den Satellitendaten zu konstruieren. Sie stellen vor allem in den datenarmen Gebieten eine unschätzbare Hilfe zur Vervollständigung des Radiosondennetzes dar.

Seit einiger Zeit ist man dazu übergegangen, Strahlungsmessungen auch im Mikrowellenbereich durchzuführen. Es kommen dabei vor allem Frequenzbereiche von 10 bis 70 GHz in Frage. Man bedient sich sowohl passiver als auch aktiver Methoden, d. h. daß einerseits die Emissionen der Atmosphäre oder der Erdoberfläche bestimmt werden, andererseits der reflektierte Anteil einer vom Satelliten emittierten Strahlung gemessen wird. Man unterscheidet in diesem Fall zwischen einer Daueremission (Scatterometer) und einem Impulsradar mit Entfernungsauflösung. Da das Wasser im Mikrowellenbereich der primäre Emittent ist und die drei verschiedenen Aggregatzustände sich überdies in ihren Strahlungseigenschaften wesentlich unterscheiden, haben die Messungen im Mikrowellenbereich gegenüber jenen im sichtbaren oder IR-Bereich mehrere Vorteile: Man kann in bestimmten Frequenzbereichen Emissionen von Wasseroberflächen, Eis- und Schneeflächen erhalten, ohne daß hierbei der Wasserdampf in der Atmosphäre stört. Aussagen über Bodenfeuchte, Eisbedeckung, Oberflächenbeschaffenheit u. a. m. sind möglich. In anderen Frequenzbereichen kann man die Bodenemissionen eliminieren und nur die atmosphärische Wasserdampfverteilung betrachten. Da der Sauerstoff starke Absorptionsbande im Frequenzbereich der Mikrowellen zeigt, konnte ähnlich wie bei den SIRS-Daten eine Methode entwickelt werden, die es gestattet, mit Hilfe von Messungen in drei Frequenzbereichen im O_2-Band und zwei im H_2O-Band die vertikale Temperaturverteilung in der Atmosphäre zu bestimmen. Da sich die Sauerstoffverteilung in der Atmosphäre praktisch nicht ändert, während die bei den SIRS-Daten verwendete Kohlendioxydverteilung ständig gewisse Modifikationen erleidet, sind solche Messungen als Ergänzung zu den SIRS-Daten sehr erwünscht.

Die Versuche mit Mikrowellen sind noch keineswegs abgeschlossen und die Anwendungsmöglichkeiten lange nicht ausgeschöpft. Viele Probleme sind noch ungelöst, doch sind die bisher erzielten Ergebnisse vielversprechend, und es ist anzunehmen, daß sich Mikrowellenmessungen zu einem sehr wesentlichen Werkzeug der Beobachtungstechnik entwickeln.

9. Objektive mathematisch-numerische Analyse von Feldverteilungen

Unter einer objektiven Analyse versteht man die Analyse eines Feldes eines bestimmten meteorologischen Elementes aufgrund von Beobachtungsdaten mit Hilfe eines quantitativen Algorithmus. Im Gegensatz zu der subjektiven Analyse des Meteorologen ist dies also ein Verfahren, bei dem persönliche Entscheidungen vermieden werden. Der Rechenaufwand bei objektiven Analysen ist erheblich und nur mit elektronischen Rechenanlagen zu bewältigen. Daher werden objektive Analysen meist nur im Rahmen numerischer Wetterprognosen durchgeführt. Die Aufgabe, die sich dabei stellt, ist eine zweifache: erstens müssen die Beobachtungswerte, die von unregelmäßig verteilten Stationen stammen, auf die Gitterpunkte eines regelmäßigen Netzes interpoliert werden, um eine numerische Behandlung der physikalischen Gleichungen zu ermöglichen, und zweitens sollen sowohl die Anfangsverteilungen als auch die prognostizierten Feldverteilungen mit Hilfe eines dem Computer angeschlossenen Zeichengerätes (Plotter) graphisch dargestellt werden. Dazu müssen die Koordinaten aller jener Punkte berechnet werden, an denen genau der Wert auftritt, der den zu zeichnenden Isolinien der betreffenden meteorologischen Größe entspricht.

Es gibt mehrere Methoden der objektiven Analyse, von denen jede eine eindeutige Lösung liefert, doch können sich die Ergebnisse, die aus verschiedenen Verfahren gewonnen werden, natürlich unterscheiden. Die Güte der objektiven Analyse im Sinne einer optimalen Darstellung der tatsächlichen Feldverteilung hängt von der Wahl des Algorithmus ab. Dieser muß sich nach Gegebenheiten wie Dichte des Beobachtungsnetzes, räumliche Veränderlichkeit der darzustellenden Funktionen, aber auch nach der Größe des Speicherraumes der Rechenanlage, der zur Verfügung stehenden Rechenzeit und dergleichen mehr richten.

Die numerische Analyse setzt nach dem Einlesen der einlangenden Beobachtungsdaten in den Rechner bei gleichzeitiger Überprüfung ihrer Richtigkeit (Eliminierung von offensichtlichen Beobachtungs- und Übertragungsfehlern) ein und besteht im wesentlichen aus zwei Hauptschritten:

a) Interpolation der Werte des zu analysierenden meteorologischen Elements von den Stationen auf die Gitterpunkte eines fix vorgegebenen Netzes.

b) Gegenseitige Koordinierung der analysierten Felder zur Erreichung physikalischer und dynamischer Konsistenz sowohl in jedem einzelnen Niveau, als auch in der Vertikalen.

Die Notwendigkeit einer Koordinierung analysierter Felder ist vor allem dann gegeben, wenn diese als Anfangsfelder einer numerischen Vorausberechnung (Teil C) dienen. Auf die Methodik solcher Verfahren soll hier nicht eingegangen werden.

Es gibt eine ganze Reihe von Möglichkeiten, die eben formulierten Aufgaben zu lösen. Wir wollen hier nur die wichtigsten Methoden erwähnen.

a) *Polynommethode:* Das Feld wird in der Umgebung eines Gitterpunktes durch ein Polynom (näherungsweise) dargestellt, der Gitterpunktwert selbst aus diesem Polynom berechnet.

b) *Iteratives Verfahren:* Die Gitterpunktwerte werden mit einem Iterationsverfahren aus einem mittleren Gradienten zwischen Meß- und Gitterpunkt ermittelt. Zur Verbesserung dieser Methode können die Werte mit (empirischen) Gewichtsfunktionen korrigiert werden, wobei natürlich diese Gewichte von der Entfernung der Meßpunkte von dem Gitterpunkt abhängen. Hierbei können bei jedem Durchgang (Iteration) verschiedene Gewichte angebracht werden.

c) *Optimale Interpolation:* Der Gitterpunktwert wird aus einer (gewichteten) Kombination einer bestimmten Anzahl umliegender Meßpunkte berechnet. Die Gewichte werden dabei aus der statistischen Struktur des Feldes (Autokorrelationsfunktionen) so bestimmt, daß der Interpolationsfehler im Sinne der Methode der kleinsten Fehlerquadrate (Gaußsches Ausgleichsverfahren) ein Minimum wird.

d) *Darstellung des Feldes durch mathematische Funktionen:* Dies kann z. B. mit Tschebyscheffschen Polynomen oder auch mit entsprechenden Kugelfunktionen oder durch eine harmonische Analyse im Sinne einer Fourierentwicklung erfolgen. Diese Verfahren sind im allgemeinen recht aufwendig, haben aber den Vorteil, als Resultat eine kontinuierliche Feldverteilung zu liefern, sodaß der ganze zwei- oder auch dreidimensionale Anfangszustand durch eine stetige mathematische Funktion gegeben ist. Für die numerischen Wetterprognosen sind allerdings üblicherweise nur die Werte an den Gitterpunkten erforderlich. Doch sind in letzter Zeit die Methoden der sogenannten Spektralanalyse für die Prognose wieder stark in den Vordergrund gerückt.

Wir wollen hier an Hand einer von HUBER-POCK und KRESS (1975) im österreichischen Wetterdienst entwickelten Methode einer numerischen Analyse das Grundsätzliche der Arbeitsweise aufzeigen. Es handelt sich dabei um ein Iterationsverfahren mit Verbesserungsmethode. Das einfache Iterationsverfahren wäre das im Hinblick auf den Rechenaufwand günstigste, versagt aber in datenarmen Gebieten, da es nur dann konvergiert, wenn in hinreichender Nähe von den Gitterpunkten Beobachtungswerte vorliegen. Daher wird die Verbesserungsmethode, wie sie ursprünglich von CRESSMAN (1959) angegeben wurde, zusätzlich zur Iterationsmethode herangezogen. Während CRESSMAN und andere Autoren von einer entweder durch eine Vorhersagekarte oder klimatologische Mittelkarten gegebenen Anfangsverteilung ausgehen und dann diese aufgrund der Beobachtungswerte solange korrigieren, bis der Anfangszustand den neuen Beobachtungsergebnissen gerecht wird, wird in der Untersuchung von HUBER-POCK und KRESS zunächst das einfache Iterationsverfahren angewendet, ohne Rücksicht darauf, ob es an allen Stellen konvergiert. Für die Verbesserungsmethode ist ohnedies nur ein ungefähres Anfangsfeld erforderlich, das nicht unbedingt in sich konsistent sein muß. Die Analyse des Geopotentialfeldes beginnt in folgender Weise. Um eine erste Näherung für die Höhe der isobaren Fläche am Gitterpunkt zu erhalten, wird der Beobachtungswert an der nächstgelegenen Station herangezogen

$$Z_G^{(1)} = Z_0 + m[(x_i - x_G)(\partial Z_0/\partial x) + (y_i - y_G)(\partial Z_0/\partial y)]. \qquad \text{(A.49)}$$

Hier bedeuten: $Z_G^{(1)}$ Höhe der Druckfläche am Gitterpunkt in Metern; Z_0 Höhe der Druckfläche gemessen an der Station; (x_G, y_G) Koordinaten des Gitterpunktes; (x_i, y_i) Koordinaten der Beobachtungsstation; (1) Index der Näherung (hier erste Approximation); m Projektionsfaktor der verwendeten Kartenprojektion (s. dazu Teil C, S. 134).

Die Gl. (A.49) kann nicht direkt verwendet werden, da normalerweise die Gradienten $\partial Z_0/\partial x$ und $\partial Z_0/\partial y$ an der Beobachtungsstation nicht bekannt sind. Setzt man jedoch den an der Station gemessenen Wind in Beziehung zu dem geostrophischen, etwa in der Form

$$\boldsymbol{v}_0 \doteq \frac{1}{a}\boldsymbol{v}_g, \qquad a \doteq 1{,}08, \qquad \text{(A.50)}$$

so schreibt sich (A.49) auch zu

$$Z_G^{(1)} \doteq Z_0 + \frac{fa}{g}[(x_i - x_G)v_0 - (y_i - y_G)u_0]. \qquad \text{(A.51)}$$

Der Projektionsfaktor m taucht hier nicht mehr auf, da er im geostrophischen Wind implizit berücksichtigt ist. Dagegen muß hier die Gravitationsbeschleunigung g aufgenommen werden, wenn die Höhen in geometrischen und nicht in geopotentiellen Metern gemessen werden (s. Gl. (A.5a), S. 9). Meldet die nächstgelegene Station keinen Wind, so wird in erster Näherung $Z_G^{(1)} = Z_0$ gesetzt. Das auf diese Weise erhaltene Feld wird nun mit Hilfe eines Operators geglättet.

Die Glättung ist notwendig, um die Analyse von unerwünschten Schwingungen (meteorologischer Lärm), die synoptisch irrelevant sind, zu befreien. In der Literatur sind hierzu verschiedene Formeln vorgeschlagen worden. Beispielsweise kann der von SHUMAN (1957) vorgeschlagene 9-Punkte-Glättungsoperator mit einem Glättungsindex ν verwendet werden, der sich in folgender Weise für jede beliebige Feldgröße (hier die Höhe der Druckfläche) schreibt

$$\bar{Z}_{i,j} = Z_{i,j} + \frac{\nu}{2}(1-\nu)(Z_{i-1,j} + Z_{i,j-1} + Z_{i+1,j} + Z_{i,j+1} - 4Z_{i,j}) +$$

$$+ \frac{\nu^2}{2}(Z_{i-1,j+1} + Z_{i-1,j-1} + Z_{i+1,j-1} + Z_{i+1,j+1} - 4Z_{i,j}).$$

i, j sind die Indizes der Gitterpunkte, auf den der Operator angewendet wird.

Von der Wahl des Glättungsindex hängt es ab, welche Wellenlängen im Feld eliminiert und welche nur leicht gedämpft werden. Man kann zeigen, daß für $\nu = 0{,}5$ Wellenlängen mit der vierfachen Gitterdistanz eine Dämpfung auf etwa 50%, solche von $3d$ auf etwa 30% der ungeglätteten Amplitude erfahren, während Wellenlängen von $2d$ überhaupt herausgefiltert werden. Man erhält so ein Anfangsfeld Z_A.

Als nächster Schritt setzt nun die Verbesserungsmethode ein. Sie beruht darauf, daß von den Gitterpunktwerten des Anfangsfeldes auf die Stationen zurückinterpoliert wird, um dort die Abweichung des berechneten Wertes von dem gemessenen festzustellen. Aus einem gewichteten Mittel der Abweichungen der umgebenden Stationen wird für jeden Gitterpunkt eine Korrektur K_G bestimmt

$$K_G = \frac{\sum_{i=1}^{i=N} C_i}{N}.$$

Hier ist unter N die Anzahl der umgebenden Beobachtungsstationen zu verstehen, die berücksichtigt werden sollen. C_i ist die zur $i$ten Station gehörige Korrektur. Für die erste aus dem Anfangsfeld verbesserte Feldverteilung gilt

$$\bar{Z}_G^{(1)} = Z_A + K_G. \tag{A.52}$$

Der Vorgang wird mehrmals wiederholt, und für weitere Iterationen gilt

$$\bar{Z}_G^{(k)} = \bar{Z}_G^{(k-1)} + K_G^{(k-1)}, \tag{A.53}$$

wenn $\bar{Z}_G^{(k)}$ den Wert der $k$ten Iteration bedeutet. Die durch die Station i bedingte Korrektur C_i wird für jeden Iterationsschritt

$$C_i = W_i(Z_S - Z_0) \tag{A.54}$$

errechnet, wobei Z_S der aus dem Anfangsfeld Z_A bzw. aus dem jeweils letzten durch Iteration gewonnenen Feld $\bar{Z}_G$ vom Gitterpunkt G an die Station interpolierte Wert sein soll. Z_0 ist der dort tatsächlich beobachtete Wert, und W_i ist ein von der Distanz D_i zwischen Gitterpunkt und Beobachtungsstation abhängiger Gewichtsfaktor, nämlich

$$W_i = \frac{R_k^2 - D_i^2}{R_k^2 + D_i^2}. \tag{A.55}$$

Hier soll R_k den sogenannten Einflußradius als Funktion der $k$ten Näherung darstellen. Stationen, für die $D_i > R_k$ ist, scheiden für eine Berechnung des Korrekturwertes aus. CRESSMAN wählte für die erste Näherung $R_1 = 4{,}75d$, während beispielsweise HUBER-POCK und KRESS $R_1 = 11d$ ansetzten. Mit zunehmendem k wird der Einflußradius kleiner gewählt. Natürlich hängt die Wahl von R_k stark von dem Verhältnis der Stationsdichte zur Gitterdistanz ab.

Die Genauigkeit der Näherung hängt davon ab, welche Schranke ε man als Kriterium für die Fortsetzung ($|K_G \geqslant \varepsilon|$) oder den Abbruch ($|K_G < \varepsilon|$) der Iteration vorgibt. Bei der hier beschriebenen Methode genügen etwa 4—6 Iterationsschritte, um eine hinreichend genaue Analyse zu erhalten.

Weitere Einzelheiten würden uns hier vom eigentlichen Thema der verschiedenen Analysenmethoden zu weit weg führen. Prinzipiell kann ein sehr ähnliches Verfahren, wie das eben geschilderte, auch für eine Analyse des Temperaturfeldes bzw. der äquivalentpotentiellen Temperatur in Anwendung gebracht werden. Dies ist vor allem für eine objektive Frontenanalyse von großer Bedeutung. Im allgemeinen muß gesagt werden, daß die objektiven Methoden zwar für die numerische Wettervorhersage unerläßlich und in manchen Belangen den subjektiven Analysen durch den Meteorologen auch gleichwertig oder sogar überlegen sind, daß aber die Zeit noch nicht gekommen ist, wo man auf die subjektive Analyse ganz verzichten kann. Sie nützt die übermittelten Beobachtungswerte derzeit noch besser aus, weil Meldungen über Wolken und Niederschläge, Sichtweite und Wolkenart mitverarbeitet werden, was bei der rein numerischen Analyse noch nicht der Fall ist.

B. Synoptische Methoden der Vorhersage

1. Einleitung

Die eingehende Analyse der Wetterkarte und das Studium des Wetterablaufes im Zusammenhang mit verschiedenen Wetterlagen hat zu einer Reihe von synoptischen Regeln semiempirischer Art geführt, die geeignet erscheinen, für die Prognose des Wetters verwendet zu werden. Wir haben im Zuge der Analyse des synoptischen Wetterzustandes bereits Beziehungen zwischen verschiedenen meteorologischen Parametern kennengelernt, die, soweit sie mathematisch formulierbar, auch umkehrbar sind. Gelingt es daher, die Feldverteilung des einen Elementes vorauszusagen, so kann auch das andere prognostiziert werden. Dadurch wird z. B. die Windprognose (Windverteilung oberhalb der Bodenreibungsschicht) aufgrund einer Voraussage des Luftdruckfeldes unter Verwendung der geostrophischen Relation möglich. Weitaus schwieriger ist es jedoch, einen prognostisch verwertbaren Zusammenhang von Bewölkung und Niederschlag mit der Feldverteilung der meteorologischen Elemente zu finden. Hier treten anstelle mathematisch formulierter meist mehr oder weniger empirische Beziehungen, wenngleich natürlich grundsätzlich die physikalischen Prozesse, die zur Wolken- und Niederschlagsbildung führen, ebenfalls durch mathematisch-physikalische Gleichungen beschrieben werden können.

Zu Anbeginn meteorologisch synoptischer Forschung versuchte man vor allem solche Regeln zu finden, die einen Zusammenhang zwischen der Luftdruckverteilung und dem Wetterablauf herstellen sollten. Diese *Isobarenmeteorologie* hatte zunächst auch beachtliche Erfolge zu verzeichnen. Es war jedoch fast keine der gefundenen Beziehungen umkehrbar. Man kann beispielsweise mit Recht behaupten, daß im Bereich von Tiefdruckgebieten reichliche Bewölkung und Niederschläge zu erwarten sind. Doch tritt bewölktes und regnerisches Wetter nicht nur in Tiefdruckgebieten auf. Die Liste solcher einseitiger Zusammenhänge läßt sich beliebig vermehren. Sie leisten trotz ihrer Unsicherheit bei der Abfassung der Prognose auch heute noch gute Dienste. Eine systematische Wetterprognose kann jedoch nicht allein auf solchen Regeln beruhen. Für eine solche muß in erster Linie eine Vorhersagekarte für den erwünschten Prognosentermin konstruiert werden, aus der sich die zu erwartenden Wettererscheinungen ableiten lassen. Schließlich muß die Prognose in allgemein verständlicher Sprache und möglichst eindeutig formuliert werden. Der erste Schritt besteht im wesentlichen aus einer Prognose der Druck-, Temperatur- und Windverteilung und wird heute zumeist aufgrund von theoretisch-numerischen Modellen mit Hilfe elektronischer Datenverarbeitungsanlagen durchgeführt. Die Deutung der Vorhersagekarten im Hinblick auf den daraus ableitbaren Wetterablauf beruht derzeit auf zahlreichen empirischen Zusammenhängen, die in langjähriger Erfahrung gewonnen wurden. Doch dürfte auch hier eine gewisse Objektivierung mittels numerischer Methoden in nicht zu ferner Zukunft Platz greifen.

Bei dem derzeitigen Stand der numerischen und auch der synoptischen Methoden zur Konstruktion von Vorhersagekarten ist es nicht möglich, aufgrund von Formeln Bewölkungs- und Niederschlagsgebiete exakt vorauszusagen. Sie müssen vom Meteorologen in die Karte eingetragen werden, wobei die vielen synoptischen Regeln, die in jahrelanger Forschung erarbeitet wurden, zu Hilfe genommen werden. Auch die persönliche Erfahrung des Prognostikers wird immer eine große Rolle spielen.

Diejenigen Regeln, die sich mehr auf die Voraussage der Feldverteilungen beziehen, sind zwar in mancher Hinsicht durch die numerischen Berechnungsverfahren überholt, können aber trotzdem als willkommene Ergänzung der rein theoretischen Vorgangsweise angesehen werden. Diejenigen Regeln, die sich mit der Deutung der Feldverteilung im Hinblick auf den Wetterablauf befassen, sind bis heute nicht durch rein objektive mathematisch formulierte Beziehungen zu ersetzen.

Eine vollständige Aufzählung aller synoptischen Regeln ist weder möglich noch notwendig, da manche im Zuge der fortschreitenden Forschung in Vergessenheit geraten sind oder sich als unrichtig herausgestellt haben.

Die folgenden Kapitel sollen nur eine Auswahl von solchen synoptischen Methoden bringen, die geeignet erscheinen, zusammen mit den numerischen Vorhersagekarten zu einer möglichst umfassenden Beurteilung der Wetterlage und damit des Wetterablaufes zu gelangen.

2. Kinematische Extrapolationen

Wird aufgrund des vergangenen und des gegenwärtigen Stromfeldes in die Zukunft extrapoliert, ohne auf die dynamischen Ursachen für die gegebene Stromfeldkonfiguration einzugehen — eine in gewissen Bereichen durchaus zulässige Vorgangsweise — so spricht man von kinematischen Methoden. Diese erfreuten sich früher bei der Vorhersage großer Beliebtheit. Sie machen von den gemeldeten Drucktendenzen in beträchtlichem Ausmaß Gebrauch und können bei kurzfristigen Voraussagen der Verlagerung von Druckgebilden sowie von Luftmassengrenzen wertvolle Hinweise liefern. Es liegt diesen Methoden die Vorstellung zugrunde, daß sich die Geschwindigkeit, mit der sich die Druck- oder Isohypsenverteilung relativ zu einem fix mit der Erde verbundenen Koordinatensystem verlagert, aus der gemeldeten Drucktendenz berechnen läßt. Die Überlegungen sind natürlich nur auf das zweidimensionale Stromfeld anwendbar. Im einfachsten Fall wird eine starre Verlagerung der markanten Druckgebilde (Tröge, Keile, Tief- und Hochdruckzentren) ohne individuelle Änderungen im mitgeführten Koordinatensystem vorausgesetzt. Daher sind Fehler der kinematischen Extrapolation besonders dann vorhanden, wenn größere Veränderungen in der individuellen Konfiguration auftreten oder wenn die Verlagerungsgeschwindigkeit nicht konstant ist. Allerdings können auch solche Effekte bis zu einem gewissen Grad aus der Vergangenheit in die Zukunft extrapoliert werden.

Qualitative kinematische Überlegungen spielen in der Praxis der Wetterprognose eine große Rolle. Der erfahrene Meteorologe kann oft sehr zutreffend auf diese Weise die Bahn von Druckgebilden vorhersagen. Da bei dem Bodendruckfeld barometrische Tendenzen im Intervall von 3 Stunden gemeldet werden, ist hier die Anwendung kinematischer Methoden wesentlich leichter als bei dem Höhendruckfeld, wo normalerweise nur zweimal täglich entsprechende Radiosondenaufstiege vorliegen. Es wird daher die Bestimmung des (zeitlichen) Differentialquotienten durch einen Differenzenquotienten wesentlich unsicherer. Andererseits muß betont werden, daß die Änderung des Höhendruckfeldes meistens ein wesentlich geringeres Ausmaß zeigt, als diejenige der Bodendruckverteilung. Da die numerischen Vorausberechnungen der Höhenkarten heute schon so befriedigen, daß synoptische Methoden hierbei nicht mehr erforderlich sind, bleibt das Hauptanwendungsgebiet der kinematischen Methode die Bodenkarte.

Man kann kinematische Extrapolationen durch Formeln beschreiben, wie dies vor allem PETTERSSEN (1956) getan hat. Dabei werden zwei Koordinatensysteme eingeführt. Eines, das mit der Wetterkarte fix verbunden ist, und eines, das sich mit der Feldverteilung einer bestimmten meteorologischen Größe mitbewegt. Diese Feldverteilung ist eine Funktion des Ortes und der Zeit und kann in der Form

$$F = F(x, y, t)$$

geschrieben werden. Bildet man die individuelle Ableitung nach der Zeit, so ergibt sich (Eulerzerlegung)

$$\frac{dF}{dt} = \frac{\partial F}{\partial t} + \boldsymbol{v}_2 \cdot \operatorname{grad} F, \tag{B.1}$$

wobei $\boldsymbol{v}_2$ hier der Windvektor mit den Komponenten (u, v) ist. Beobachtet kann immer nur die lokale Tendenz $\partial F/\partial t$ werden. Sie wird aus den synoptischen Beobachtungen zu entnehmen sein. Wir können nun aber auch dieselbe Differentiation im mitbewegten Koordinatensystem vornehmen und erhalten

$$\frac{dF}{dt} = \frac{\delta F}{\delta t} + \boldsymbol{v}_2' \cdot \operatorname{grad} F. \tag{B.1a}$$

In dieser Gleichung müssen die Größen dF/dt und $\operatorname{grad} F$ dieselben wie in (B.1) sein, da sie von der Wahl des Koordinatensystems nicht abhängen. Dagegen ist in (B.1a) $\boldsymbol{v}_2'$ der *Wind* im mitbewegten Koordinatensystem, und $\delta F/\delta t$ gibt die Änderung der Feldgröße in demselben System an. Falls unter der Feldverteilung etwa die Luftdruckverteilung verstanden wird, wäre $\delta p/\delta t$ ein Maß für eine Vertiefung oder Auffüllung der Druckgebilde (z. B. von Tiefdruckgebieten). Wird (B.1a) mit (B.1) kombiniert, so ergibt sich sofort

$$\frac{\delta F}{\delta t} = \frac{\partial F}{\partial t} + \boldsymbol{c} \cdot \operatorname{grad} F, \tag{B.1b}$$

wenn $\boldsymbol{c} = \boldsymbol{v}_2 - \boldsymbol{v}_2'$ die Geschwindigkeit angibt, mit welcher sich die Feldverteilung über die Karte hinwegbewegt. Für besonders ausgezeichnete Gebilde der Feldverteilung (abgeschlossene Wirbel, Tröge oder Keile) lassen sich mit der Formel (B.1b) einfache Prognosenformeln für die Verlagerungsgeschwindigkeit herleiten, wenn die Änderungen im mitgeführten Koordinatensystem vernachlässigt werden,

d. h. wenn eine starre Verlagerung dieser ausgezeichneten Gebilde über die Karte hinweg angenommen wird. Mit $\delta F/\delta t = 0$ folgt aus (B.1b) sofort, wenn die x-Achse in die Verlagerungsrichtung orientiert wird,

$$c = -\frac{\partial F/\partial t}{\partial F/\partial x}, \tag{B.2}$$

wobei hier c die Geschwindigkeit bedeutet, mit der sich die Feldverteilung in Richtung der x-Achse bewegt. Dabei sind vorerst keine Annahmen über die analytische Gestalt der Funktion F getroffen worden. Es kann dafür beispielsweise der Luftdruck p oder auch eine (lokale) Ableitung desselben, etwa die Drucktendenz, eingesetzt werden. Betrachten wir einen Trog im Isobarenfeld, so gilt für die Trogachse offenbar $\partial p/\partial x = 0$, falls die x-Achse normal zur Trogachse orientiert ist. Beschränken wir uns daher auf die Verlagerungsgeschwindigkeit normal zur Trogachse, so erhalten wir mit (B.2) und $F = \partial p/\partial x$

$$c = -\frac{\partial^2 p/\partial x\,\partial t}{\partial^2 p/\partial x^2}. \tag{B.3}$$

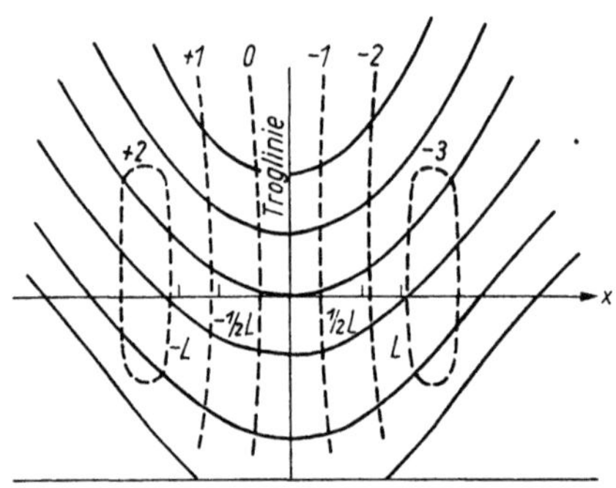

Abb. B.1. Skizze zur Anwendung der kinematischen Geschwindigkeitsformel für die Verlagerung einer Troglinie. Ausgezogene Linien: Isobaren, strichlierte Linien: Isallobaren in mb je drei Stunden

Bei der praktischen Anwendung der Formel (B.3) werden gemäß der Abb. B.1 zwei Punkte in der x-Richtung ausgewählt, die auf beiden Seiten der Achse gleich weit von dieser entfernt liegen. Bezeichnen wir diese Entfernung mit L und die zeitliche Änderung von p, also die Drucktendenz im Intervall Δt (meist 3 Stunden), mit $b = \Delta p/\Delta t$, so ergibt sich

$$\frac{\partial^2 p}{\partial x\,\partial t} \doteq \frac{\partial b}{\partial x} \doteq \frac{b(L/2) - b(-L/2)}{L}$$

und

$$\frac{\partial^2 p}{\partial x^2} \doteq \frac{p(L) - 2p(0) + p(-L)}{L^2}. \tag{B.4}$$

Hierbei sollen die Ausdrücke in den Klammern andeuten, an welcher Stelle der x-Achse die Druckwerte und die Drucktendenzen zu nehmen sind.

Setzen wir (B.4) in die Gl. (B.3) ein, so erhalten wir für die Verlagerungsgeschwindigkeit der Troglinie

$$c = -L \frac{b(L/2) - b(-L/2)}{p(L) - 2p(0) + p(-L)}. \tag{B.5}$$

Die Formel (B.5) stellt eine für die Praxis geeignete Beziehung dar, um die Verlagerungsgeschwindigkeit der Troglinie innerhalb des Zeitintervalls Δt zu berechnen. Man wird die Formel bei gut ausgeprägten Trögen mit Erfolg anwenden können. Wichtig ist dabei allerdings die Wahl der Strecke L. Sie soll groß genug sein, um Fehler der Analyse zu unterdrücken, aber andererseits klein genug, um zu gewährleisten, daß in die Betrachtung nicht benachbarte Isobarengebilde einbezogen werden. Man wählt zweckmäßigerweise L als Längeneinheit, sodaß die Geschwindigkeit c angibt, wie oft in einem gegebenen Zeitintervall Δt die Strecke L durchmessen wird. Man erspart sich auf diese Weise bei der Ermittlung der Verlagerung die Umrechnung auf die konventionellen Längeneinheiten. Eine vollkommen analoge Formel kann für die Verlagerung einer Keillinie verwendet werden. Ähnliche Formeln lassen sich ohne weiteres auch für abgeschlossene Druckgebilde (Hoch und Tief) herleiten, man muß nur die Formel (B.5) für zwei aufeinander normal stehende Geschwindigkeitskomponenten aufstellen.

Wenn es auch oft nicht gelingen wird, gültige quantitative Resultate mit den eben abgeleiteten Formeln zu erhalten, so leisten die kinematischen Überlegungen doch wertvolle Dienste für eine rasche Orientierung über die Verlagerung der Druckgebilde in kurzen Zeitintervallen. Das eigentliche Hilfsmittel dabei ist die Drucktendenz. PETTERSSEN hat noch eine ganze Reihe anderer Formeln aufgestellt, unter anderem auch solche, die einer Beschleunigung oder Verzögerung bei der Verlagerung gerecht werden. Natürlich darf bei allen diesen Extrapolationen nicht vergessen werden, daß die Ergebnisse der Extrapolation nur dann zutreffend sein können, wenn sich die Tendenz, die in den vergangenen drei Stunden beobachtet wurde, im Prognosenzeitraum nicht wesentlich ändert. Daher ist das Hauptanwendungsgebiet der kinematischen Methoden die Kurzfristprognose.

Im folgenden wollen wir eine Zusammenstellung einiger Regeln geben, die sich aus kinematischen Formeln ableiten lassen.

Regel (1): Kreisförmige oder nahezu kreisförmige zyklonale Zentren bewegen sich in Richtung des isallobarischen Gradienten (d. h. vom steigenden Druck gegen den fallenden), antizyklonale entgegengesetzt. Die Verlagerungsgeschwindigkeit ist direkt proportional dem isallobarischen Gradienten und verkehrt proportional der Krümmung der Isobaren.

Regel (2): Sehr längliche Zentren bewegen sich in Richtung der längsten Symmetrieachse.

Regel (3): Tröge bewegen sich in Richtung des isallobarischen Gradienten, Keile entgegengesetzt.

Regel (4): Die Geschwindigkeit eines Troges (Keiles) ist direkt proportional der Differenz der Drucktendenz zwischen Vorder- und Rückseite und verkehrt proportional der Krümmung der Isobaren.

Regel (5): Tröge und Keile, deren Isobaren große Krümmungen aufweisen, bewegen sich langsam. Bei schwach gekrümmten Isobaren schwankt die Verlagerungsgeschwindigkeit in weiten Grenzen und hängt wesentlich vom isallobarischen Gradienten ab.

Regeln, die sich aus Beschleunigungsformeln ableiten lassen, sind problematischer. Dabei wird die in der vergangenen Zeitspanne beobachtete Änderung der Tendenz, also der zweite Differentialquotient von p nach der Zeit, in die Zukunft extrapoliert. Wir wollen auf die Ableitung solcher Regeln verzichten und nur ein Ergebnis festhalten, nämlich

Regel (6): Tröge und Keile, deren Isobaren stark gekrümmt sind, bewegen sich mit weitgehend konstanter Geschwindigkeit, wogegen flache Tröge oder Keile in ihrer Bewegung meist wesentlich beschleunigt oder auch verzögert werden.

Für die synoptische Praxis ist die Voraussage der Verlagerung der Fronten eine außerordentlich wichtige Aufgabe. Man kann auch für diesen Fall kinematische Formeln ableiten, doch unterscheiden sie sich nicht wesentlich von der Trogformel. Es ist aber auch naheliegend, die Fronten mit der momentanen Windgeschwindigkeit in ihrem Bereich zu verlagern. Aufgrund zahlreicher empirischer Untersuchungen haben sich dabei folgende Faustregeln ergeben:

Regel (7): Warmfronten bewegen sich mit 60 bis 80% der normal zur Front gerichteten Komponente des geostrophischen Windes.

Regel (8): Kaltfronten verlagern sich mit 70 bis 90% der normal zur Front gerichteten Komponente des geostrophischen Windes. Auf dem Ozean wurde auch schon eine Verlagerungsgeschwindigkeit bis zu 100% dieses Wertes beobachtet.

Die bisherigen Anwendungen kinematischer Extrapolationen gehen von der Annahme aus, daß keine Änderungen der betrachteten Feldverteilung auftreten. Es handelt sich dabei um eine starre Verlagerung bestimmter Druckgebilde. Der vermutliche Betrag der Geschwindigkeit wird aus den Drucktendenzen ermittelt. Es gibt auch eine Möglichkeit, mit Hilfe kinematischer Überlegungen individuelle Änderungen, etwa Vertiefungen oder Auffüllungen von Druckzentren, zu erkennen. Wir greifen auf Formel (B.1b) zurück und schreiben sie hier mit s als Verlagerungsrichtung. Unter F sei jetzt der Druck p verstanden.

$$\frac{\delta p}{\delta t} = \frac{\partial p}{\partial t} + c\frac{\partial p}{\partial s}.$$

Bei unseren bisherigen Überlegungen wurde das bewegte Koordinatensystem jeweils so gewählt, daß $\delta F/\delta t = 0$ war. Im Falle $F = p$ besagt dies, daß ein Barograph in dem mitbewegten Koordinatensystem keine Änderungen aufzeigen darf. Läßt man jedoch Änderungen zu, so bedeutet dies, daß die beiden Terme auf der rechten Seite der obigen Formel sich gegenseitig nicht kompensieren, sondern verschiedene Größenordnungen haben. Gelingt es aufgrund gewisser (z. B. dynamischer) Überlegungen, Anhaltspunkte für die tatsächliche Verlagerungsrichtung eines Tiefdruckgebietes zu erhalten, so kann der Bereich des Tiefs ausfindig gemacht werden, indem $c(\partial p/\partial s)$ klein wird. Dann müßte dort die lokale Drucktendenz $\partial p/\partial t$ gleich jener im bewegten System $\delta p/\delta t$ sein. Nun gilt nach der Polarfronttheorie (wir kommen im übernächsten Kapitel darauf zurück) die sogenannte Warmsektorregel. Sie besagt, daß die Bahn einer Zyklone im allgemeinen durch die Isobarenrichtung im Warmsektor gegeben ist. Daher muß gelten:

Regel (9): Ein Tiefdruckgebiet vertieft sich oder füllt sich in einem Ausmaß auf, das durch die barometrische Tendenz in seinem Warmsektor zum Ausdruck kommt.

3. Dynamische Methoden zur Vorhersage des Höhendruckfeldes

Da der kinematischen Methode bei der Voraussage von Feldverteilungen oft recht enge Grenzen gesetzt sind, wurde in der synoptischen Praxis schon lange versucht, Beziehungen und Regeln zu finden, die auf dynamischen Überlegungen beruhen. Die vollständige Lösung der thermo-hydrodynamischen Gleichungen der atmosphärischen Dynamik ist so schwierig, daß sie nur im Rahmen der numerischen Wettervorhersage durchgeführt werden kann. Trotzdem können Besonderheiten der Stromfeldkonfiguration und verschiedene Entwicklungen im Höhendruckfeld aufgrund semiempirischer Regeln beschrieben und auch vorhergesagt werden, ohne daß die vollständig prognostizierte Feldverteilung zur Verfügung stehen muß. In diesem Kapitel sollen Methoden beschrieben werden, die als eine Ergänzung und Hilfe bei der Interpretation der numerischen Vorhersagekarten aufgefaßt werden können. Es ist nämlich nicht ratsam, die numerischen Karten kritiklos zu verwenden, da (zumindest derzeit) noch viele Vereinfachungen im Rechenvorgang impliziert sind, die unter Umständen zu verfälschten Ergebnissen führen können.

Die synoptischen Untersuchungen des Höhendruckfeldes ergaben, daß im allgemeinen die Stromfeldkonfiguration hier eine wesentlich einfachere Form hat als in den bodennahen Luftschichten. Das Feld ist in der Höhe viel ausgeglichener. Viele in den unteren Luftschichten auftretende Wellen und Wirbel finden sich in der Höhe nicht mehr. Die weitere Tatsache, daß das Höhendruckfeld im allgemeinen wesentlich geringere zeitliche Änderungen aufweist wie das Bodendruckfeld, kann zu der Auffassung führen, daß dort vor allem die quasistationären Druckgebilde verankert sind. Dies ist aber nur teilweise richtig. Die mächtigen stationären Antizyklonen, vor allem im Bereich des subtropischen Hochdruckgürtels, sind tatsächlich im Höhenfeld stark ausgeprägt. Das besondere Charakteristikum der Stromfeldverteilung in den gemäßigten Breiten sind aber lange, *planetarische Wellen*, die praktisch die ganze Hemisphäre umfassen und keineswegs stationär sein müssen. Sie stehen nicht in direkter Beziehung zum Bodenfeld, und ihre Entstehung und Entwicklung verläuft anders als bei den Bodendruckwellen. Das Studium dieser Wellen brachte neue Erkenntnisse für die Synoptik des Höhendruckfeldes. Praktisch können fast alle markanten Erscheinungsformen des Stromfeldes in der freien Atmosphäre in den gemäßigten Breiten unter diesem Gesichtspunkt betrachtet werden. Es ist dabei besonders wichtig, daß es möglich ist, Änderungen im Verhalten dieser Wellen mit Hilfe dynamischer Überlegungen zu erfassen, wie erstmalig C. G. Rossby (1939) zeigen konnte. Er hat mit Hilfe der einfachen barotropen Wirbelgleichung (s. Teil C, S. 148) seine berühmt gewordene Wellenformel abgeleitet[1]. Sie beschreibt den Zusammenhang

[1] Barotropie bedeutet einen (thermodynamischen) Zustand der Atmosphäre, bei dem der Dichte- bzw. Temperaturgradient auf den isobaren Flächen verschwindet. Dies hat nach der thermischen Windgleichung (A.18b) zur Folge, daß der geostrophische Wind unabhängig von der Höhe wird, sodaß ein barotropes Modell der Atmosphäre auch als Einschichtenmodell bezeichnet wird. Nähere Einzelheiten werden wir im Teil C besprechen.

zwischen Grundstrom U, Phasengeschwindigkeit c und Wellenlänge λ bei solchen planetarischen Wellen und lautet

$$c = U - \beta \frac{\lambda^2}{4\pi^2}, \tag{B.6}$$

wenn unter

$$\beta = \partial f/\partial y = \partial(2\Omega \sin \varphi)/E\ \partial\varphi = 2\Omega \cos \varphi/E$$

verstanden wird. Ω ist hier die Winkelgeschwindigkeit der Erdrotation, E der Erdradius. Für die Ableitung der Formel (B.6) muß β = constant vorausgesetzt werden. Für den stationären Fall solcher planetarischer Wellen ($c = 0$) folgt

$$\lambda_s = 2\pi \sqrt{\frac{U}{\beta}}. \tag{B.7}$$

Da magn $\beta = 10^{-11}\,\mathrm{m}^{-1}\,\mathrm{s}^{-1}$ ist, ergibt sich für die durch (B.7) beschriebene Wellenlänge eine Größenordnung von 10^6 m. Es handelt sich also um sehr lange Wellen. Für verschiedene Werte des zonalen Grundstromes und für drei verschiedene geographische Breiten können die (stationären) Wellenlängen λ_s der Tab. B.1 entnommen werden.

Tabelle B.1. *Stationäre Wellenlänge λ_s in Abhängigkeit von geographischer Breite φ und zonaler Windgeschwindigkeit U aufgrund der Gl. (B.7)*

$\varphi \backslash U$	5	10	15	20	25 ms^{-1}
30°	3150	4460	5460	6310	7050 km
45°	3490	4940	6050	6980	7790 km
60°	4140	5850	7180	8300	9260 km

Die Abb. B.2 zeigt eine Topographie der 500 mb-Fläche mit vier ausgeprägten Haupttrögen auf der nördlichen Hemisphäre, die mit den langen planetarischen Wellen identifiziert werden können. Um die Formel (B.6) oder (B.7) anwenden zu können, muß ein repräsentativer Wert für die Geschwindigkeit des zonalen Grundstromes U gefunden werden. Dies stößt auf Schwierigkeiten. Auch die Wellenlänge λ ist nicht eindeutig zu bestimmen, da sie eine relativ große Abhängigkeit von der geographischen Breite aufweist. Man kann sich so behelfen, daß für den zonalen Grundstrom ein aus zonal gemittelten Windprofilen berechneter Wert eingesetzt (s. Teil A, Kapitel 7) und für λ ein mittlerer Wert gewählt wird. Ein solches Verfahren ist natürlich anfechtbar. Es wird nur bei verhältnismäßig kleinen Amplituden (Anfangsstadium der Wellenbildung) vertretbar sein. Wegen der Vereinfachungen, die bei der Ableitung der Formel (B.6) vorgenommen wurden, kann jedoch ihre Anwendung ohnehin nur in beschränktem Maß erfolgreich sein. Die Erfahrung hat gelehrt, daß sie für eine erste Prognose der zu erwartenden Änderungen des Höhendruckfeldes sehr gute Dienste leistet.

Die planetarischen Wellen, die offenbar ein wesentliches Charakteristikum der hemisphärischen Zirkulation der mittleren und oberen Troposphäre darstellen, sollten genau von kürzeren Wellen, die ihre Entstehung anderen Prozessen ver-

Abb. B.2. Absolute Topographie der 500 mb-Fläche vom 25. Januar 1950, 03 GMT, mit vier Haupttrögen auf der nördlichen Hemisphäre danken, unterschieden werden. Dies ist nicht immer leicht möglich. Als Unterscheidungsmerkmale können folgende Hinweise dienen. Die kurzen Wellen sind zahlreicher, verlagern sich rasch und haben eine relativ kleine Amplitude, die mit der Höhe abnimmt. Im Gegensatz dazu bewegen sich die langen Wellen langsam und haben eine große Amplitude, die mit der Höhe eher zunimmt. Die Tatsache, daß ihr Verhalten durch ein barotropes Modell der Atmosphäre beschrieben werden kann, zeigt, daß (horizontale) Temperaturgradienten für die Entstehung keine bedeutende Rolle spielen. Sie formieren sich aufgrund allgemeiner Wirbelerhaltungsprinzipien. Bei den kürzeren Wellen, insbesondere denen, die mit der Bildung niedriger zyklonaler Wirbel in Verbindung stehen, ist dies anders. Hier hängt die Entwicklung sehr wesentlich vom Temperaturgefälle ab. Man bezeichnet sie auch als *barokline Wellen.*

Eine sehr wesentliche Beeinflussung können die planetarischen Wellen durch orographische Effekte erfahren. Die mächtigen nord-südlich orientierten Gebirgszüge im Bereich des Westwindbandes der gemäßigten Breiten, insbesondere das amerikanische Felsengebirge, bewirken eine Ablenkung der Strömungsrichtung nach Überqueren des Gebirgskammes. So kann die Beobachtungstatsache, daß östlich dieser Gebirgszüge überdurchschnittlich oft in der mittleren Troposphäre eine Trogbildung auftritt, durch orographische Modifikation des Stromfeldes erklärt werden. Die solcherart induzierte Wellenbildung manifestiert sich aber noch in Entfernungen von mehreren tausend Kilometern. Man hat guten Grund, die Ausbildung des sogenannten Azorenhochs in Zusammenhang mit einem Keil einer planetarischen Welle zu bringen, die durch die Orographie des nordamerikanischen Felsengebirges verursacht wird.

Es lassen sich aber solche durch *Randeffekte* verursachte Wellen nicht immer leicht von jenen trennen, die thermohydrodynamische Ursachen haben. Immerhin kann eine erste Unterscheidung der Entstehungsmechanismen aufgrund der Wellenzahl auf der ganzen Hemisphäre getroffen werden, und zwar nach folgendem Schema:

Wellenzahl null	zonaler Grundstrom
Wellenzahl 1 bis 4	überwiegend orographisch verursachte Wellen
Wellenzahl 5 bis 8	barotrope Rossby-Wellen
Wellenzahl $\geqslant 8$	barokline Wellen.

Wegen der Schwierigkeit, in einem konkreten Fall die Ursachen für die Wellenbildung eindeutig zu erkennen, bzw. die Wirkungen der baroklinen Prozesse von jenen der barotropen zu trennen, da in der Natur nie reine Barotropie oder reine Baroklinie herrscht, ist es zu verstehen, daß gegen die Behauptung, die langen planetarischen Wellen seien rein barotroper Natur, Einwände erhoben wurden. So konnten Bradbury und Palmen (1953) zeigen, daß sich der Verlauf der Polarfront als barokline Zone ersten Ranges oft über die ganze Hemisphäre verfolgen läßt, und zwar als Band größter horizontaler Temperaturgradienten in der unteren Troposphäre. Dieses Isothermenband zeigt dann im wesentlichen dieselben Mäanderungen wie die langen planetarischen Wellen in der oberen Troposphäre. Dies muß allerdings nicht gegen die Ansicht sprechen, daß die primäre Entstehung der Wellen barotrop erfolgt. Die beobachtete Temperaturverteilung wäre dann eine Folge der wellenförmigen Stromfeldstruktur und nicht die Ursache zu ihrer

Ausbildung. Ein weiteres Argument gegen eine rein barotrope Theorie der langen Wellen im Sinne des einfachen Rossby-Modells resultiert aus dem engen Zusammenhang zwischen dem Jet-stream und der Grundströmung des Anfangsfeldes. Der polare Jet-stream verdankt nämlich seine Entstehung stark baroklinen Prozessen in der unteren Troposphäre. Das würde dann bedeuten, daß die Grundströmung als Anfangszustand für die Wellenbildung sehr wesentlich mit dem meridionalen Temperaturgefälle gekoppelt ist, daß aber die Wellenbildung selbst damit nichts mehr zu tun hat. Dies dürfte auch der ursprünglichen Ansicht von Rossby nahe kommen. Jedenfalls steht der Jet-stream in enger Beziehung zu den planetarischen Wellen. Er läßt sich auch bei relativ großen Amplituden über weite Strecken im Stromfeld verfolgen.

Neben dem *polaren Strahlstrom* gibt es noch den *Subtropenjet*, der aber als Charakteristikum der Allgemeinzirkulation angesehen wird. Er findet sich besonders deutlich in zeitlich gemittelten Stromfeldern. Dieser über dem subtropischen Hochdruckgürtel liegende Strahlstrom verdankt seine Entstehung einem großräumigen horizontalen Durchmischungsprozeß, der sogenannten *Großraumturbulenz*. Träger dieses Durchmischungsvorganges sind sowohl die baroklinen als auch die barotropen Wellen. Da diese mitunter sehr große Amplituden aufweisen, wird die Luft über weite Strecken meridional verfrachtet und vermischt. Während also der Polarjet unmittelbar über der am stärksten baroklinen Zone (Polarfront) der untersten Luftschichten auftritt und daher die Manifestierung der Umwandlung von potentieller in kinetische Energie in situ deutlich macht, entsteht der Subtropenjet durch horizontale Zufuhr von Impulsmoment sowohl von Norden als auch von Süden.

Für Zwecke der Wettervorhersage ist vor allem die Frage wichtig, ob die langen Wellen quasistationär sind und dann als steuernde Strömung in die unteren Druckfelder eingreifen oder ob sie selbst Änderungen unterliegen, die zu sehr wetterwirksamen Stromfeldkonfigurationen führen können. Man kann die Lebensgeschichte der langen Wellen in Zusammenhang mit den schon in Teil A, Kapitel 7, diskutierten Schwankungen zwischen meridionaler und zonaler Zirkulation (zonaler Index) bringen. Bei ausgeprägten, den Großteil der meridionalen Erstreckung der Hemisphäre umfassenden Amplituden liegt offenbar ein typischer Fall von Low-Index vor. Dieser Zustand kann längere Zeit erhalten bleiben — die Wellen sind dann stationär. In einem solchen Fall herrscht im Bereich eines Höhentroges zyklonales Wetter mit starker Bewölkung und Niederschlägen, während der Höhenkeil ausgesprochen antizyklonale Verhältnisse bedingt. Falls jedoch die Wellen instationär werden, kann es zu einer Amplitudenvergrößerung und schließlich zu einer Instabilität kommen, bei welcher Wirbel abgespaltet werden, die dann als „Höhenzyklonen" in ihrem Bereich fast ausnahmslos Schlechtwetterlagen bedingen (Cut-off-Prozeß).

Wir wollen ein Beispiel einer solchen Wirbelabspaltung betrachten. Es handelt sich im übrigen bei dieser Wetterlage um eine in ihrer Auswirkung katastrophale Hochwasserlage im südlichen Österreich. Die Abb. B.3 zeigt die Topographie der 300 mb-Fläche vom 16. August 1966. Ein markanter Trog befindet sich über Westeuropa mit einer Achse von Dänemark bis Südfrankreich. Die Wellenlänge der planetarischen Welle beträgt in 50° Breite rund 3500 km. Eine Entscheidung darüber zu treffen, ob diese Welle stationär ist oder nicht, ist schwierig, da bei der ausgeprägten meridionalen Strömung kaum ein realistischer Wert für einen zonalen Grundstrom angegeben werden kann. Die tatsächlichen Strömungsgeschwindigkeiten sind beträchtlich und erreichen Beträge von 150 bis 200 kmh^{-1}. Der Jet-stream liegt im Zentralbereich der Welle. Die Welle zeigt nur eine geringe

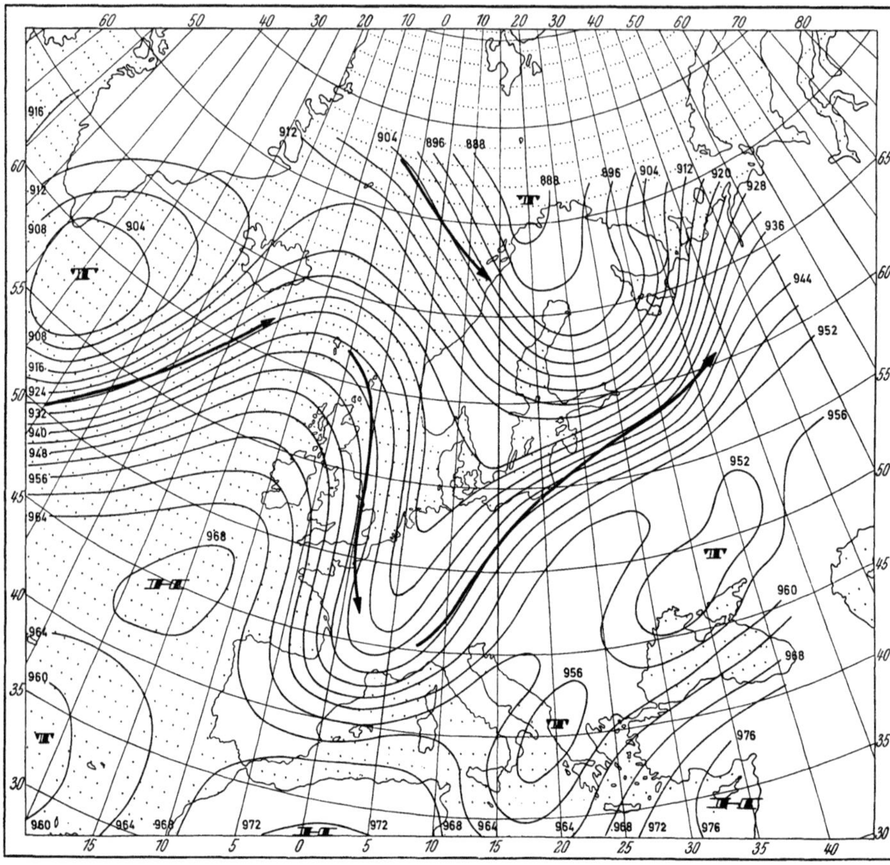

Abb. B.3. Topographie der 300 mb-Fläche vom 16. August 1966, 00 GMT

Verlagerungstendenz, sodaß angenommen werden darf, daß die Krümmung der Stromlinien und diejenige der Trajektorie sehr ähnlich ist. Wir haben im Teil A gezeigt, daß die antizyklonale Krümmung einen bestimmten Grenzwert, der von der geographischen Breite und der Windgeschwindigkeit abhängt, nicht überschreiten kann. Wir wollen diesen für den Hochkeil nordwestlich von England berechnen. Mit Hilfe der Gl. (A.9a) ergibt sich dafür, wenn der Ausdruck unter der Wurzel für diesen Grenzfall gleich null gesetzt wird,

$$(R_t)_{\max} = (1/k_t)_{\max} = -2V/f. \tag{B.8}$$

Da die Windgeschwindigkeit im Krümmungsbereich des Hochkeiles bei 150 kmh^{-1} liegt, ergibt dies einen Grenzwert für den Krümmungsradius der Trajektorie von 650 bis 700 km. Dieser Betrag wird nun tatsächlich erreicht. Das bedeutet, daß die Krümmung nicht aufrechterhalten werden kann. Es muß eine Wirbelabspaltung eintreten, wobei sich der südliche Teil des Troges abschnürt. Wie uns die Abb. B.4 erkennen läßt, kommt es am Folgetag dazu. Nach Abspaltung des zyklonalen Wirbels am Südrand des Troges stellt sich in den nördlichen Breiten im Zuge einer Neuorientierung des Stromfeldes eine west-östlich gerichtete Grundströmung ein, die wieder Ansätze zur Wellenbildung aufweist. Noch sind die

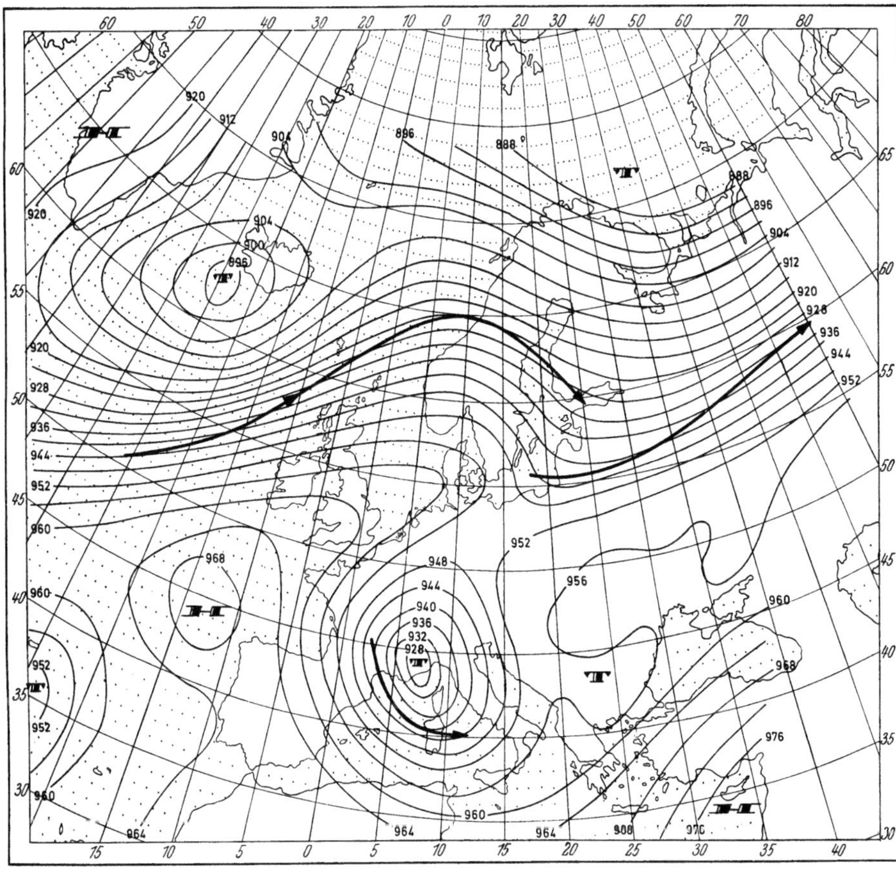

Abb. B.4. Topographie der 300 mb-Fläche vom 17. August 1966, 00 GMT

Amplituden dieser sich neu formierenden Wellen gering. Der Grundstrom hat im Vergleich zum Vortag einen wesentlich höheren Wert. Die Wellen verlagern sich rasch nach Osten. Dagegen bleibt der abgespaltene Wirbel quasistationär. In seinem Bereich kommt es in Österreich zu Rekordniederschlägen.

Auch die Entstehung solcher Höhenzyklonen wurde von einigen Autoren auf barokline Effekte zurückgeführt. Gestützt wird eine solche Anschauung durch die Tatsache, daß die Wirbel im Endzustand eine ausgeprägte thermische Struktur aufweisen. Sie stellen ein Gebiet mit maximaler Ansammlung von Kaltluft dar, weshalb sie auch *Kaltlufttropfen* genannt werden. Weiters konnte gezeigt werden, daß diese von ihrer Umgebung nicht isoliert sind, sondern ständig neue Luftmassen in sie einfließen oder von ihnen ausgestoßen werden. Trotzdem scheint die Theorie der Abspaltung aufgrund einer hydrodynamischen Instabilität sehr plausibel. In diesem Fall sind dann die thermischen Verhältnisse die Folge der dynamischen Stromfeldumorientierung und nicht deren Ursache. Daß andererseits die rein barotrope Theorie auch nicht allen Beobachtungstatsachen gerecht wird, folgt schon aus der Tatsache, daß sie nur auf horizontalen Energietransporten beruht, während der ausgebildete Kaltlufttropfen sehr wesentlich mit Vertikalbewegungen gekoppelt ist, wie die starke Wolken- und Niederschlagsbildung in seinem Bereich erkennen läßt. Daher dürfte die weitere Lebensgeschichte eines einmal entstandenen Höhenwirbels stark baroklin beeinflußt sein.

Für die Wetterprognose ist das Verhalten der Höhenzyklonen sehr wichtig. Empirisch konnte SCHERHAG (1948) die Regel aufstellen, daß Kaltlufttropfen sich mit Vorliebe in Richtung der darunter befindlichen Bodenströmung verlagern. Aufgrund theoretischer Untersuchungen von ROSSBY (1948) und anderen Autoren sollen die Höhenzyklonen nach Süden bzw. Südwesten wandern und in einer bestimmten geographischen Breite einen Gleichgewichtszustand erreichen, also stationär werden. Auf alle Fälle ist die Verlagerungsgeschwindigkeit gering.

Außer dem stationären Zustand, der bei einer bestimmten Wellenzahl der planetarischen Wellen eintritt, gibt es noch andere typische stationäre Stromfeldkonfigurationen. Eine solche ist die sogenannte *Blocking-Lage* (blocking-action). Darunter versteht man eine hemisphärische Zirkulation, die dadurch gekennzeichnet ist, daß über einem Teil der Hemisphäre überwiegend zonale, über dem anderen dagegen überwiegend meridionale Strömungen vorherrschen. Der Übergang von der zonalen zu der meridionalen Strömungsrichtung ist durch ein blockierendes Hochdruckgebiet verursacht, wobei die zonale Strömung bei Annäherung an das Hoch in zwei Äste gespalten wird, die beide mit beachtlichem Massentransport verbunden sein können. Die Abb. B.5 zeigt eine solche Isohypsenverteilung der 500 mb-Fläche nach REX (1950). Östlich von dem blockierenden Hoch, das am Nordatlantik mit einer von Grönland über Island und Irland bis zu den Azoren reichenden Achse zu erkennen ist, herrscht eine ausgeprägte meridionale Strömung in Form langer Wellen. Dagegen ist die Strömung westlich vom blockierenden Hoch (vor allem im Bereich zwischen 30 und 50 Grad Nord) deutlich zonal orientiert. Mitunter treten auch zwei blockierende Hochs im Stromfeld der ganzen Hemisphäre auf. Dabei zeigen sich diese Hochs an den Westküsten Amerikas und Europas häufiger als an anderen Stellen. Dies hat zu dem Schluß verleitet, daß die Entstehung der blockierenden Hochs nicht allein auf dynamische Ursachen zurückzuführen ist, sondern zumindest zusätzlich durch unterschiedliche Erwärmung von Land und Meer bedingt sei. Dieser Auffassung steht jedoch die Erfahrungstatsache gegenüber, daß ihr Auftreten nicht einen ausgesprochenen Jahresgang aufweist, was bei einer thermischen Erklärung erforderlich wäre, und daß auch über dem Festland blockierende Hochs auftreten. Eine rein dynamische Theorie wurde u. a. von ROSSBY (1950) aufgestellt. Sie kann nicht ganz befriedigen. Mehr noch als bei den langen planetarischen Wellen selbst dürften hier sowohl barotrope als auch barokline Effekte eine Rolle spielen.

Ein weiterer Zirkulationstyp, der längere Zeit stationär bleiben kann, ist die sogenannte *Omega-Situation*. Diese tritt auf, wenn der früher erwähnte Abspaltungsprozeß nicht ganz vollzogen wird, sodaß es trotz der Abschnürung eines Wirbels nördlich davon nicht zur Wiederherstellung der zonalen Strömung kommt. Es entsteht eine etwas modifizierte Blocking-Situation, wie sie in Abb. B.6 dargestellt ist. Das in diesem Fall über Europa befindliche stationäre Hoch ist im Süden von zwei zyklonalen Wirbeln flankiert. Auch hier herrscht über dem nord-

Abb. B.5. Blockierendes Hoch in der 500 mb-Topographie vor der Westküste Europas am 24. Juli 1949 nach Rex (1950)

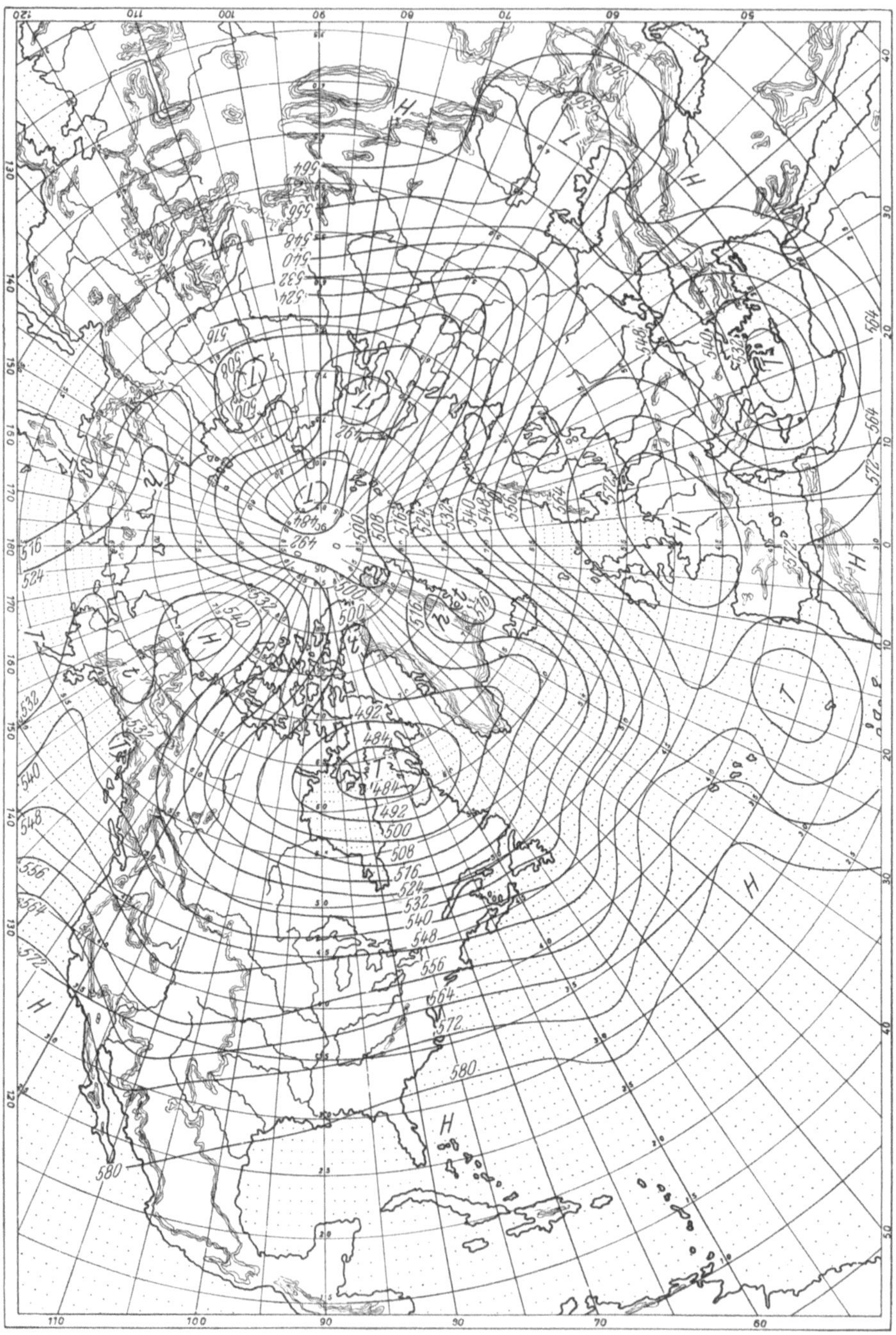

Abb. B.6. Isohypsen der 500 mb-Fläche am 29. Januar 1959, 00 GMT. Man sieht über Europa einen Zirkulationstyp, der die Form eines großen Omegas zeigt amerikanischen Kontinent und weiten Teilen des Atlantiks eine überwiegend zonale Strömung, während östlich vom Hoch meridionale Komponenten dominieren. Die Stromfeldkonfiguration ist jedoch vor allem durch die beiden das Hoch an dessen Südrand einengenden Wirbel charakterisiert. Der Name geht auf die Form der Stromlinien — die eines großen Omegas — zurück.

4. Kopplung des Boden- und Höhendruckfeldes (Steuerung der Bodendruckwellen durch die Höhenströmung)

Die systematische Untersuchung der Verhältnisse in der freien Atmosphäre im Vergleich zum Bodendruckfeld ergab, daß zwischen den Bahnen der Bodendruckwellen und der herrschenden Höhenströmung eine enge Beziehung besteht. In einer Untersuchung über den Sturm, der am 4. Juli 1928 über Mitteleuropa hinwegzog, konnte FICKER (1929) zeigen, daß es möglich gewesen wäre, die Bahn dieser Zyklone aufgrund der herrschenden Höhenströmung hinreichend genau vorauszusagen. Er bezeichnete den dabei wirksamen Mechanismus mit dem Wort *Steuerung*. Später beschäftigten sich vor allem die Meteorologen der *Frankfurter Schule* mit dem Steuerungsproblem und kamen zu wichtigen Resultaten. So gelangte MÜGGE (1931, 1938) zu der Überzeugung, daß die Höhenströmung weniger Einfluß auf die Bodendruckverteilung selbst ausübt, als vielmehr auf die Druckänderungen. Er drückte dies in Worten so aus: *Die obere Luftströmung steuert die Bodenisallobaren und nicht die Isobaren.* Es wurde auch erkannt, daß jeder individuelle Punkt einer Druckwelle gesteuert wird. Dieses Ergebnis ermöglichte die Konstruktion einer Vorhersagekarte, in welcher die Feldverteilung durch Steuerung der Drucktendenzen ermittelt wurde. Dabei wurden sowohl die dreistündige als auch die 24stündigen Tendenzen herangezogen.

Offenbar kommen als Steuerungszentren die im vorangegangenen Kapitel besprochenen quasistationären Druckgebilde in Frage. Unterliegt die Höhenströmung selbst raschen Änderungen, kann sie nicht zur Steuerung herangezogen werden. Im einfachsten Fall wird die Steuerung dadurch erklärt, daß durch einen von oben aufgeprägten Druckgradienten Luftmassen verschiedener Dichte über die Station hinwegziehen, d. h. daß die beobachteten Drucktendenzen rein advektiver Natur sind. Individuelle Änderungen (im mitgeführten Koordinatensystem) würden in diesem Fall nicht beachtet werden. Ein von der vorherrschenden Höhenströmung mitgeführter Barograph dürfte keine Druckänderung anzeigen. Es besteht hier zu den im Kapitel 2 beschriebenen kinematischen Methoden der Unterschied, daß der die Verlagerungsgeschwindigkeit bestimmende Vektor nicht aus der zeitlichen Änderung der gesteuerten Größe (hier der Drucktendenz) im vorangegangenen Zeitabschnitt ermittelt und in die Zukunft extrapoliert wird, sondern sich aus der Höhenströmung ergibt. Die Praxis hat gelehrt, daß die Festlegung des steuernden Höhendruckgradienten in vielen Fällen schwierig ist. Zwar zeigt die allgemeine Strömungsrichtung in der oberen Troposphäre bei quasistationärer Verteilung keine zu große Variation mit der Höhe, doch der Gradient selbst und damit die Geschwindigkeit der Strömung nimmt mit der Höhe meist rasch zu. KÖPPEN (1882) hatte schon die Ansicht vertreten, daß sich die barometrischen Minima wahrscheinlich so verlagern, daß die Translationsgeschwindigkeit einem mittleren Energietransport der gesamten Atmosphäre entspricht. Da die 500 mb-Fläche die Atmosphäre in zwei Teile von nahezu gleichem Gewicht teilt, liegt es nahe, die Strömung in diesem Niveau für die Steuerung der Bodendruckwellen heranzuziehen. Theoretisch exakter wäre es, die jeweilige Schwerpunkthöhe der einzelnen Luftsäulen zu bestimmen und daraus die Verlagerungsgeschwindigkeit abzuleiten.

Es ist nicht möglich, eine einwandfreie theoretische Erklärung für den sehr komplexen Steuerungsmechanismus zu finden. Doch leistet seine Anwendung in der Praxis gute Dienste. Da derzeit die numerischen Vorhersagekarten des Höhendruckfeldes ungleich treffsicherer sind als diejenigen der Bodendruckverteilung, kann die Anwendung der Steuerung dem Meteorologen wertvolle Hinweise liefern, um die numerischen Prognosenmethoden zu ergänzen und zu vervollständigen. Natürlich muß bei Anwendung der Steuerung immer beachtet werden, daß nur der momentane Druckgradient wirksam sein kann. Unterliegt das Höhendruckfeld wesentlichen Änderungen, muß dies auch bei der Festlegung der steuernden Strömungsrichtung berücksichtigt werden. Im allgemeinen hat sich gezeigt, daß die Steuerung nur dann befriedigende Ergebnisse liefert, wenn die gesteuerte

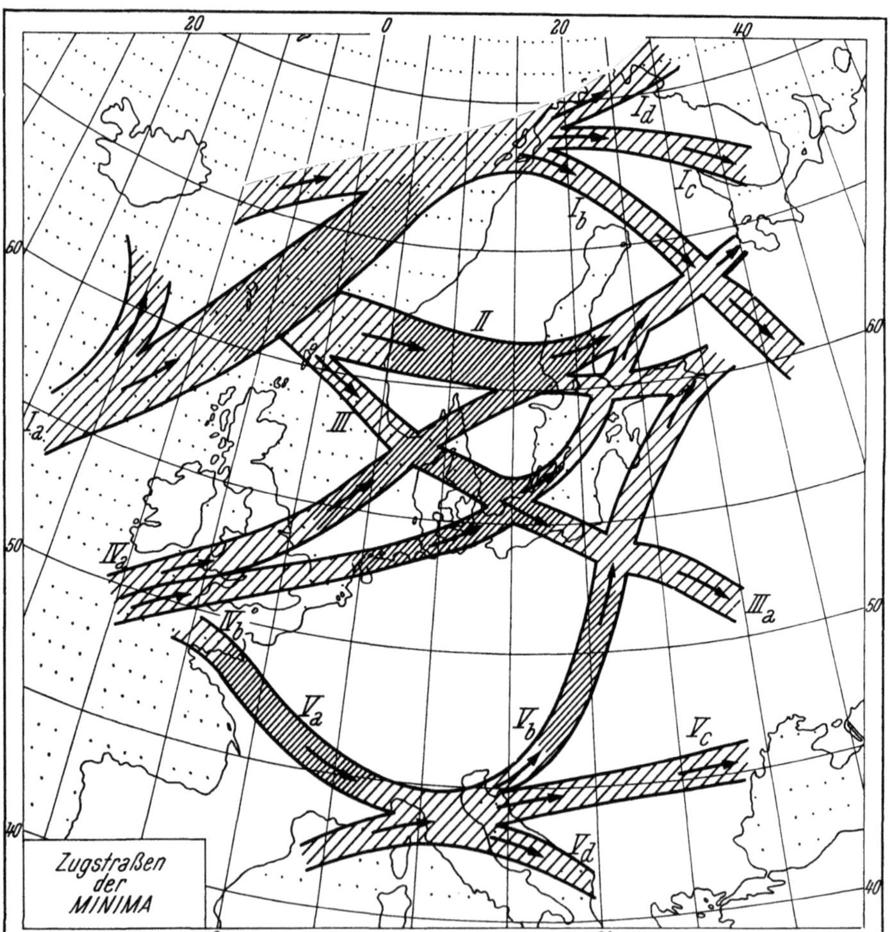

Abb. B.7. Zugstraßen der Tiefdruckgebiete über Europa nach einer Statistik von VAN BEBBER (1891)

Druckwelle klein ist im Vergleich zum Steuerungszentrum. Daher werden Druckwellen im Entwicklungsstadium einer Bodenzyklone ziemlich genau der Höhenströmung folgen, dagegen zu einem späteren Zeitpunkt stärker davon abweichen.

Wir wollen die wichtigsten Regeln, die bei Anwendung der Steuerung zu beachten sind, nachfolgend zusammenstellen.

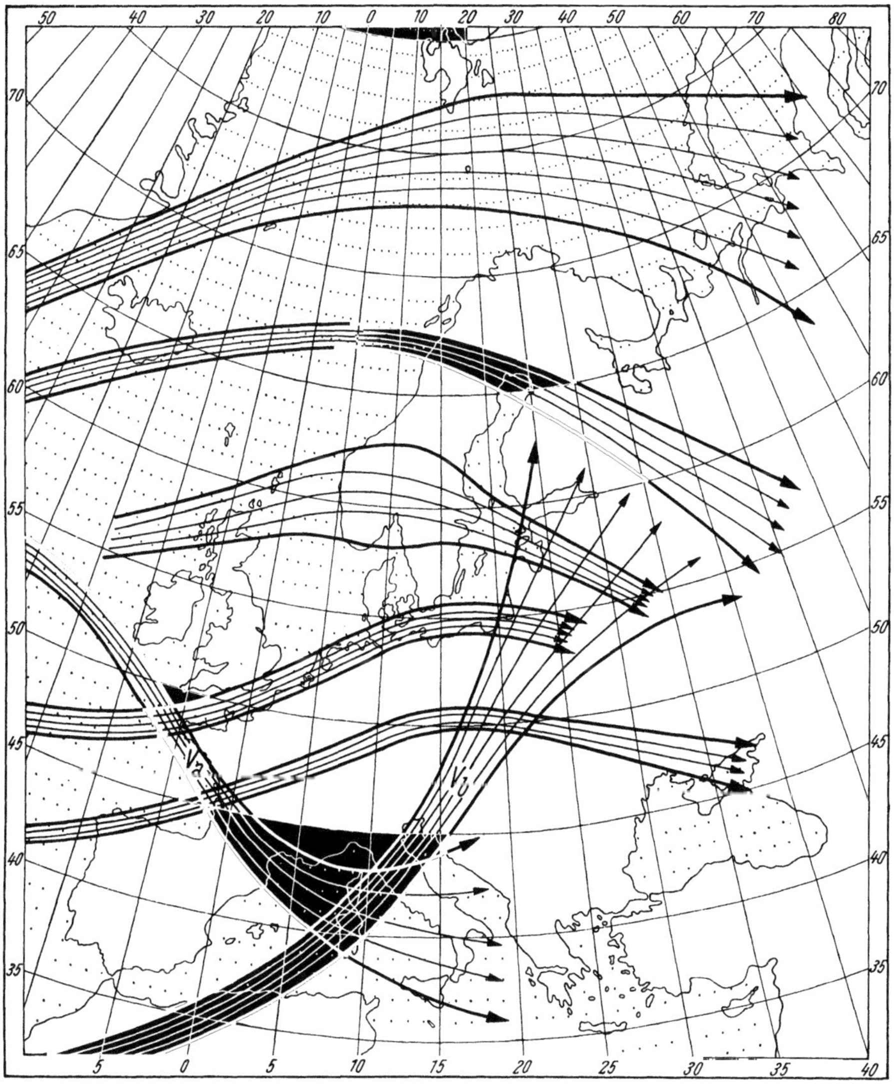

Abb. B.8. Die häufigsten über Europa auftretenden Höhenströmungen nach SCHINZE und SIEGEL (1943)

Regel (10): Die 24stündigen Isallobaren werden in erster Näherung von einer Höhenströmung gesteuert, die in den meisten Fällen durch die Isohypsen der 500 mb-Fläche gegeben ist. In besonderen Fällen kann auf höhere Niveaus übergegangen werden.

Regel (11): Jeder Punkt der Isallobarenverteilung der Bodenkarte — nicht nur die Zentren der isallobarischen Hochs und Tiefs — folgt dieser steuernden

Strömungsrichtung. Als besondere Steuerungszentren kommen die die ganze Troposphäre durchsetzenden stationären Druckgebilde in Frage. Die Verlagerung der Bodendruckwellen erfolgt dann (auf der nördlichen Halbkugel) um eine Antizyklone im und um eine Zyklone entgegen dem Uhrzeigersinn.

Regel (12): Im Durchschnitt beträgt die Verlagerungsgeschwindigkeit 50 bis 60% der Windgeschwindigkeit im 500 mb-Niveau, nur im Jugendstadium einer Bodendruckwelle kann sie bis zu 100% dieser Größe erreichen.

Regel (13): Druckänderungsfelder im ersten Entwicklungsstadium folgen der Höhenströmung am besten.

Regel (14): An ausgesprochen zyklonalen Krümmungen der Höhenströmung erleiden die gesteuerten Druckfallgebiete oft eine Abschwächung, die Steiggebiete eine Verstärkung.

Wie schon betont wurde, lassen sich die meisten Regeln für die dynamische Steuerung nicht streng theoretisch begründen. Mit Hilfe eines einfachen Zweischichtenmodells konnte SUTCLIFFE (1947) zeigen, daß eine *thermische Steuerung* theoretischen Vorstellungen eher entsprechen würde. Darunter wird eine Verlagerung der Bodendruckwellen in Richtung der relativen Isohypsen, also der mittleren Isothermen, einer ganzen Luftschicht (z. B. derjenigen zwischen 1000 und 500 mb) verstanden. Wir kommen auf diese Theorie im nächsten Kapitel zurück. Jedenfalls dürfte die enge Kopplung des Stromfeldes an das Temperaturfeld bei der Steuerung eine Rolle spielen. In diesem Sinn ist auch die schon zu Beginn synoptischer Forschung aufgestellte Behauptung zu verstehen, daß sich die Zyklonen normal zum jeweils herrschenden Temperaturgradienten verlagern, und zwar so, daß die tiefere Temperatur links liegt (Exner-Mohnsche Regel).

Daß ein enger Zusammenhang zwischen den Zyklonenbahnen einerseits und der vorherrschenden Höhenströmung andererseits besteht, wurde auch durch statistische Untersuchungen bewiesen. Die Abb. B.7 zeigt die von VAN BEBBER (1891) beobachteten häufigsten Zugbahnen der Druckminima über Europa, während die Abb. B.8 die Hauptströmungsrichtungen in der freien Atmosphäre nach SCHINZE und SIEGEL (1943) veranschaulichen soll. Die Ähnlichkeit der beiden Darstellungen ist augenscheinlich und kann daher auch als Bestätigung einer Steuerungstheorie angesehen werden. Die Entdeckung der Steuerung hat verschiedentlich zu der Auffassung geführt, daß den Vorgängen in der Höhe eine gewisse Priorität bei der Wetterentwicklung zuzuschreiben ist. Dies ist nicht der Fall. Lediglich die Tatsache, daß die Änderungen der Feldverteilung der meteorologischen Elemente in der Höhe im allgemeinen geringer sind als in den untersten Luftschichten, ermöglicht es, die Vorgänge in der Höhe bevorzugt für Prognosenzwecke heranzuziehen.

5. Entstehung und Entwicklung von Tiefdruckgebieten

In den vorangegangenen Kapiteln haben wir Verfahren kennengelernt, die es ermöglichen, Änderungen der Druckfeldverteilung durch kinematische Extrapolationen oder durch Anwendung der Steuerung vorauszusagen. Sie bilden einen wesentlichen Bestandteil der synoptischen Wettervorhersage. Die Grenzen dieser Methoden liegen dort, wo individuelle Druckänderungen erfaßt werden sollen. Zwar liefert die Drucktendenz mitunter auch Hinweise auf Entwicklungen, wie etwa die Regel, daß die lokale Drucktendenz im Zentrum einer Zyklone ein Maß für die Vertiefung oder Auffüllung derselben ist, aber es darf nicht übersehen werden, daß hierbei ein bereits abgelaufener Prozeß betrachtet wird, der im allgemeinen nur wenig über die zukünftige Entwicklung aussagen kann. Eine bloße Extrapolation von der Vergangenheit in die Zukunft kann nicht als Lösung des Vorhersageproblems angesehen werden. Es wird daher erforderlich sein, dynamische Theorien über Zyklo- und Antizyklogenese aufzustellen, um auch Entwicklungen vorhersagen zu können.

Die klassische Theorie der Zyklogenese ist die sogenannte *Polarfront-Theorie* [s. V. Bjerknes (1933)]. Sie beschreibt im wesentlichen Prozesse, die sich in den unteren Luftschichten abspielen, und erklärt die Entstehung der Tiefdruckgebiete der gemäßigten Breiten als Wellen an der *Polarfront,* d. h. der Grenzzone zwischen polaren (kalten) und gemäßigten (warmen) Luftmassen. Die mathematische Formulierung dieses Vorganges geht von linearisierten Gleichungen der Thermohydrodynamik aus. Kleine *Störungen* eines vorgegebenen Grundzustandes werden als Anfänge der Wellenbildung angenommen. Der *Grundzustand* ist im einfachsten Fall ein quasizonaler, jedoch in der Nord-Südrichtung scherender Grundstrom. Die Grenzflächenbedingung wäre im stationären Fall durch die Margules-Formel (A.33) gegeben. Da es sich jedoch hier um einen instationären Prozeß handelt, liegen wesentlich kompliziertere Verhältnisse vor.

Wir wollen zunächst den Lebenslauf einer Zyklone im Sinne der Polarfronttheorie beschreiben. An der ursprünglich glatt verlaufenden polaren Grenzfläche zeigt sich als erstes Anzeichen für die Bildung einer Depression eine kleine Deformation (Abb. B.9). Auf der Südseite herrscht eine Weströmung, auf der nördlichen

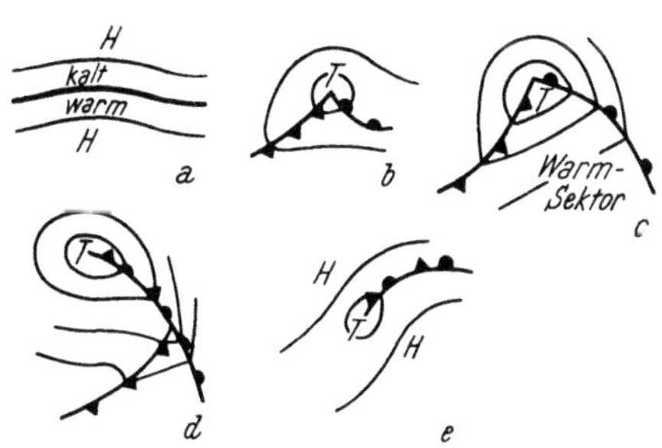

Abb. B.9. Entstehung und Lebenslauf einer Zyklone nach der Polarfronttheorie

eine Ostströmung, somit die von Margules geforderte zyklonale Scherung. Nun breitet sich eine Zunge von Kaltluft nach Süden, eine von Warmluft nach Norden aus. Damit beginnt die Wellenbildung und gleichzeitig die Durchmischung der verschieden temperierten Luftmassen. Die Wellen vergrößern ihre Amplitude und erreichen bei einer bestimmten Wellenlänge eine Instabilitätsgrenze, sodaß es zu einer Wirbelabspaltung kommt. Jetzt ist auch der Transport der Luftmassen in meridionaler Richtung bedeutend. Die ursprüngliche Diskontinuität wird durch Vermischung weitgehend verwischt, was durch den allmählich einsetzenden Okklusionsprozeß erkennbar wird (die Kaltfront bewegt sich rascher als die Warmfront und vereinigt sich mit dieser zur Okklusionsfront). Die Zyklone hat ihren Höhepunkt erreicht bzw. überschritten und verliert an Intensität.

So wie die Entstehung der Zyklonen soll auch das weitere Schicksal derselben an die Polarfront gebunden sein. Das bedeutet, daß die Verlagerung der ausgebildeten Tiefdruckgebiete durch den Verlauf der *ungestörten* Frontalzone bestimmt werden soll. In diesem Sinne wurde auch die sogenannte *Warmsektorregel* aufgestellt, die besagt, daß die Zyklonen in Richtung der Luftströmung im Warmsektor, also angenähert parallel zum Verlauf der Isobaren in diesem Teil des Tiefdruckgebietes, wandern. Wir haben diese Behauptung bereits in der kinematischen Regel (9) vorweggenommen.

Die meisten Beobachtungen passen sehr gut in das Schema der Polarfronttheorie, sodaß ihr großer Erfolg leicht zu verstehen ist. Zur theoretischen Fundierung ist es jedoch notwendig, die Natur der an der Frontalzone entstehenden Wellen näher zu definieren und ein Kriterium aufzustellen, das den Instabilitätsprozeß, also die Amplitudenvergrößerung in Beziehung zu meteorologischen Parametern, so beschreibt, daß die durch die Beobachtungen gegebenen Strukturen der entstandenen Zyklonen zwanglos beschrieben werden können. Als Wellentypen kommen grundsätzlich *Schwere-* und *Trägheitswellen* in Frage. Im ersten Fall kontrolliert die Gravitationsanziehung, im zweiten Fall die Trägheitskraft der auf der rotierenden Erde stattfindenden Bewegungen den Gleichgewichtszustand, um den die Schwingung stattfindet. Die ersten Wellen sind vornehmlich in der Vertikalebene, die zweiten in der Horizontalebene orientiert. Nun kann man zeigen, daß Schwerewellen immer, Trägheitswellen (bei den normalerweise vorkommenden Windgeschwindigkeiten) überwiegend stabil sind, solange in ihrem Bereich nicht eine markante Windscherung auftritt. Daß diese Scherung, d. h. der unterschiedliche Bewegungszustand der beiden Luftmassen, das auslösende Moment für eine Instabilität sein kann, hat schon HELMHOLTZ (1868) an dem Beispiel interner Schwerewellen im inkompressiblen Medium bewiesen. Nun können die wesentlich komplizierteren Verhältnisse in der Atmosphäre zwar nicht durch eine einfache Übertragung oder Erweiterung der Untersuchung von HELMHOLTZ beschrieben werden, der Grundgedanke bleibt jedoch derselbe. Die Resultate der sehr schwierigen und mathematisch aufwendigen Untersuchungen, die neben V. BJERKNES vor allem von SOLBERG, GODSKE und HOLLAND durchgeführt wurden, lassen sich an Hand der Abb. B.10 [nach PETTERSSEN (1940)]

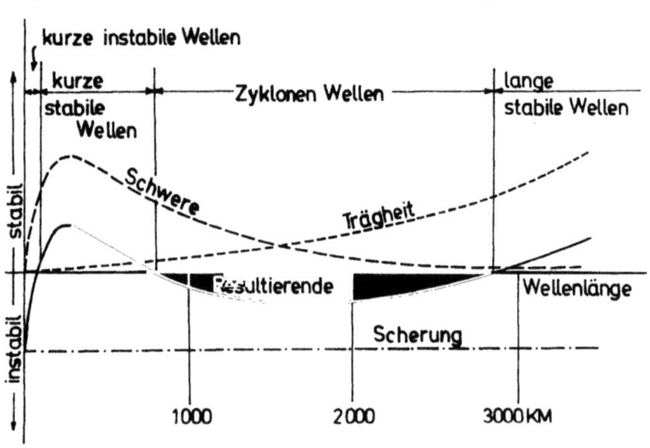

Abb. B.10. Qualitatives Diagramm zur Veranschaulichung der Stabilität und Instabilität verschiedener Wellentypen in Abhängigkeit von der Wellenlänge. (Nach PETTERSSEN 1940)

qualitativ diskutieren. Man erkennt zunächst einen Bereich kurzer instabiler Wellen bis zu einer Wellenlänge von wenigen Kilometern. Hierbei handelt es sich um die eigentlichen Helmholtz-Wellen. Sie kommen in der Atmosphäre an Schichten mit markanter Temperaturinversion vor und führen u. a. zur Ausbildung von *Wogenwolken*. Sie haben mit den Zyklonenwellen ebensowenig zu tun, wie die kurzen, stabilen, reinen Schwerewellen, die z. B. in der Atmosphäre als *Föhnwellen* auftreten. Die stabilisierende Wirkung der kombinierten Schwere- und Trägheitskräfte ist gegenüber der instabil wirkenden Scherung dann dominierend bis zu Wellenlängen von 500 bis 800 km. Nun schließt sich ein Bereich des Wellenspektrums an, bei dem Amplifizierung der Wellen auftritt, und zwar bei Wellenlängen zwischen 800 und 3000 km. Das sind nach der Polarfronttheorie die Zyklonenwellen. Dies entspricht weitgehend den Beobachtungsergebnissen. Jenseits von 3000 km überwiegen wieder die stabilisierenden Einflüsse, wir kommen hier in den Bereich der Rossby-Wellen. Natürlich hängen die Ergebnisse von den Annahmen über den Dichteunterschied der Luftmassen und vom Betrag der Windscherung ab. Um zu den Resultaten der Abb. B.10 zu gelangen, müssen plausible Werte dieser Größen verwendet werden.

Jedenfalls scheinen die theoretischen Arbeiten die Richtigkeit des Konzeptes der Polarfronttheorie zu beweisen. Allerdings haben sich bei der Frage nach der eigentlichen Ursache der Instabilität der Zyklonenwellen unterschiedliche Auffassungen ergeben. So hat Holland die Arbeiten von Solberg fortgeführt und erweitert. Er kam zu der Ansicht, daß nicht eine einfache Scherungsinstabilität das auslösende Moment bei der Amplifizierung der Wellen sei, sondern ein *Resonanzeffekt* zweier in den nebeneinanderliegenden Luftmassen bereits vorhandenen Wellen [s. Eliassen (1956)].

Gegen die Polarfronttheorie wurden folgende Einwände erhoben: Es gibt Zyklonenbildungen, wie z. B. bei den tropischen Wirbelstürmen, die nicht durch die Polarfronttheorie erklärt werden können. Auch die Entstehung der Höhenzyklonen, von denen im Teil B, Kapitel 3, die Rede war, beruht auf einer rein hydrodynamischen Instabilität in einer barotrop geschichteten Atmosphäre. Demgegenüber ist die Polarfronttheorie eine dynamische Theorie, die sehr wesentlich auf einem baroklinen Grundzustand fußt. Der meridionale Temperaturgradient als Kennzeichen des Luftmassenunterschiedes im Frontalbereich ist ebenso Voraussetzung wie die Windscherung an der Front selbst. Nach dem Bjerknesschen Zirkulationssatz kann im unmittelbaren Frontbereich eine Zirkulation nur als Folge der Temperaturgegensätze zustandekommen. Wie man jedoch zeigen kann, wird der größte Teil der für die Entwicklung der Wellen benötigten Energie aus der Grundströmung bezogen, deren Betrag allerdings wiederum vom horizontalen Temperaturgradienten abhängt. Da die höheren Luftschichten in die Theorie nicht einbezogen sind, spielen Umsätze von potentieller in kinetische Energie bei der Polarfronttheorie keine Rolle. Schon Margules (1905) hat aber in seiner berühmten Arbeit über die Energie der Stürme nachgewiesen, daß dies unbedingt erforderlich ist, um die bei starken Tiefdruckentwicklungen beobachteten Windgeschwindigkeiten erklären zu können. Nach dem Zweiten Weltkrieg wurden daher von mehreren Forschern Zyklonentheorien aufgestellt, die dieser Forderung gerecht werden. Wir werden im Teil C, Kapitel 10, bei Besprechung der sogenannten *baroklinen Instabilität* darauf zurückkommen.

Für den Synoptiker sind diese theoretischen Fragen jedoch nicht von ausschlaggebender Bedeutung, da die qualitativen Folgerungen aus der Polarfronttheorie bei der Beurteilung der Wetterentwicklung große Hilfe leisten können. Sie sollten daher im täglichen Prognosendienst zusätzlich zu den numerischen Vorausberechnungen verwendet werden, um zu einer möglichst korrekten Interpretation der Wetterlage zu gelangen.

Zunächst bleibt die Tatsache, daß Zyklonenwellen, wie immer auch der Mechanismus ihrer Entstehung und Entwicklung im einzelnen sein mag, sich vorzugsweise an der Polarfront bilden, für die Wetterprognose in den gemäßigten Breiten von ausschlaggebender Bedeutung. Es ist daher notwendig, die Bildung von Frontalzonen zu untersuchen, um die für die Zyklonenbildung bevorzugten Stellen aufgrund spezieller Konfigurationen des Druck-, Strom- und Temperaturfeldes auf der Wetterkarte erkennen zu können. Der Begriff Frontogenese für die Bildung und analog Frontolyse für die Auflösung von Frontalzonen wurde von Bergeron (1928) in die Meteorologie eingeführt. Er hat auch die notwendigen und hinreichenden Bedingungen für diese Prozesse hervorgehoben:

a) Für die Entstehung einer Front ist erforderlich, daß zwei Luftmassen verschiedener Dichte in nicht zu weiter Entfernung voneinander vorhanden sind und daß das herrschende Windsystem derart beschaffen ist, daß diese zwei Luftmassen einander weiter genähert werden.

b) Eine Auflösung von Fronten tritt dagegen dann ein, wenn entweder die Dichtedifferenz (Temperaturgegensatz) verschwindet oder die Windverteilung so gestaltet ist, daß die Luftmassen auseinandergeführt werden.

Für die *Frontogenese* sind somit zwei Bedingungen erforderlich, während für die *Frontolyse* schon eine genügt.

Entsprechend der eben formulierten Bedingungen muß eine geeignete Druck- bzw. Temperaturverteilung vorhanden sein, um Frontenentstehung oder Frontenauflösung zu verursachen. Neben den statistisch festgestellten, bevorzugten Gebieten für die mittlere Lage der Polarfront (polare Tiefdruckrinne der Allgemeinzirkulation der Atmosphäre) gibt es fast täglich auf der Wetterkarte Gebiete, die die Voraussetzungen für eine Frontalzonenbildung aufgrund der Druckverteilung erfüllen. Die rechtzeitige Erkennung solcher ausgezeichneter Druckfeldkonfigurationen ist für die Praxis der Früherfassung zyklogenetischer Prozesse von größter Wichtigkeit. Nach Bergeron (1928) handelt es sich bei dieser speziellen Situation um das in der Hydrodynamik als *Deformationsfeld* bezeichnete hyperbolische Stromlinienfeld, wie es die Abb. B.11 zeigt. Wir erkennen hier ein System hyper-

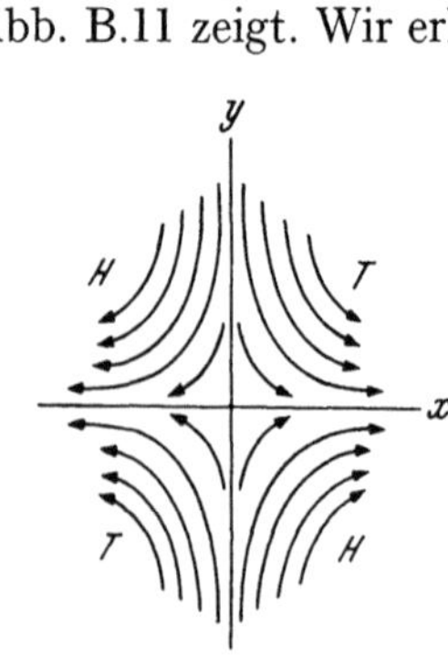

Abb. B.11. Hyperbolisches Stromlinienfeld (Deformationsfeld) als Frontalzone bolischer Stromlinien (Isobaren) um zwei Hochdruckgebiete und zwei Tiefdruckgebiete, während der Schnittpunkt der Asymptoten an die Hyperbeln, der hyperbolische oder neutrale Punkt, in der Abb. B.11 in den Koordinatenursprung verlegt wurde. Eine dieser schematischen Darstellung ähnliche Druckverteilung findet sich häufig auf den Wetterkarten. Beispielsweise erzeugen ein warmes Azorenhoch und ein kaltes Neufundlandhoch zusammen mit einem Tief nahe Island und einem anderen über den Bermudas ein hyperbolisches Stromfeld, das tatsächlich oft als Frontalzone agiert.

Der wesentliche Effekt des Deformationsfeldes besteht darin, daß es die Gegensätze der von Norden und Süden heranströmenden, verschieden temperierten Luftmassen auf engem Raum verschärft. Daß dies tatsächlich der Fall ist, erkennt man sofort, wenn man den Stromfeldvektor in seine Nord-Süd- und Ost-West-Komponente zerlegt, wie dies in Abb. B.12 geschehen ist. Es ist auch unmittelbar verständlich, daß die Ost-West-Achse hier als *Dehnungs-*, die Nord-Süd-Achse als *Schrumpfungsachse* bezeichnet wird.

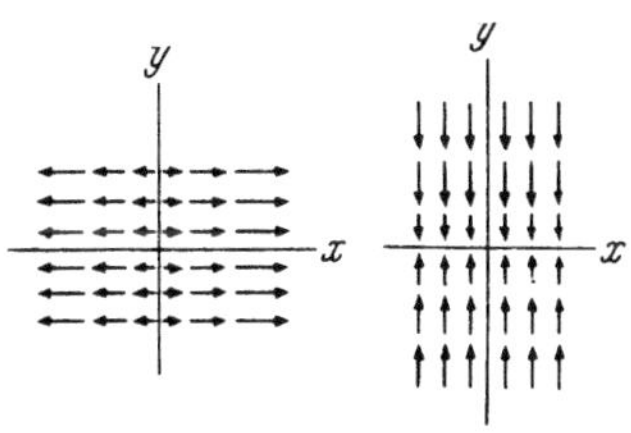

Abb. B.12. Komponenten der Windgeschwindigkeit in einem Deformationsfeld. Dehnungs- und Schrumpfungsachse

Ob nun bei einer dem Deformationsfeld entsprechenden Druckverteilung Frontogenese, d. h. Verschärfung der Temperaturgegensätze, oder Frontolyse, d. h. Verminderung der Temperaturgegensätze, eintritt, hängt von der Lage der Isothermen zu den Stromlinien ab. Ist der Verlauf der Isothermen derart, daß sie normal zur Dehnungsachse liegen, wird Frontenauflösung stattfinden, bilden sie dagegen einen großen Winkel zur Schrumpfungsachse oder stehen sie im Extremfall normal zu dieser, so wird es zur Frontenbildung kommen.

Es ist nicht erforderlich, daß für die Bildung einer Frontalzone ein derartig idealisiertes Deformationsfeld vorhanden ist. Grundsätzlich wird von der Windverteilung nur verlangt, daß sie so beschaffen ist, daß die Isothermen einander genähert werden, d. h., daß Windrichtung und Isothermen nicht zusammenfallen. Wesentlich ist überdies, daß die Temperatur der zusammengeführten Luftmassen eine konservative Eigenschaft derselben ist und der Temperaturgradient seine Richtung innerhalb der betrachteten Zone weitgehend beibehält. Im allgemeinen ist es nicht schwierig, auf einer synoptischen Wetterkarte diejenigen Stellen ausfindig zu machen, wo es nach dem eben Gesagten zur Ausbildung einer Frontalzone kommen kann.

Nach der Zyklonentheorie der norwegischen Schule müßten alle außertropischen Tiefdruckgebiete als Wellenstörungen an solchen Fronten ihren Anfang nehmen. Dies ist auch durch eine große Zahl von Beobachtungen bestätigt worden. Die Behauptung kann jedoch nicht umgekehrt werden, etwa derart, daß jedes

Deformationsfeld oder jede aus der Karte ersichtliche Frontalzone immer zu Zyklonenbildung führt. Ein solcher Zustand kann nämlich ohne wesentliche Wellen- und Wirbelbildung längere Zeit bestehen bleiben. Nach der Bjerknesschen Theorie bedarf es einer — wenn auch kleinen — Störung, um den Prozeß der Entwicklung instabiler Wellen entlang der Front einzuleiten. Dasselbe gilt übrigens für alle Zyklonentheorien, die mit Hilfe linearisierter Gleichungen Instabilitätskriterien ableiten, um dadurch Zyklogenese zu beschreiben. Über die Art dieser Anfangsstörung wird in der Polarfronttheorie keine Aussage gemacht.

Es ist aber andererseits für die praktische Wettervorhersage notwendig, nicht nur zu postulieren, daß Zyklonen als Wellen an Fronten entstehen, sondern auch zu erklären, warum sie zu einer bestimmten Zeit an einer bestimmten Stelle der Frontalzone auftreten und nicht an einer anderen und zu einer anderen Zeit, falls man nicht annehmen will, daß diese Primärströmungen entgegen der synoptischen Erfahrung zufallsmäßig verteilt sind. Für Störungen des Grundzustandes kommen verschiedene Ursachen in Frage, z. B. lokale Zirkulationen (Land- und Seewind) oder aber *Randstörungen* durch besondere orographische Verhältnisse. Auch die Änderung der Bodenreibung beim Übergang vom Meer zum Festland kann die erforderliche Wirkung hervorrufen. Solche Überlegungen erinnern an die ältere Zyklonentheorie von EXNER (1925). Seine sogenannte Riegeltheorie der Zyklogenese erklärt die Wellen- und Wirbelbildung an der Front durch einen Vorstoß von Kaltluft, der in erster Linie durch die geographisch gegebene Land-Meerverteilung in einem bestimmten Gebiet hervorgerufen wird. Die Kaltluft schiebt sich zungenförmig in das Gebiet der Warmluftmassen vor. Für diese wirkt der Kaltluftkörper wie ein Riegel, der quer zur Bewegungsrichtung orientiert ist. Hinter dem Riegel bilden sich Wirbel wie bei einem Hindernis in einem Fluß. Während die eigentliche Riegeltheorie heute kaum mehr Anhänger findet, spielt die Zyklogenese als Folge eines orographischen Hindernisses eine große Rolle.

Eine weitere Möglichkeit, primäre Störungen an der Front zu erklären, ergibt sich aus den bereits vorhandenen, mehr oder weniger großen Wellenbildungen benachbarter Zyklonen. Dieser Umstand dürfte bedeutungsvoll sein. In seinem Lehrbuch über allgemeine Meteorologie schreibt BYERS (1959), daß man bei der Analyse von synoptischen Wetterkarten immer wieder den Eindruck gewinnt, daß keine wirklich primäre Zyklogenese unabhängig von den in der Nachbarschaft vorhandenen Depressionen existiert. In diesem Sinn sind auch die bekannten Serienentwicklungen von Zyklonen zu verstehen, für die schon J. BJERKNES den Ausdruck *Zyklonenfamilie* prägte (s. Abb. B.13). J. BJERKNES und SOLBERG

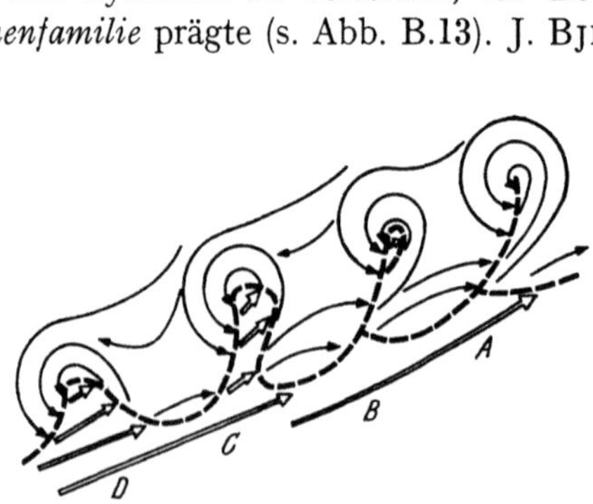

Abb. B.13. Serienbildung von Zyklonen an der Polarfront (Zyklonenfamilien)

(1922) haben die Bildung der sekundären Depressionen aus der *Mutterzyklone* dadurch erklärt, daß im ersten Stadium der Okklusion der Mutterzyklone, wenn sich die Fronten gerade geschlossen haben, an der Südseite eine Deformation der Polarfront übrig bleibt, die dann selbständig zur Entwicklung einer eigenen Zyklone führt (Abb. B.14). Für orographische Einflüsse auf die Zyklonenbildung

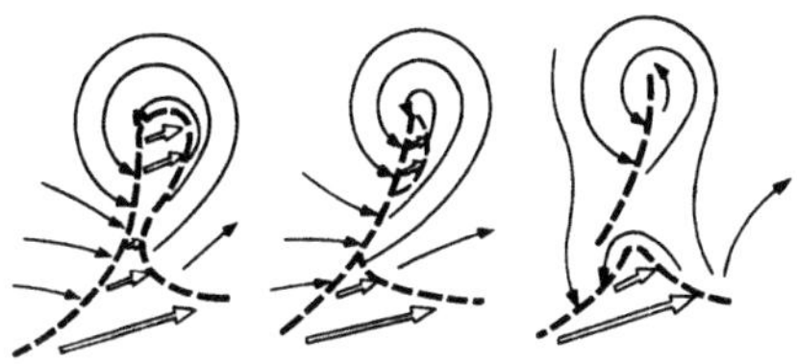

Abb. B.14. Entwicklung einer Teildepression aus der Mutterzyklone

liegen genügend Beweise aus der unmittelbaren Erfahrung bei der synoptischen Analyse vor. Die besonders häufige Entstehung von sekundären Zyklonen über der Nord- und Ostsee im Gebiet nahe dem Skagerrak wurde z. B. dadurch erklärt, daß die nord-südlich verlaufende Gebirgskette Skandinaviens den Okklusionsprozeß der Mutterzyklone begünstigt bzw. beschleunigt, während im südlichen Teil (Skagerrak) eine Deformation zurückbleibt, die die Ausgangslage für eine Sekundärzyklone bildet. Auch die Tiefdruckgebiete südlich der Alpen (vor allem zwischen dem Löwengolf und dem Golf von Genua) sind stark orographisch beeinflußt, wenngleich ihre Entwicklung etwas anders verläuft als bei der Skagerrakzyklone. Im übrigen kommen wir im theoretischen Teil C auf das Problem der orographischen Beeinflussung des Stromfeldes noch zu sprechen.

6. Einfluß des Höhendruckfeldes auf die Entwicklung von Depressionen

Wie wir bereits erwähnt haben, betrifft ein Einwand gegen die Polarfronttheorie die Nichtberücksichtigung der Verhältnisse in den höheren Luftschichten. Sowohl theoretische als auch empirische Untersuchungen haben aber ergeben, daß mitunter den Vorgängen in der mittleren und oberen Troposphäre bei der Zyklogenese eine entscheidende Rolle zukommt. Wir wollen uns jetzt eingehender mit diesem Problem beschäftigen.

Ficker (1920) hat in seinen Arbeiten über *primäre* und *sekundäre Druckwellen* erstmalig darauf hingewiesen, daß zum Verständnis der Entwicklung einer Zyklone die Kopplung der *unteren* mit der *oberen* Druckwelle von ausschlaggebender Bedeutung sein kann. Er gewann seine Ergebnisse dadurch, daß er gleichzeitige Registrierungen an Boden- und Bergstationen in den Alpen untersuchte, wobei er die Ansicht vertrat, daß alle Druckschwankungen im wesentlichen in zwei Komponenten zerlegt werden können, deren eine ihren Sitz in den unteren, die andere in den oberen Luftschichten hat. Ursprünglich verlegte er den Sitz der oberen Druckwelle in die Stratosphäre. Natürlich ist ein solches *Zweischichtenmodell,* wie wir heute sagen würden, nur eine grobe Approximation der tatsächlichen Verhältnisse. Auch hat Ficker versucht, die Druckschwankungen thermisch zu erklären, was zumindest für die Vorgänge in der Höhe nicht zutreffend erscheint. Doch ändert dies nichts an der Tatsache, daß hierbei erstmalig auf das Zusammenspiel der Prozesse in der ganzen Atmosphäre aufmerksam gemacht wurde. Die Regeln, die FICKER aufgrund seiner Vorstellungen formulierte, sind auch heute noch ein wertvoller Behelf bei der prognostischen Beurteilung einer Wetterlage, die durch den allmählichen Übergang von antizyklonalem zu zyklonalem Wetter charakterisiert wird. Wir wollen daher etwas näher auf diese Überlegungen eingehen.

Es soll im Sinne der hier vertretenen Anschauung vorausgesetzt werden, daß sich die untere und obere Druckwelle in der Mehrzahl der Fälle in derselben Richtung und mit annähernd gleicher Wellenlänge, jedoch mit einer Phasenverzögerung ausbreiten. Dann können grundsätzlich im gegenseitigen Verhalten der beiden Wellen sechs verschiedene Stadien unterschieden werden, wobei zweimal die sekundäre (untere) durch die primäre (obere) Welle überkompensiert wird. Dies ereignet sich, wenn der Bodendruck auch noch nach einem Kaltlufteinbruch (Kaltluftpassage) weiter fällt und wenn der Anstieg sich fortsetzt, obwohl die untere Troposphäre Erwärmung zeigt (Passage der Warmfront). Beide Fälle sind für den damit verbundenen Wetterablauf äußerst charakteristisch. Die Phasendifferenz der beiden Wellen mag Schwankungen unterliegen, ebenso die Ausbreitungsgeschwindigkeit. Immer bedeutet jedoch ein oberer Druckfall zyklonale, ein oberer Druckanstieg antizyklonale Entwicklung. Diese Behauptung erweist sich von großem prognostischem Wert.

Für die Praxis kann die obere Drucktendenz aus Beobachtungen an einer Bergstation gewonnen werden, was den Vorteil hat, daß dort eine kontinuierliche Registrierung vorliegt. Entsprechend dem gegenseitigen Verhalten der beiden Wellen können nach FICKER die sechs Stadien durch die folgenden Regeln beschrieben werden:

Regel (15): Druckanstieg an der Boden- und Höhenstation verbunden mit Temperaturanstieg in der Zwischenschicht bedeutet Fortdauer des schönen Wetters (antizyklonale Phase).

Regel (16): Druckfall in der Niederung bei noch ansteigendem Druck in der Höhe und noch zunehmender Temperatur der Zwischenschicht muß als Beginn des Abbaus der Schönwetterlage aufgefaßt werden. Dies zeigt sich in einer Zunahme höherer Bewölkung.

Regel (17): Heftiger Druckfall an der Talstation bei gleichzeitigem Beginn des Druckfalles in der Höhe kündigt die einsetzende zyklonale Entwicklung an. Dabei steigt die Temperatur der Zwischenschicht weiter an (Warmluftadvektion). Ein besonderes Kennzeichen für die bevorstehende Wetterverschlechterung ist ein leichter Temperaturfall an der Höhenstation. Diese sogenannte präfrontale Abkühlung in der Höhe zeigt den unmittelbar bevorstehenden Einbruch der Kaltluft an.

Regel (18): Dauert der Druckfall auch nach dem Einbruch der Kaltluft in der Niederung und in der Höhe noch an, so bedeutet dies Fortdauer des schlechten Wetters (Höhentroglage dominiert).

Regel (19): Steigt der Druck zwar an der Talstation (der allgemein übliche Fall nach einem Kaltlufteinbruch) jedoch nicht an der Höhenstation, die weiter Druckfall meldet, darf keine rasche Wetterbesserung erwartet werden, obwohl mitunter postfrontales Aufklaren hinter der Kaltfront beobachtet wird. (Höhentroglinie hat die Station noch nicht passiert.)

Regel (20): Beginnt jedoch auch an der Höhenstation der Druck zu steigen, so ist Wetterbesserung anzunehmen (Höhentroglinie hat die Station überquert). Setzt schließlich auch noch Temperaturanstieg in der Zwischenschicht ein, so führt dies zum ersten (antizyklonalen) Fall zurück, womit der Zyklus geschlossen ist.

Der große Vorteil bei der Verwendung dieser Regeln im täglichen Vorhersagedienst besteht darin, daß sie eine Aussage über den Wechsel der Bewölkung machen, eine Aufgabe, die dem Prognostiker auch mit Hilfe der modernsten Unterlagen (numerischen Vorhersagekarten) immer noch große Schwierigkeiten bereitet. Bider (1943) überprüfte die Regeln unter Verwendung von Beobachtungen von Schweizer Tal- und Bergstationen. Er fand, daß der Wechsel der Bewölkung 24 Stunden voraus mit einer Trefferwahrscheinlichkeit von 70 bis 90% prognostiziert werden kann, was für synoptische Methoden eine außerordentlich hohe Zuverläßlichkeit darstellt. Es muß allerdings erwähnt werden, daß sich diese Regeln in erster Linie in den Gebirgsgegenden der Alpen bewährt haben. Im Flachland sind Bewölkungsprognosen besser mit Hilfe vorausgesagter Frontendurchgänge (Luftmassenwechsel) vorzunehmen, doch können auch hier die Regeln zusätzlich Verwendung finden, wobei die Verhältnisse in der Höhe in Form von Radiosondenmessungen vorliegen müssen. Um das in den Regeln zum Ausdruck kommende Schema an einem Beispiel zu illustrieren, sind in der Abb. B.15 Druck

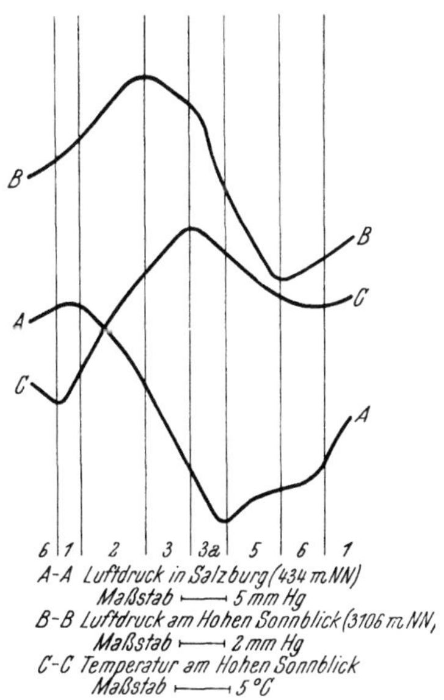

Abb. B.15. Verlauf von Luftdruck und Temperatur an einer Tal- und einer Bergstation in Österreich in der Zeit vom 13. bis 16. Dezember 1949 zur Illustration der Fickerschen Regeln

und Temperatur für zwei Stationen in Österreich, nämlich für eine Talstation (Salzburg 434 m) und eine Bergstation (Sonnblickobservatorium 3106 m) während der Periode vom 13. bis 16. Dezember 1949, in der eine entsprechende Wetterentwicklung stattfand, als Funktion der Zeit wiedergegeben. Anstelle der in diesem Fall nicht hinreichend genau bekannten Temperatur der Zwischenschicht ist hierbei die Temperatur an der Bergstation angegeben. Die einzelnen Stadien, gemäß den oben angeführten Regeln, lassen sich an Hand der Kurven gut verfolgen. Die Zahlen zwischen den senkrechten Linien beziehen sich auf die Stadien 1 bis 6. Nur der Fall 3 ist in zwei Teile aufgegliedert, wobei der Fall 3a die in der Regel (17) besonders erwähnte präfrontale Abkühlung illustriert.

Es muß nochmals betont werden, daß die Regeln von FICKER nur als Ergänzung zu anderen synoptischen Methoden betrachtet werden sollen und diese nicht ersetzen können. Sie sind nur ein Ausdruck für die enge Kopplung des Bodendruckfeldes mit der Höhendruckverteilung und beruhen auf einer für jede Entwicklung charakteristischen *Achsenneigung* der zyklonalen Gebilde mit der Höhe, die jederzeit durch Vergleich der Boden- mit der Höhenkarte festgestellt werden kann.

Einen wichtigen Beitrag zur Synoptik des Höhendruckfeldes im Bereich zyklonaler Entwicklungen lieferte SCHERHAG (1948) durch seine Untersuchungen über die Stromlinienverteilung in der mittleren Troposphäre über einer Frontalzone. Den ersten Anlaß gab ein Studium des großen Ostseesturmes vom 8. und 9. Juli 1931. Dabei zeigte sich, daß eine rapide Vertiefung der Depression gerade dort auftrat, wo die Isohypsen der 500 mb-Topographie eine markante Auffächerung (Divergenz) erkennen ließen. Daß der Zusammenhang zwischen Druckänderungen und Stromfeld über die Divergenz bewerkstelligt wird, kommt in der Tendenzgleichung von MARGULES zum Ausdruck [Gl. (A.20)]. Auch V. BJERKNES hatte bei seinen Untersuchungen großen Wert auf die Stromlinienkonfiguration (allerdings in der Bodenkarte) gelegt und Divergenz- und Konvergenzlinien besonders hervorgehoben. Der französische Meteorologe GUILBERT (1909) konnte 1905 bei einem Prognosenwettbewerb in Lüttich einen ersten Preis für synoptische Wetterregeln erhalten, die sich mit divergenten und konvergenten Strömungen befaßten. Allerdings hat sowohl GUILBERT als auch SCHERHAG ursprünglich ein bloßes Auseinander- oder Zusammenlaufen der Isobaren oder Isohypsen schon mit einer Massendivergenz oder -konvergenz in Verbindung gebracht. Von einer solchen kann man jedoch nur sprechen, wenn auch die Dichte der betreffenden Luftmassen berücksichtigt wird. Außerdem ist nach der Tendenzgleichung die Bodendruckänderung das Integral über die Divergenz der Impulsdichte über die ganze Luftsäule, sodaß Effekte, die in einer bestimmten Schicht auftreten, durch gegenteilige in anderen Schichten kompensiert werden können. Dessen ungeachtet bleibt die Beobachtungstatsache unbestritten, daß die Isohypsen der absoluten Topographie über einer Frontalzone eine Konfiguration aufweisen, wie sie in der Abb. B.16 dargestellt ist. Man erkennt auf der linken Seite ein Gebiet mit konvergenten Isohypsen, das sogenannte *Einzugsgebiet*. Im Zentrum sind die Isolinien stark gedrängt, dort herrscht das Windmaximum. Schließlich zeigt sich auf der rechten Seite eine ausgesprochene Auffächerung der Isohypsen, und dieser Teil der Frontalzone wird als *Delta* bezeichnet. Nach SCHERHAG sollen die Stromlinien (strichlierte Linien in der Abb. B.16) vom Verlauf der Isohypsen merklich abweichen und solcherart die starken ageostrophischen Windkomponenten demonstrieren. Als Folge dieser markanten Abweichungen stellen sich nach SCHERHAG dann entsprechende Druckänderungen ein. Für die Abweichungen selbst wurde eine Erklärung dadurch gegeben, daß die Luftpartikel eine gewisse Zeit benötigen, um sich den rasch wechselnden Druckgradienten anzupassen. Sie sollen nach dieser

Vorstellung im Zentralbereich eine starke Beschleunigung erfahren und im Delta mit einer wesentlich größeren Geschwindigkeit einströmen als dem dortigen Gradienten entspricht. Als Folge treten ageostrophische Windkomponenten und dementsprechende Druckänderungen auf. Eine solche *Relaxationszeittheorie* ist allerdings bei den in der Natur vorkommenden Windgeschwindigkeiten wenig überzeugend. Die von SCHERHAG aufgestellte Regel, daß in der Mehrzahl der Fälle im Delta der Frontalzone starker Druckfall zu erwarten ist, und zwar in Abhängigkeit von dem Betrag der Auffächerung (Divergenz) der Isohypsen, ist jedoch von prognostischem Wert.

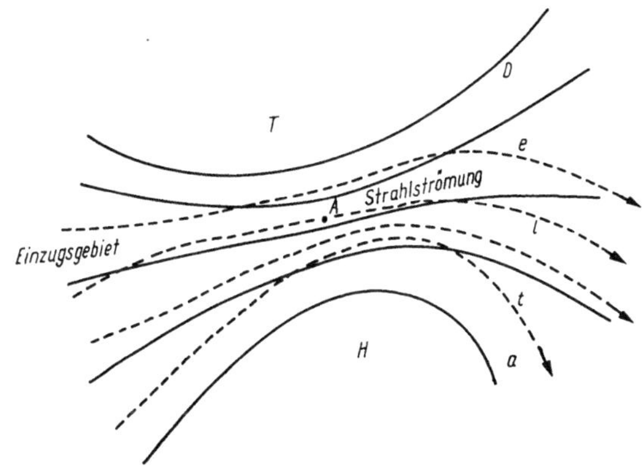

Abb. B.16. Verlauf der Isohypsen (ausgezogene Linien) und der Stromlinien (gestrichelte Linien) der 500 mb-Topographie im Bereich einer Frontalzone nach SCHERHAG (1948)

An sich ist die Feststellung, daß über einer Frontalzone kräftige Höhenwinde herrschen, nicht überraschend, da dies bei dem großen Temperaturunterschied der nebeneinander liegenden Luftmassen schon aus der thermischen Windgleichung folgt. Neuere Untersuchungen über die Strahlströme haben ergeben, daß der *Polarjet* ein Charakteristikum der Höhenströmung im Bereich der Polarfront ist und daher eng mit der zyklonalen Entwicklung in den darunterliegenden Luftschichten zusammenhängt. Während SCHERHAG mehr die horizontale Stromlinienverteilung beachtet hat, gewinnt man heute die Überzeugung, daß der vertikalen und auch horizontalen Scherung noch größere Bedeutung zukommt. Die modernen Theorien der Zyklogenese beruhen auf Instabilitätskriterien, die die *vertikale* Windscherung als ausschlaggebenden Faktor für den Übergang von stabilen zu instabilen Wellen enthalten (s. Teil C, Kapitel 10). Interessant ist ferner die Beobachtungstatsache, daß im Anfangsstadium der Entwicklung einer Welle der Jet-Stream nördlich, zu einem späteren Zeitpunkt jedoch südlich vom Wirbelzentrum liegt, wie die Untersuchung von VEDERMANN (1954) (Abb. B.17) ergab. Es dürfte also für die Entwicklung der Tiefdruckwelle in den unteren Luftschichten auch nicht bedeutungslos sein, ob die Höhenströmung eine horizontale antizyklonale oder zyklonale Scherung aufweist. Daher muß die Möglichkeit einer hydrodynamischen Instabilität der Höhenströmung bei zu großer antizyklonaler Scherung [s. dazu Gl. (A.16) auf S. 16] als zusätzliche Ursache für den Entwicklungsprozeß der Bodenwelle ins Auge gefaßt werden. Ungeachtet der sehr komplexen und schwer durchschaubaren dreidimensionalen Vorgänge bei der Entstehung und Entwicklung von Frontalwellen können einfache Regeln aufgestellt werden, die sich in der Synoptik gut bewährt haben und auch heute noch verwendet werden können, obwohl eine einwandfreie theoretische Begründung kaum möglich ist. Zunächst sei eine ursprünglich von GUILBERT für die Bodenkarte aufgrund seiner Vorstellungen über divergente und konvergente Winde aufgestellte Regel erwähnt — die einzige von ihm erstellte Regel, die im synoptischen Dienst noch verwendet wird. GROSSMANN (1912) formulierte sie folgendermaßen:

Abb. B.17. Schematischer Verlauf des Jet-Streams (stark ausgezogene Linie) über einer Zyklonenfamilie nach VEDERMANN (1954)

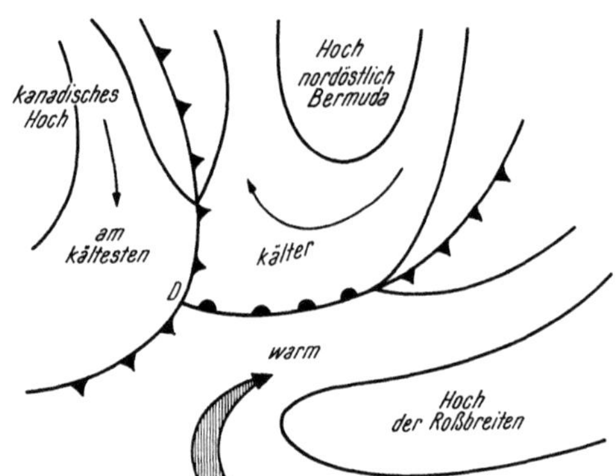

Abb. B.18. Verschärfung einer Frontalzone östlich der Küste Nordamerikas durch eine „Dreimasseneckkonstellation" nach RODEWALD (1937)

Regel (21): Tiefdrucktröge bewegen sich mit Vorliebe innerhalb von 24 Stunden in die Gebiete der voranliegenden Keile und umgekehrt.

An dieser Regel, die durch die Erfahrung vielfach bestätigt wurde, ist vor allem die Verlagerungsgeschwindigkeit (24 Stunden für eine halbe Wellenlänge) bemerkenswert. Zwar wird mitunter auch die halbe oder doppelte Geschwindigkeit beobachtet, doch sind diese Fälle ungleich seltener. Es ist nicht anzunehmen, daß die Begründung dieser Regel durch GUILBERT, der die Tiefdrucktröge mit einem Gebiet konvergenter, die Zwischenhochs mit einem divergenter Winde identifizierte und daraus Druckänderungen herleitete, korrekt ist. Es handelt sich hier um barokline Wellen, deren Phasengeschwindigkeit u. a. sehr wesentlich von der Temperaturschichtung abhängt [s. auch Teil C, Formel (C.71)].

Wie RODEWALD (1937) erkannt hat, ist das Delta einer Frontalzone dann besonders gut ausgeprägt, wenn im neutralen Punkt des Deformationsfeldes drei verschiedene Luftmassen zusammentreffen. Er nannte eine solche Konstellation ein *Dreimasseneck*. Abb. B.18 zeigt eine für diese Situation typische Frontalzone östlich der nordamerikanischen Küste. Die sehr kalte, aus dem kanadischen Hochdruckgebiet ausfließende Luft trifft südwestlich vom neutralen Punkt (in der Abb. B.18 ist er mit D = Dreimassenpunkt bezeichnet) auf eine extrem warme und feuchte Luftmasse, die von Süden herangeführt wird. Andererseits befindet sich gemäßigte Kaltluft nordwestlich vom Dreimassenpunkt. Das Maximum der Höhenströmung wird südwestlich von D erreicht. Das Delta zeigt in diesem Fall eine besonders ausgeprägte Auffächerung der Isohypsen. RODEWALD konnte zeigen, daß in Gebieten mit besonders stürmischer Entwicklung solche Dreimassenecke auftreten.

Man muß bei allen diesen Überlegungen bedenken, daß die hier beschriebenen Phänomene nur Indikatoren für zyklonale Entwicklungen darstellen, die bei der Wetterprognose Hilfe leisten sollen.

Die bisher beschriebenen Methoden über den Zusammenhang zwischen Höhendruckfeld und Entwicklung von Depressionen sind rein empirischer Art. Natürlich kann das Problem auch theoretisch behandelt werden. Entsprechend leistungsfähige (dreidimensionale) Modelle müssen ebenfalls über die vorliegende Fragestellung Auskunft geben. Im Teil C werden wir die Methoden der numerischen Wettervorhersage besprechen. Dort wird auch ein Instabilitätskriterium für die Auslösung zyklogenetischer Vorgänge beim Erreichen bestimmter Grenzwerte der vertikalen Windscherung bzw. des horizontalen Temperaturgradienten (barokline Instabilität) abgeleitet. Doch ist die Anwendung solcher mathematisch formulierter Kriterien aufgrund der direkten Beobachtungen kaum möglich. Andererseits müssen die numerischen Vorausberechnungen der Druckverteilung prinzipiell auch Entwicklungen enthalten, sodaß heute bis zu einem gewissen Grad der Computer die Aufgabe übernommen hat, die Entscheidung über das Auftreten zyklogenetischer Prozesse im Feld zu treffen. Allerdings sind deswegen die angeführten Regeln nicht bedeutungslos geworden, da sie bei der Interpretation der numerischen Vorhersagekarten im Hinblick auf die daraus abzulesende weitere Entwicklung der Wetterlage gute Dienste leisten und auch als Kontrolle der mathematischen Methoden dienen können.

Wir wollen zum Abschluß dieses Kapitels noch auf eine Untersuchung von SUTCLIFFE (1947) eingehen, die eine Brücke von den rein empirischen zu den theoretischen Methoden schlägt und die daher auch zum besseren Verständnis der hier behandelten Probleme beiträgt. Auch SUTCLIFFE schenkt der Divergenz auf isobaren Flächen besondere Beachtung. Allerdings nicht nur rein phänomenologisch wie SCHERHAG, sondern an Hand eines einfachen *Zweischichtenmodells*. Um die theoretischen Ansätze von SUTCLIFFE besser zu verstehen, ist es notwendig, eine Tendenzgleichung im p-System abzuleiten. Zu diesem Zweck wird die in diesem Fall gültige Kontinuitätsgleichung [Richardsongleichung (C.27), S. 131] herangezogen. Durch Integration über die ganze Atmosphäre ergibt sich

$$\int_{p_0}^{0} \left(\frac{\partial u}{\partial x} + \frac{\partial v}{\partial y} + \frac{\partial \omega}{\partial p} \right) dp = 0 \tag{B.9}$$

oder, da $\omega \equiv dp/dt$ an der oberen Begrenzung verschwinden soll, gilt am Boden

$$\omega_0 \equiv (dp/dt)_0 = \int_{p_0}^{0} \mathrm{div}_2\, \boldsymbol{v}\, dp. \tag{B.9a}$$

Nun ist aber die individuelle Druckänderung $(dp/dt)_0$ praktisch gleich der lokalen $(\partial p/\partial t)_0$, da die Bewegungen in Bodennähe nahezu isobarenparallel (normal zum Druckgradienten) erfolgen, sodaß in guter Näherung (B.9a) auch

$$(\partial p/\partial t)_0 = \int_{p_0}^{0} \mathrm{div}_2\, \boldsymbol{v}\, dp \tag{B.9b}$$

geschrieben werden darf. Ein Vergleich mit der Tendenzgleichung (A.20c) im z-System zeigt die formale Übereinstimmung. Anstelle der Divergenz der Impulsdichte $(\mathrm{div}_2\, \varrho \boldsymbol{v})_z$ wird hier nur über die Divergenz selbst $(\mathrm{div}_2\, \boldsymbol{v})_p$ integriert. Wenn man feststellen will, welchen Beitrag eine Schicht zur Bodendruckänderung leistet, muß also untersucht werden, ob das Stromfeld auf der entsprechenden isobaren Fläche eine Divergenz oder Konvergenz (negative Divergenz) aufweist. Die Beobachtungen von SCHERHAG und die daraus resultierenden Regeln sind daher grundsätzlich richtig. Einwände können nur deswegen erhoben werden, weil dabei nur ein Niveau betrachtet wird und das bloße Auffächern der Isohypsen nicht unbedingt eine Änderung der Größe $\mathrm{div}_2\, \boldsymbol{v}$, also eine wirkliche Divergenz, aufzeigen muß. Bei SUTCLIFFE wird das Problem wesentlich exakter formuliert. Betrachten wir eine vertikale Luftsäule über einer Frontalzone, in der es zu einer zyklonalen Entwicklung kommen soll, so läßt sich die dabei vorherrschende Zirkulation schematisch in folgender Weise beschreiben (Abb. B.19). Am Boden bei H_0

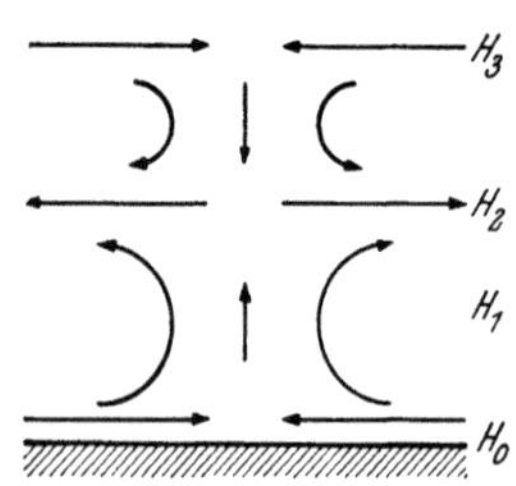

Abb. B.19. Zirkulationsschema innerhalb einer vertikalen Luftsäule bei zyklonaler Entwicklung

herrscht horizontale Bewegung und (schon wegen der Bodenreibung) Konvergenz. Dadurch wird die Luft zum Aufsteigen gezwungen, was für die darüberliegenden p-Flächen eine Abnahme der horizontalen Konvergenz bedeutet. Bei H_1 erreicht die aufsteigende Bewegung ihr Maximum, die Konvergenz wird null. Es handelt sich hier um das sogenannte *divergenzfreie* oder auch *konvergenzfreie* Niveau. Nach zahlreichen Untersuchungen fällt es im Durchschnitt mit einer isobaren Fläche nahe der 500 mb-Topographie zusammen. In größerer Höhe wird das Aufsteigen langsamer, die Divergenz nimmt zu. In der oberen Troposphäre wird schließlich ein Niveau H_2 erreicht, bei dem die Divergenz ihr Maximum aufweist und die Vertikalgeschwindigkeit null wird (sogenannte *Nullschicht*). Diese Schicht liegt in etwa 200 bis 300 mb. Darüber kann bis in die untere Stratosphäre hinein eine zweite Zelle mit entgegengesetztem Zirkulationssinn angenommen werden, sodaß dort einer Divergenz in H_2 eine Konvergenz in H_3 entspricht. Für das Zustandekommen der Bodendruckänderungen wird jedoch wegen der größeren Luftdichte vornehmlich die untere Zelle maßgebend sein. Lassen wir also dieses Schema gelten, so ist offenbar für eine Vertiefung erforderlich, daß das *Auspumpen* in H_2 größer ist als das Einströmen in H_0. Bei antizyklonaler Entwicklung (Auffüllung) liegen dann umgekehrte Verhältnisse vor. SUTCLIFFE postuliert nun folgendes: Ist die Differenz

$$\varDelta D = (\mathrm{div}_2\, \boldsymbol{v})_{H_2} - (\mathrm{div}_2\, \boldsymbol{v})_{H_0} \tag{B.10}$$

größer als null, so tritt zyklonale Entwicklung, also Vertiefung auf. Ist sie kleiner als null, so bedeutet dies antizyklonale Entwicklung. Diese Behauptung gilt nur, wenn das Zirkulationsschema der Abb. B.19 den tatsächlichen Verhältnissen gerecht wird. Zahlenmäßig muß durch die bloße Differenz der Divergenzen nicht zum Ausdruck kommen, ob der divergente oder konvergente Anteil überwiegt. Es wäre denkbar (falls nur eine Teilschicht der ganzen Luftsäule betrachtet wird), daß in besonderen Fällen sowohl im unteren wie auch im oberen Niveau die Divergenz dasselbe Vorzeichen hat. Die Erfahrung hat jedoch gezeigt, daß dies kaum eintritt. Für das obere Niveau kann nach SUTCLIFFE schon die 500 mb-Topographie herangezogen werden, doch dürfte es sich empfehlen, die 300 mb-Topographie zu verwenden, da, wie erwähnt, die 500 mb-Fläche meistens mit dem divergenzfreien Niveau zusammenfällt.

Zur Bestimmung der Divergenzen in beiden Niveaus wird die Vorticitygleichung (C.44a) herangezogen. Dadurch kann die Größe $\varDelta D$ durch die relative Vorticity in beiden Flächen beschrieben werden, was den großen Vorteil hat, daß diese Größe verhältnismäßig leicht aus dem Stromfeld abzulesen ist. Zur Ableitung werden Vereinfachungen an der Vorticitygleichung vorgenommen. Diesbezüglich sei auf die Originalarbeit von SUTCLIFFE (1947) oder REUTER (1954) verwiesen. Man erhält dann für die Größe $\varDelta D$ den folgenden Ausdruck

$$\varDelta D = -\frac{1}{f}\left[\boldsymbol{v}' \cdot \mathrm{grad}\,(\zeta_2 + \zeta_0 + f)\right], \tag{B.11}$$

wenn hier unter $\boldsymbol{v}' = \boldsymbol{v}_2 - \boldsymbol{v}_0$ der Differenzenvektor des geostrophischen Windes in beiden Niveaus, also der thermische Wind, verstanden wird, ζ_2 die relative Vorticity im oberen und ζ_0 diejenige im unteren Niveau bedeutet und f wie üblich der Coriolisparameter ist. Wenn man noch bedenkt, daß $\zeta' = \zeta_2 - \zeta_0$ die relative Vorticity der relativen Topographie der von beiden isobaren Flächen begrenzten Luftschicht darstellt, so kann (B.11) auch

$$\varDelta D = -\frac{1}{f}\left[\boldsymbol{v}' \cdot \mathrm{grad}\,(2\zeta_0 + \zeta' + f)\right] \tag{B.12}$$

geschrieben werden.

Die Formeln (B.11) bzw. (B.12) gestatten die Aufstellung von Regeln für eine zu erwartende Entwicklung, die wir nun formulieren wollen.

Regel (22): Unter sonst gleichen Umständen ist die Entwicklung der Größe des thermischen Windes (Differenz des geostrophischen Windes in beiden Niveaus) proportional.

Regel (23): Entwicklung findet statt, wenn die relative Vorticity im Bodenfeld oder auch die relative Vorticity der relativen Topographie der Zwischenschicht ein Gefälle in Richtung des thermischen Windes aufweist.

Regel (24): Entwicklung kann auch durch Variation des Coriolisparameters verursacht werden, jedoch nur dann, wenn der thermische Wind, dessen Stromlinien durch die relativen Isohypsen veranschaulicht werden, eine Meridionalkomponente aufweist (zyklogenetisch, wenn diese zum Äquator gerichtet ist).

Die Regel (23) gestattet noch, eine interessante Folgerung zu ziehen. Wir betrachten einen Trog im Bodendruckfeld (1000 mb-Fläche). Da ζ_0 auf der Achse eines solchen Troges meist ein Maximum aufweist, ist grad ζ_0 auf der Vorderseite negativ, auf der Rückseite positiv. Durchsetzt der thermische Wind einen solchen Trog ohne wesentliche Eigenkrümmung, so muß zyklonale Entwicklung auf der Vorderseite, antizyklonale auf der Rückseite eintreten. Das bedeutet aber, daß sich die Bodendruckwellen in Richtung des thermischen Windes bewegen. Man nennt diesen Mechanismus auch die *thermische Steuerung*. Wir haben in Kapitel 4 schon darauf hingewiesen.

7. Statische und quasistatische Prognosen

In den vorangegangenen Kapiteln wurde das Augenmerk besonders auf solche Wetterlagen gerichtet, die mit einer Änderung der Feldverteilung, insbesondere des Druckes und der Temperatur, verbunden sind. Tatsächlich sind diese Wetterlagen die bei weitem häufigsten, und daher dominieren im allgemeinen die sogenannten *fremdbürtigen* Einflüsse auf das Wetter gegenüber den *eigenbürtigen*. Mit anderen Worten: in der Mehrzahl der Fälle werden bei der Wetterprognose Bewölkung, Niederschlag und Temperaturänderung aufgrund der veränderten Druckverteilung, der Luftmassenadvektion, der Frontenpassage oder der Neubildung von Wirbeln und Wellen vorausgesagt werden können, ohne daß die lokalen Modifikationen stark hervortreten. Doch dürfen letztere keineswegs übersehen werden. Es gibt auch eine ganze Reihe von Situationen, wo diese Effekte den Ausschlag geben. Eine Temperaturprognose ohne Berücksichtigung des strahlungsbedingten Tagesganges dieser Größe ist nicht denkbar. Bei verhältnismäßig ruhigen Wetterlagen werden auch Lokalzirkulationen, wie Land- und Seewind oder Berg- und Talwind, hervortreten, und die durch thermische Konvektion bewirkte Bewölkung wird dominieren. Es müssen also die synoptisch-dynamischen Vorhersagemethoden durch statische ergänzt werden. Wir wollen uns in diesem Kapitel mit dieser Frage befassen.

Eine statische Temperaturprognose soll als Ergänzung der aufgrund der Advektion verschieden temperierter Luftmassen getätigten Aussage über zu erwartende Temperaturänderungen dienen. Zwar kann meist mit hinreichender Genauigkeit die Verlagerung der Fronten und damit der Luftmassen durch die Vorhersagekarten erfaßt werden, doch erleiden die Luftmassen auf ihrem Weg eine weitgehende Transformation als Folge des Wärmeaustausches mit der Unterlage. Besonderes Augenmerk ist in dieser Hinsicht der unterschiedlichen Erwärmung oder Abkühlung über Wasser und Land zu schenken. Dies kann soweit führen, daß die Temperaturwerte der unteren Luftschichten nicht mehr repräsentativ für die in Frage stehenden Luftmassen sind. Man spricht dann auch von einem *maskierten* Kalt- oder Warmlufteinbruch. In einem solchen Fall müssen die Meßwerte der Radiosonden aus der freien Atmosphäre herangezogen werden, um den wahren Charakter der Luftmasse zu erkennen. Im allgemeinen wird es daher bei einem prognostizierten Luftmassenwechsel nur möglich sein, eine grobe Abschätzung der zu erwartenden advektiven Temperaturänderungen zu geben. Anders liegen die Verhältnisse, wenn eine bestimmte Luftmasse eine Zeitlang über dem Vorhersagegebiet verweilt. Dann sind wir in der Lage, die durch die tägliche Einstrahlung und nächtliche Abkühlung hervorgerufenen Änderungen wesentlich genauer zu erfassen. Es gelingt dann, mit Hilfe theoretischer Berechnungen Prognosen der Tageshöchst- bzw. der nächtlichen Tiefsttemperaturen zu geben. Wir wollen uns mit diesen Methoden beschäftigen. Dabei ist zu bedenken, daß bei gleichen Einstrahlungs- und Ausstrahlungsbedingungen wegen der unterschiedlichen Beschaffenheit des Untergrundes die Wärmetransporte in den obersten Bodenschichten sehr verschieden sein können. Dies bewirkt eine starke Abhängigkeit der tatsächlich auftretenden Bodentemperaturen von der Konstitution des Erdbodens, die unbedingt zu berücksichtigen ist, falls strahlungsbedingte Temperaturänderungen berechnet werden.

Berechnung der Maximumtemperatur

Nicht immer kann der advektive von dem strahlungsbedingten Anteil der Temperaturänderung getrennt werden. Zu einer Abschätzung des ersteren gelangt man mit Hilfe der vorausgesagten relativen Topographie 500/1000 mb. Liegt diese Feldverteilung (z. B. aufgrund der numerischen Wettervorhersage) vor, so wird ein Hinweis auf die Maximumtemperatur $T_{\max}$ mit der nachfolgenden (ursprünglich von SCHERHAG (1948) vorgeschlagenen) Formel ermöglicht,

$$T_{\max} \doteq 0{,}55\,(H_R - 500), \tag{B.13}$$

wenn hier H_R die Höhe der relativen Isohypsen über dem Vorhersageort in geopotentiellen Dekametern bedeuten soll.

Die lokale (durch Einstrahlung bedingte) Erwärmung kann relativ leicht nach oben hin begrenzt werden. Mit Hilfe des letzten zur Verfügung stehenden Radiosondenaufstieges wird das sogenannte *Cumulus-Kondensationsniveau* bestimmt. Dieses ist als diejenige Höhe definiert, bis zu welcher vom Boden erhitzte Luft adiabatisch aufsteigen muß, um vollständig mit Wasserdampf gesättigt zu sein. (Partialdruck des Wasserdampfes gleich dem Sättigungsdampfdruck.) Seine Bestimmung erfolgt mit Hilfe der in einem Adiabatenpapier (s. Stüve-Diagramm im Anhang) eingezeichneten Linien gleichen maximalen Mischungsverhältnisses. Der Schnittpunkt derjenigen Linie, die durch den in Bodennähe gültigen Taupunkt geht, mit der Zustandskurve ergibt das gesuchte Niveau. Geht man von diesem Punkt im Diagramm entlang einer Trockenadiabate wieder zum Ausgangsniveau zurück, so läßt sich die Temperatur ablesen, die bei Erwärmung der untersten Luftschichten erreicht werden muß, um ein Aufsteigen der Luft bis zum Sättigungsstadium zu bewirken. Man bezeichnet diese Temperatur als *Auslösetemperatur*. Wird sie im Laufe des Tages erreicht, so tritt Bewölkung durch thermische Konvektion auf. Die Mächtigkeit der sich ausbildenden Quellwolken hängt von der Schichtung der Atmosphäre über dem Kondensationsniveau ab. Jedenfalls kann die Auslösetemperatur in den meisten Fällen als obere Grenze für die zu erwartende Tageshöchsttemperatur gelten, weil einerseits die entstehende Quellbewölkung die Strahlung abschirmt, andererseits eine weitere zusätzliche Erwärmung rasch auf eine mächtige vertikale Luftsäule verteilt wird und daher nur mehr zu geringem Anteil der bodennahen Luftschicht zugute kommt.

In vielen Fällen wird aber, wenn die Erwärmung durch die Einstrahlung nicht groß genug ist, die Maximumtemperatur kleiner sein als die Auslösetemperatur. Dies kann seine Ursache in einer zu geringen, überhaupt verfügbaren Einstrahlung (kalte Jahreszeit) oder aber auch in einer Beeinträchtigung derselben durch Bewölkung haben. Wird die Auslösetemperatur nicht erreicht, kommt es zu keiner Thermikbewölkung. Die Prognose der Maximumtemperatur und die Vorhersage von Thermikwolken hängen daher eng zusammen.

An heiteren Tagen kann zur Vorhersage der Maximumtemperatur eine etwas anspruchsvollere Methode angewendet werden. Man benötigt hierzu den Radiosondenaufstieg und überdies noch eine Angabe über den Teil der zugestrahlten Strahlungsmenge, der für die Erwärmung der unteren Luftschichten im Zeitintervall zwischen Sonnenaufgang und Tageshöchsttemperatur verfügbar ist. Die Gesamtstrahlung, die die Erdoberfläche bei verschiedenen Bewölkungsverhältnissen in Abhängigkeit von Tages- und Jahreszeit erreicht, ist durch theoretische Überlegungen und durch Messungen hinreichend bekannt. Der Teilbetrag, der für die Erwärmung der unteren Luftschichten im gegebenen Zeitintervall zur Verfügung steht, hängt nicht unwesentlich von lokalen Verhältnissen ab.

Diesen Anteil zu bestimmen, können verschiedene Wege eingeschlagen werden. Eine Möglichkeit besteht darin, an Hand einer hinreichend großen Zahl von ähnlichen Wetterlagen den Betrag an innerer Energie zu ermitteln, der in dem betrachteten Zeitraum von der erhitzten Erdoberfläche den untersten Luftschichten zugeführt wird. Dies ist möglich, wenn ein Adiabatenpapier verwendet wird, bei dem die Größe der von zwei Zustandskurven eingeschlossenen Fläche proportional der inneren Energie ist. Man braucht dann nur die Zustandskurve zu Sonnenaufgang und jene zum Zeitpunkt der Maximumtemperatur (angenähert durch die Trockenadiabate durch diese Temperatur) in das Diagramm einzutragen und die Fläche planimetrisch oder rechnerisch auszuwerten.

Nun gilt für die Zufuhr von innerer Energie als Folge einer Temperaturänderung ΔT, integriert über eine Luftsäule zwischen den Niveaus z_0 und z_1,

$$\Delta J = c_p \int_{z_0}^{z_1} \Delta T \, \varrho \, dz = -\frac{c_p}{g} \int_{p_0}^{p_1} \Delta T \, dp. \tag{B.14}$$

Wenn in dem verwendeten Adiabatenpapier die eine Koordinate die Temperatur, die andere der Druck ist, ist also die Fläche zwischen zwei Zustandskurven ein Maß für die innere Energie.

Im Stüve-Diagramm ist jedoch bekanntlich die Druckskala durch p^{R/c_p} gegeben, sodaß diese Behauptung nicht zutrifft. Man kann sich aber so behelfen, daß die Größe der Fläche durch die Anzahl der *Einheitskästchen* im Stüve-Diagramm festgelegt wird, die dadurch entstehen, daß Schnittlinien parallel zu den Koordinatenachsen gezogen werden. Wegen der nichtlinearen Druckskala werden diese Kästchen mit abnehmendem Druck kleiner. Sie entsprechen jedoch immer einem Betrag von 2,42 cal $cm^{-2} \doteq 1{,}013 \cdot 10^5$ J m^{-2} ($\Delta T = 1$ Grad, $\Delta p = 10$ mb).

Um zu einer praktisch anwendbaren Prognosenmethode zu kommen, muß eine Statistik über den (durchschnittlichen) Betrag der zwischen Sonnenaufgang und Zeitpunkt der Maximumtemperatur zugeführten Strahlungsenergie durchgeführt werden. Für Wien ist das Ergebnis solcher Untersuchungen in der Tabelle B.2 nach REUTER und KNIZEK (1956) wiedergegeben.

Tabelle B.2. *Zehntägige Mittelwerte der zur Erwärmung der untersten Luftschichten an heiteren Tagen zwischen Sonnenaufgang und dem Zeitpunkt der Maximumtemperatur benötigten Wärmemenge in cal* cm^{-2}. *Gültig für Wien-Hohe Warte*

	Monate							
Tage	März	April	Mai	Juni	Juli	Aug.	Sept.	Okt.
1.–10.	89	119	148	177	189	160	116	82
11.–20.	99	128	157	186	184	148	104	73
21.–30./31.	109	138	167	191	177	131	89	63

Fügt man in einem konkreten Fall an die Zustandskurve des morgendlichen Radiosondenaufstieges ein dem Tabellenwert entsprechendes Flächenstück so an, daß seine Begrenzung eine Trockenadiabate ist, so gibt diese im Bodenniveau die Maximumtemperatur an. In der Abb. B.20 ist der morgendliche Radiosonden-

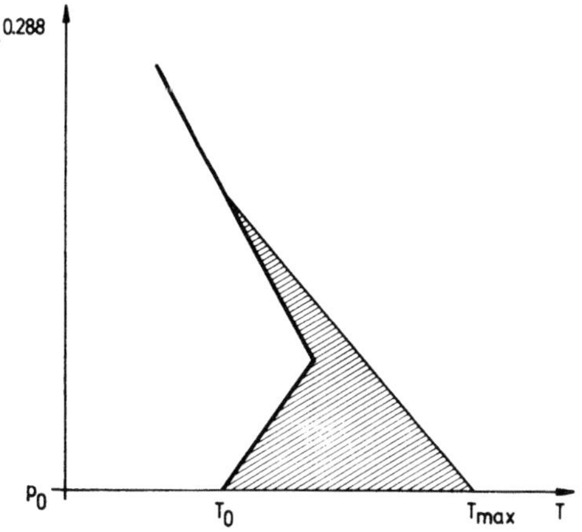

Abb. B.20. Skizze zur Bestimmung der Maximumtemperatur auf dem Adiabatenpapier von STÜVE

aufstieg durch eine ausgezogene Linie veranschaulicht. Die Größe der schraffierten Fläche entspricht dem aufgrund der Jahreszeit bestimmten Wert der Tabelle, T_0 ist die Frühtemperatur, T_{max} die Maximumtemperatur. Der Schnittpunkt der Trockenadiabate durch die Maximumtemperatur mit der Zustandskurve muß nicht mit dem Cumulus-Kondensationsniveau zusammenfallen. Dieses liegt höher, wenn die Auslösetemperatur über der Maximumtemperatur ist.

Die hier angegebene Methode hat sich in der Praxis gut bewährt. Sie hat nur den Nachteil, daß sie lediglich für den Ort, für den die Werte der Tabelle ermittelt wurden, Gültigkeit hat.

Berechnung der Minimumtemperatur

Über die Bedeutung der Vorhersage von nächtlichen Tiefsttemperaturen und der damit verbundenen Nachtfrostprognose insbesondere für die Landwirtschaft besteht kein Zweifel. Es wurde eine große Anzahl von empirischen Formeln für diesen Zweck aufgestellt. Es läßt sich jedoch das Problem bis zu einem gewissen Grad auch rein theoretisch lösen. Seit langem ist bekannt, welche Bedingungen die nächtliche Abkühlung begünstigen: klarer Himmel, Windstille, niedriger Wasserdampfdruck in der Luft, geringe Wärmeleitfähigkeit und spezifische Wärme des Bodens. Eine mathematische Theorie der nächtlichen Abkühlung des Bodens und der bodennahen Luftschicht muß diesen Umständen Rechnung tragen. Eine vollständige Lösung ist, falls sie überhaupt gegeben werden kann, sehr kompliziert [H. Philipps (1962)]. In einer Reihe von Arbeiten konnte Reuter (1947, 1948, 1951) zeigen, daß unter gewissen vereinfachenden Annahmen eine für praktische Zwecke geeignete Berechnungsformel für den nächtlichen Temperaturabfall abgeleitet werden kann. Diese Formel lautet:

$$\Delta T = \frac{2}{\sqrt{\pi}} \frac{E_s + [\beta k_B + (\gamma - \Gamma) c_p A]}{\sqrt{k_B \varrho_B c_B} + c_p \sqrt{A \varrho}} \sqrt{L}. \tag{B.15}$$

Hierbei sind: ΔT die Temperaturdifferenz zwischen Sonnenuntergang und der Tiefsttemperatur; E_s die (während der Nacht als konstant vorausgesetzte) effektive Ausstrahlung der Erdoberfläche, d. h. die Schwarzstrahlung minus der atmosphärischen Gegenstrahlung; β der Temperaturgradient in den obersten Bodenschichten; γ derjenige der Atmosphäre, beide zu Beginn des Abkühlungsprozesses (Sonnenuntergang); Γ der trockenadiabatische Temperaturgradient (Abnahme ein Grad pro hundert Meter); A der (als konstant angenommene) Austauschkoeffizient für die (turbulente) Wärmeleitung in der Atmosphäre; c_p und ϱ die spezifische Wärme bei konstantem Druck und die Dichte der Luft; k_B, ϱ_B, c_B die Wärmeleitfähigkeit, Dichte und spezifische Wärme des Bodens; L die Dauer des Abkühlungsvorganges (Nachtlänge).

In der Formel sind Temperaturänderungen durch Advektion und solche durch Freiwerden oder Bindung von latenter Wärme (Verdunstung, Kondensation) nicht berücksichtigt. Auch die Annahme einer zeitlich konstanten, effektiven Ausstrahlung trifft nicht immer zu. Bei klarem Wetter bzw. zeitlich nicht variierenden Bewölkungsverhältnissen ist dies jedoch weitgehend erfüllt. Die unmittelbare Anwendung der Formel (B.15) für eine Prognose der nächtlichen Tiefsttemperatur ist aber noch immer zu kompliziert. Man kann für praktische Zwecke weitere Vereinfachungen vornehmen. Durch die Theorie kommt zum Ausdruck, daß der Temperaturabfall im wesentlichen durch vier Faktoren beeinflußt wird, nämlich die (effektive) Ausstrahlung, die Beschaffenheit des Untergrundes, den Wärmeaustausch mit der Luft und die Dauer des Abkühlungsprozesses. Im Zähler der Formel (B.15) ist der Term $[\beta k_B + (\gamma - \Gamma) c_p A]$ in den meisten Fällen klein gegenüber E_s und daher in erster Näherung zu vernachlässigen. Anstelle des schwer meßbaren Austauschkoeffizienten A kann die horizontale Windgeschwindigkeit V eingeführt werden. Dabei ist jedoch zu bedenken, daß advektionsfreie Wetterlagen vorausgesetzt sind. Bei größeren Windgeschwindigkeiten wird dies nicht mehr gewährleistet sein. Daher gilt die Formel nur für geringe Luftbewegungen. Zur praktischen Anwendung der Theorie schreiben wir die Formel (B.15) in der vereinfachten Form:

$$\Delta T = f(V) E_s \sqrt{L}. \tag{B.16}$$

Hier ist $f(V)$ eine Funktion, die sehr wesentlich von der (thermischen) Beschaffenheit des Bodens abhängt. Am besten wird sie empirisch bestimmt, indem an Hand einer Serie von Beobachtungen des tatsächlich eingetretenen Abkühlungsbetrages bei bekannter Abkühlungsdauer und effektiver Ausstrahlung $f(V) = \Delta T/(E_s\sqrt{L})$ in Abhängigkeit von V aufgetragen wird. Für Wien hat sich dabei eine einfache logarithmische Funktion ergeben, wie sie in der Abb. B.21 dargestellt ist. Einer

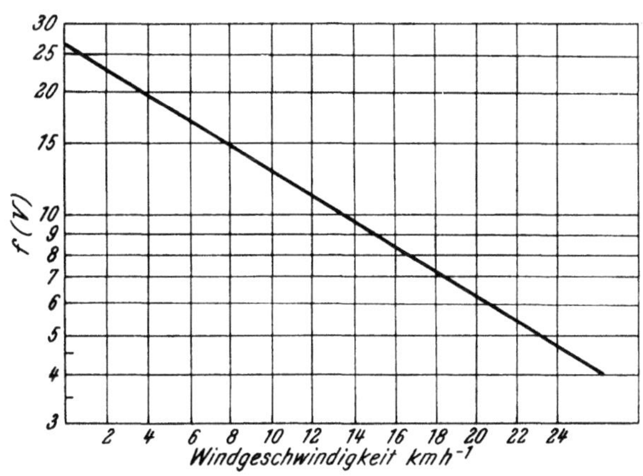

Abb. B.21. Der Faktor $f(V)$ in der Abkühlungsformel (B.16) für Wien, Hohe Warte, in Abhängigkeit von der Windgeschwindigkeit

Anwendung der Formel (B.16) zur nächtlichen Temperaturprognose steht nichts mehr im Wege, wenn in einem konkreten Fall der Betrag der effektiven Ausstrahlung E_s bekannt ist. Zu diesem Zweck können die Tabellen (B.3 bis B.6) herangezogen werden. Sie enthalten zunächst für jede Erdbodentemperatur T_B die Schwarzstrahlung[1] S in cal cm^{-2} min^{-1} und, entsprechend dem in der Luft

[1] Die Schwarzstrahlung ist durch die Stefan-Boltzmannsche Gleichung $S = \sigma T^4$

$$(\text{mit } \sigma = 8{,}2 \cdot 10^{-11} \, [\text{cal cm}^{-2} \, \text{min}^{-1} \, {}^\circ\text{K}^{-4}]$$
$$= 5{,}7 \cdot 10^{-8} \, [W \, \text{m}^{-2} \, {}^\circ\text{K}^{-4}])$$

definiert. Sie hängt mit der von uns in Teil A, Kapitel 8, verwendeten Planckschen Strahlungsfunktion $B(\nu, T)$ durch die Beziehung

$$S = \int_0^\infty B(\nu, T) \, d\nu$$

zusammen.

Tabelle B.3

T_B[°C]	0	1	2	3	4	5	6	7	8	9
− 20	0,339	0,333	0,328	0,323	0,318	0,312	0,308	0,303	0,298	0,293
− 10	0,395	0,389	0,384	0,378	0,372	0,366	0,360	0,355	0,349	0,344
− 0	0,459	0,452	0,446	0,439	0,432	0,426	0,420	0,414	0,407	0,401
+ 0	0,459	0,466	0,472	0,479	0,486	0,493	0,500	0,508	0,515	0,522
+ 10	0,530	0,537	0,545	0,553	0,560	0,568	0,576	0,584	0,592	0,601
+ 20	0,609	0,617	0,626	0,634	0,643	0,651	0,660	0,669	0,678	0,687
+ 30	0,696	0,706	0,715	0,724	0,734	0,743	0,753	0,762	0,772	0,782

Schwarzstrahlung „S“ [cal cm^{-2} min^{-1}]

Tafeldifferenz zu Tab. B.3

Zehntel	5	6	7	8	9
1	1	1	1	1	1
2	1	1	1	2	2
3	2	2	2	2	3
4	2	2	3	3	4
5	3	3	4	4	5
6	3	4	4	5	5
7	4	4	5	6	6
8	4	5	6	6	7
9	5	5	6	7	8

Tabelle B.4

e [mm Hg]	0	1	2	3	4	5	6	7	8	9
1	0,363	0,358	0,353	0,348	0,343	0,338	0,334	0,329	0,324	0,319
2	0,314	0,311	0,307	0,304	0,300	0,297	0,294	0,290	0,287	0,283
3	0,280	0,277	0,275	0,272	0,270	0,267	0,265	0,262	0,260	0,257
4	0,255	0,253	0,252	0,250	0,248	0,246	0,245	0,243	0,241	0,240
5	0,238	0,237	0,235	0,234	0,233	0,231	0,230	0,229	0,228	0,226
6	0,225	0,224	0,223	0,222	0,221	0,220	0,220	0,219	0,218	0,217
7	0,216	0,215	0,214	0,214	0,213	0,212	0,211	0,210	0,210	0,209
8	0,208	0,207	0,207	0,206	0,206	0,205	0,204	0,204	0,203	0,203
9	0,202	0,201	0,201	0,200	0,200	0,199	0,199	0,198	0,198	0,197
10	0,197	0,197	0,196	0,196	0,195	0,195	0,195	0,194	0,194	0,193
11	0,193	0,193	0,192	0,192	0,191	0,191	0,191	0,190	0,190	0,189
12	0,189	0,189	0,189	0,188	0,188	0,188	0,188	0,188	0,187	0,187
13	0,187	0,187	0,187	0,186	0,186	0,186	0,186	0,186	0,185	0,185
14	0,185	0,185	0,185	0,185	0,185	0,184	0,184	0,184	0,184	0,184
15	0,184	0,184	0,184	0,184	0,184	0,183	0,183	0,183	0,183	0,183
16	0,183	0,183	0,183	0,183	0,183	0,182	0,182	0,182	0,182	0,182
17	0,182	0,182	0,182	0,182	0,182	0,181	0,181	0,181	0,181	0,181

Faktor 1 − s nach Bolz und Fritz

herrschenden Partialdruck des Wasserdampfes in mm Hg, einen Faktor $(1-s)$ nach Messungen von BOLZ und FRITZ (1950), der, multipliziert mit der Schwarzstrahlung, die effektive Ausstrahlung bei klarem Himmel ergibt: $E_s = S(1-s)$. Ist jedoch Bewölkung vorhanden, so kann eine weitere Korrektur der Größe E_s vorgenommen werden, und zwar mit Hilfe der Tab. B.5, die einen Faktor R gemäß den herrschenden Bewölkungsverhältnissen angibt. In einem solchen Fall ist dann $E_s = S(1-s)R$. Nun wird $f(V)$ aus der Abb. B.21 bei der gegebenen Windstärke abgelesen und nach (B.16) die Abkühlung für jede beliebige Abkühlungsdauer L sofort berechnet. Zur Erleichterung ist in der Tab. B.6 die Wurzel aus der Nachtlänge für Wien im Jahresablauf angegeben. Die hier angeführte Methode der Berechnung der Minimumtemperatur hat sich in der Praxis weitgehend bewährt [s. RAKOSZI (1959), Forecasting guide No. 4 (1960)].

Tabelle B.5

R	0/10	1/10	2/10	3/10	4/10	5/10	6/10	7/10	8/10	9/10	10/10
Ci Cs	1	1	1	1	1	1	1	0,94	0,89	0,85	0,80
As Ac Cu	1	1	1	1	0,94	0,90	0,85	0,77	0,68	0,57	0,44
St Ns	1	1	1	1	0,92	0,87	0,80	0,71	0,59	0,46	0,28

Faktor „R" nach BOLZ und FRITZ

Tabelle B.6

	Jan.	Feb.	März	April	Mai	Juni	Juli	Aug.	Sept.	Okt.	Nov.	Dez.
5.	3,91	3,77	3,53	3,25	3,02	2,83	2,83	3,01	3,24	3,51	3,76	3,91
10.	3,90	3,75	3,50	3,22	3,00	2,77	2,84	3,03	3,32	3,54	3,78	3,92
15.	3,89	3,67	3,48	3,20	2,91	2,74	2,86	3,07	3,35	3,61	3,80	3,92
20.	3,88	3,64	3,39	3,17	2,88	2,74	2,87	3,09	3,38	3,64	3,87	3,93
25.	3,81	3,62	3,37	3,08	2,86	2,74	2,80	3,17	3,46	3,66	3,89	3,93
30.	3,79		3,34	3,04	2,85	2,75	2,91	3,21	3,48	3,68	3,90	3,92

Wurzel aus der Nachtlänge: $\sqrt{L}$ [$h^{1/2}$]

Ähnlich wie die Vorhersage der Maximumtemperatur mit der Prognose der Thermikbewölkung verknüpft ist, hängt die Minimumvorhersage mit derjenigen von Strahlungsnebel zusammen. Dieser tritt auf, wenn die Abkühlung groß genug ist, um den Taupunkt zu erreichen, sodaß Kondensation (eventuell auch Sublimation) stattfindet.

8. Voraussage von Bewölkung und Niederschlag

Während Prognosen von Wind und Temperatur in direkter Beziehung zu den Vorhersagekarten stehen und mit deren Hilfe verhältnismäßig leicht erstellt werden können, ist es bedeutend schwieriger, die Bewölkung oder den Niederschlag vorauszusagen. Dies hat seinen Grund vornehmlich darin, daß keine umkehrbar eindeutigen Beziehungen zwischen Druck- oder Luftmassenverteilung und diesen meteorologischen Größen bestehen. Bei ein und derselben Druckverteilung kann die Bewölkung großen Schwankungen unterliegen. Sie stellt auch keine konservative Eigenschaft einer bestimmten Luftmasse dar. Bei vielen Wetterlagen spielt überdies die Tages- und Jahreszeit eine große Rolle.

Wolkenbildung tritt ein, wenn durch Abkühlung der Partialdruck des Wasserdampfes in der Luft den Sättigungsdruck erreicht. Abgesehen von der Nebelbildung und speziellen Formen sogenannter Inversionsbewölkung wird diese Abkühlung in der Atmosphäre durch adiabatische Expansion aufsteigender Luft bewirkt. Daher ist jede Bewölkungsprognose eng mit der Vorhersage entsprechender Vertikalgeschwindigkeiten gekoppelt. Nur wenn es mittels synoptischer oder numerischer Methoden gelingt, die Gebiete mit aufsteigender oder absteigender Luftbewegung auf der Vorhersagekarte abzugrenzen, wird auch eine Bewölkungsbildung oder -auflösung prognostisch erfaßbar sein. Aber gerade diese Aufgabe erweist sich als außerordentlich schwer. Sie ist auch bei dem derzeitigen Stand der numerischen Vorausberechnungen der Feldverteilungen noch keineswegs befriedigend gelöst.

Die synoptischen Methoden zur Vorhersage von Vertikalbewegungen sind stark empirisch orientiert. Ein erster Hinweis wird durch das Aufsuchen von Konvergenzen oder Divergenzen im Stromfeld gegeben sein. Dabei ist natürlich der zyklonale Wirbel (Tiefdruckgebiet) als bevorzugtes Gebiet für Konvergenzen, der antizyklonale Wirbel (Hochdruckgebiet) als solches für Divergenzen anzusehen. Umkehrbar eindeutig sind jedoch diese Zusammenhänge nicht. Innerhalb der Tiefdruckgebiete werden die Fronten als Konvergenzlinien besonders hervorzuheben sein. Daher ist auch die Bewölkungs- und Niederschlagsprognose eng mit der genauen Angabe der Frontenlage auf der Vorhersagekarte verknüpft. Man weiß durch zahlreiche praktische und theoretische Untersuchungen auch gut Bescheid über die charakteristischen Wolkenformationen im Bereich der drei Frontentypen, nämlich der Kaltfront, der Warmfront und der Okklusion. Gelingt es, den Zeitpunkt der Frontenpassage für den Prognosenort genau vorauszusagen, wird auch der zeitliche Ablauf des typischen Verhaltens von Bewölkung und Niederschlag prognostizierbar sein. Aber auch hinsichtlich der präzisen Frontenposition lassen die numerischen Vorhersagekarten noch einiges zu wünschen übrig.

Eine große Hilfe bei Wolkenvorhersagen können Satellitenbilder leisten. Allerdings darf nur in den seltensten Fällen eine einfache Translation beobachteter Wolkenfelder mit der vorherrschenden Windströmung angenommen werden. Individuelle Änderungen der Struktur der Wolken, deren Neuentstehung bzw. Auflösung machen solche Extrapolationen unbrauchbar. Es können jedoch an Hand der Bilder die Intensität der Front, ihre Ausdehnung und ihre charakteristischen Merkmale studiert werden, wodurch für die Prognose wichtige Anhaltspunkte gewonnen werden. Wir haben im Kapitel über Satellitenmeteorologie darüber bereits ausführlich berichtet.

Ein besonders wichtiger Umstand muß noch hervorgehoben werden: Sowohl die Wolken- als auch die Niederschlagsprognose darf nicht ausschließlich auf der Bodenwetterkarte fußen. Die Verhältnisse in der mittleren und oberen Troposphäre sind mindestens ebenso wichtig, insbesondere dann, wenn Wirbelformationen in höheren Luftschichten unabhängig von der Bodendruckverteilung auftreten. Man weiß, daß gerade die Cut-off Lows (Höhenzyklonen) Schlechtwetterlagen ersten Ranges sind. Auch ist der vertikale Temperaturgradient wegen der thermischen Stabilität oder Labilität mit der Wolkenentstehung in Verbindung zu bringen.

Schließlich muß der orographische Einfluß auf Wolkenbildung oder deren Auflösung durch Stau- oder Föhneffekte beachtet werden. In gebirgigen Ländern werden mitunter gerade diese Effekte dominieren. Ähnlich, wie die Abfolge verschiedener Bewölkungsarten im Zuge eines Frontendurchganges durch zahlreiche Untersuchungen hinreichend bekannt ist, können auch, aufgrund des Entwicklungsstadiums von Zyklonen und der Lage der Fronten in Zusammenhang mit diesen, relativ genaue Angaben über Niederschlagsgebiete gemacht werden. Auch die Art des Niederschlages (Nieseln, Landregen, Schauer usw.) kann prognostiziert werden. Zur quantitativen Niederschlagsprognose wurden zwar zahlreiche synoptische Methoden entwickelt, doch beruhen sie meist auf statistischen oder klimatologischen Grundlagen, die jeweils nur für den Ort, für den sie erstellt wurden, Gültigkeit haben.

Von allgemeinerem Interesse sind hingegen Kriterien, die in Grenzfällen Entscheidungen zu treffen gestatten, wie z. B. bei den Fragen: Sind Konvektionsschauer zu erwarten, oder reicht die vorhandene Labilität der Luftmasse nicht aus, um solche zuzulassen? Fällt der Niederschlag als Regen oder als Schnee, wenn die Temperaturen am Boden nahe dem Nullpunkt liegen? U. a. m. Zur Beantwortung der ersten Frage wurde z. B. von SHOWALTER (1953) ein Index entwickelt, dessen Größe über das Auftreten oder Nichtauftreten von Wärmegewittern entscheidet. Auf einem thermodynamischen Diagrammpapier mit eingezeichneter Zustandskurve der Atmosphäre wird ein Luftpaket aus dem 850 mb-Niveau trockenadiabatisch bis zum Sättigungspunkt, dann entlang einer Feuchtadiabate bis zum 500 mb-Niveau gehoben. Als *Showalter-Stabilitätsindex* wird die Differenz der Temperatur der Luft im 500 mb-Niveau und jener des so gehobenen Luftpaketes bezeichnet. Beträgt der Wert des Index mehr als + 3°C (umgebende Luft wärmer als gehobene), so ist nicht mit Gewittern oder Schauern zu rechnen. Bei einer Temperaturdifferenz zwischen 0° und 3°C sind Schauer möglich, bei − 3° bis 0°C (umgebende Luft kälter als gehobene) sind Gewitter, bei noch tieferen Werten schwere Gewitter zu erwarten.

Als Kriterium, ob der Niederschlag aus einer Wolke, an deren Untergrenze negative Temperaturen herrschen, den Boden in fester oder flüssiger Form erreicht, kann jene Temperatur gelten, die man durch Verfolgen einer Feuchtadiabate im thermodynamischen Diagrammpapier, ausgehend von der Wolkenuntergrenze, im Bodenniveau erreicht. Liegt diese Temperatur tiefer als + 3°C, so ist im allgemeinen mit Schnee zu rechnen, liegt sie über diesem Wert, so schmilzt der Niederschlag, bevor er den Boden erreicht, und es ist Regen zu prognostizieren.

Die beiden angeführten Verfahren sollen nur als Beispiele für viele andere im Routinedienst sehr nützliche Hilfsmittel dienen. Diese können in den Prognosehandbüchern der verschiedenen Wetterdienste oder auch in Lehrbüchern [PETTERSSEN (1956), ZVEREV (1972)] nachgeschlagen werden.

Um das Problem einer Niederschlagsprognose mathematisch zu formulieren, wird meistens von folgender einfacher Beziehung ausgegangen [HALTINER 1971)]:

$$P = \int\limits_{t}^{t+\Delta t} \int\limits_{0}^{\infty} - \frac{dq_s}{dt} \varrho \, dz \, dt. \qquad \text{(B.17)}$$

Hier ist P der Betrag des Niederschlags pro Einheitsfläche in der Zeit Δt. q_s ist die maximal mögliche spezifische Feuchte (Sättigungszustand). Ferner ist vorausgesetzt, daß der kondensierte Wasserdampf sofort als Niederschlag ausfällt. Um die individuelle Änderung der spezifischen Feuchte in Verbindung mit der Vertikalbewegung zu bringen, kann folgendermaßen verfahren werden. Wir greifen zunächst auf die (approximative) Beziehung zwischen q_s und dem Sättigungsdampfdruck e_s zurück (s. auch Fußnote auf S. 7). Es gilt

$$q_s \doteq 0{,}621\,(e_s/p). \tag{B.18}$$

Wird (B.18) logarithmisch nach der Zeit differenziert, erhält man

$$\frac{1}{q_s}\frac{dq_s}{dt} \doteq \frac{1}{e_s}\frac{de_s}{dt} - \frac{\omega}{p}, \tag{B.19}$$

$\omega = dp/dt$ (generalisierte Vertikalgeschwindigkeit).

Um die zeitliche Änderung des Sättigungsdampfdruckes berechnen zu können, wird auf die Formel (A.25) zurückgegriffen, die die Abhängigkeit von e_s von der Temperatur angibt. Wir haben dort für die praktische Anwendung bei der Analyse diese Formel mit experimentell ermittelten Konstanten (sogenannte Magnus-Formel) angegeben. Sie läßt sich aber auch in analoger Form rein theoretisch aus der Clausius-Clapeyronschen Gleichung der Thermodynamik herleiten. Sie lautet dann

$$\frac{de_s}{e_s} = \frac{L}{R_w}\frac{dT}{T^2}, \tag{B.20}$$

mit L als Kondensationswärme und R_w als individueller Gaskonstante für den Wasserdampf. Die Konstanten in der von uns früher benutzten Formel (A.26) haben gegenüber (B.20) etwas geänderte Werte. Dies ist jedoch für unsere theoretischen Überlegungen bedeutungslos. Die geringfügige Diskrepanz beruht darauf, daß die Theorie von Clausius und Clapeyron nicht ganz den in der Natur tatsächlich ablaufenden Prozessen gerecht wird. An dem grundsätzlichen Zusammenhang zwischen dem Sättigungsdampfdruck und der Temperatur in Form einer logarithmischen Beziehung ändert dies jedoch nichts.

Wird nun (B.20) in (B.19) eingesetzt, so ergibt sich sofort

$$\frac{1}{q_s}\frac{dq_s}{dt} = \frac{L}{R_w T^2}\frac{dT}{dt} - \frac{\omega}{p}. \tag{B.21}$$

Unter der Annahme, daß Kondensation als Folge eines feuchtadiabatischen Prozesses stattfindet, schreibt sich der erste Hauptsatz der Wärmelehre [s. Teil C, Gl. (C.7), S. 119]:

$$-\frac{L\,dq_s}{dt} = c_p\frac{dT}{dt} - \frac{RT}{p}\,\omega, \tag{B.22}$$

wenn hierbei R die Gaskonstante der Luft bedeutet. Eliminieren wir jetzt dT/dt aus den beiden Gln. (B.21) und (B.22), so erhalten wir schließlich

$$\frac{dq_s}{dt} = \frac{q_s T}{p}\left(\frac{LR - c_p R_w T}{c_p R_w T^2 + q_s L^2}\right)\omega. \tag{B.23}$$

Damit ist unsere Aufgabe im wesentlichen gelöst. Die Konstanten L, R, R_w, c_p sind bekannt. Die zeitliche Änderung der spezifischen Feuchte und damit nach (B.17) der zu erwartende Niederschlagsbetrag sind auf den vorhandenen Wassergehalt q_s, die herrschende Temperatur T und die Vertikalgeschwindigkeit zurückgeführt. Wir müssen noch dem Vorzeichen der vertikalen Bewegung gerecht werden, da nur bei Aufwärtsbewegung mit Niederschlag zu rechnen ist, und selbst dann nur, wenn Sättigung erreicht wird. Dazu führen wir eine Größe δ ein, für die die Definition gelten soll:

$$\begin{aligned} \delta &= 1 \text{ für } \omega < 0 \text{ (aufsteigende Luftbewegung) und } q \geqslant q_s, \\ \delta &= 0 \text{ für } \omega \geqslant 0 \text{ (absteigende Luftbewegung) oder } q < q_s. \end{aligned} \tag{B.24}$$

Bezeichnen wir nun mit

$$F^* = q_s T \left(\frac{LR - c_p R_w T}{c_p R_w T^2 + q_s L^2} \right), \tag{B.25}$$

so können wir die Formel (B.17) auch

$$P = \int\limits_t^{t+\Delta t} \int\limits_0^{\infty} - \frac{\delta F^* \omega}{p} \varrho \, dz \, dt = \int\limits_t^{t+\Delta t} \int\limits_0^{p_0} - \frac{\delta F^*}{p g} \omega \, dp \, dt \tag{B.17a}$$

schreiben. Um diese Gleichung in der numerischen Wettervorhersage benützen zu können, wäre es erforderlich, bei jedem Zeitschritt den Betrag von δ zu kennen. Da jedoch das Anfangsfeld von ω nicht direkt beobachtet wird, ist man im allgemeinen gezwungen, die in Teil C abgeleitete ω-Gleichung (C.56) oder die Richardson-Gleichung (C.27) als diagnostische Gleichung für ω zu verwenden. Es treten hierbei allerdings Schwierigkeiten auf, die eine völlig befriedigende numerische Niederschlagsprognose derzeit noch nicht gestatten.

C. Theorie der mathematischen Wettervorhersage

1. Problemstellung

In den synoptischen Methoden und Theorien zur Vorhersage der Druckverteilung und damit der Wetterentwicklung nimmt trotz vieler mathematischer Formeln und Beziehungen die Erfahrung, gewonnen aus dem Studium der Wetterkarten, einen breiten Raum ein. Dies kommt schon dadurch zum Ausdruck, daß die solcherart erzielten Erkenntnisse in Form von Regeln und nicht von Gesetzen formuliert werden, wenngleich vor allem im Hinblick auf die Konstruktion von Vorhersagekarten das Bestreben unverkennbar ist, schrittweise anstelle reiner Empirie objektive Methoden einzuführen. Es erhebt sich jedoch die Frage, ob es nicht möglich und angezeigt wäre, durch weitgehende Anwendung der Prinzipien und Gleichungen der theoretischen Physik, denen letzten Endes die (physikalischen) Prozesse in der Atmosphäre gehorchen müssen, zu einer mathematischen Lösung des Problems zu gelangen. In dieser Hinsicht wird von den Kritikern der Wettervorhersage gerne auf die exakten astronomischen Vorausberechnungen von Sternpositionen verwiesen, die ein Vorbild für die theoretische Wettervorhersage sein sollten. Wir wollen uns daher mit dem Problem der rein mathematischen Vorausberechnung der Feldverteilung meteorologischer Elemente, vor allem der Luftdruck- oder Geopotentialverteilung, bzw. mit der mathematischen Wettervorhersage näher beschäftigen.

Offenbar müssen die Schwierigkeiten bei Beschreiten dieses Weges außerordentlich groß sein, da es trotz der zur Verfügung stehenden hochentwickelten modernen Mathematik und des imposanten Gedankengebäudes der (klassischen) Physik bisher noch nicht gelungen ist, das Problem vollkommen befriedigend zu lösen, obwohl gerade die letzten Jahre hier einen gewaltigen Fortschritt gebracht haben. Die theoretische Wettervorhersage oder numerische Wettervorhersage, wie sie wegen der verwendeten numerischen Integration von Prognosengleichungen meistens genannt wird, hat erst in neuester Zeit ein Stadium erreicht, bei welchem bereits ein Teil der Vorhersage vom Computer übernommen wird, wobei sich überdies herausgestellt hat, daß die mathematischen Methoden den semi-empirischen des Meteorologen überlegen sind. Die Entwicklung ist noch keineswegs abgeschlossen, und es ist derzeit noch kaum abzusehen, bis zu welchem Ausmaß in der Zukunft die elektronische Rechenmaschine den Vorhersagedienst des Meteorologen übernehmen kann, wiewohl sich schon gewisse Grenzen abzuzeichnen beginnen.

Ausgangspunkt jedweder mathematischen Vorhersage muß natürlich die genaue Formulierung des in Frage stehenden Problems sein. Da wir das Wettergeschehen als physikalischen Prozeß auffassen, ist es notwendig, zunächst die

Raum-Zeitfunktionen anzugeben, die erforderlich sind, um den uns interessierenden Wetterablauf zu beschreiben. Man weiß schon seit langem, daß sieben oder acht solcher von den drei Raumkoordinaten und der Zeit abhängige Variable genügen, um eine vollkommene Determinierung der in der Atmosphäre ablaufenden (physikalischen) Prozesse vorzunehmen. Es sind dies die drei Komponenten des Geschwindigkeitsvektors, der Luftdruck, die Luftdichte, die Temperatur und der Wasserdampfgehalt. Als achte Variable kann noch eine Größe hinzugenommen werden, die geeignet ist, die in der Atmosphäre durch Absorption und Emission auftretenden Strahlungsströme zu beschreiben. Dies ist prinzipiell deswegen erforderlich, weil zwar die (äußere) Energiezufuhr am Rande der Atmosphäre (Strahlungsintensität der Sonnenstrahlung) als bekannt vorausgesetzt werden darf, die in der Atmosphäre absorbierte bzw. bis zur Erdoberfläche gelangende Strahlungsenergie aber funktionell mit den anderen meteorologischen Elementen, insbesondere mit dem Wasserdampfgehalt und der Temperatur, verknüpft ist. Trotzdem wird in den derzeitigen mathematischen Modellen, die für die numerische Wettervorhersage herangezogen werden, im allgemeinen diese Rückkopplung der Energiezufuhr an die anderen Variablen unberücksichtigt gelassen.

Soll unser Problem vom Standpunkt der theoretischen Physik als eindeutig determiniert gelten, müssen für die sieben (oder acht) Variablen entsprechend viele voneinander unabhängige Gleichungen vorhanden sein, die den funktionellen Zusammenhang beschreiben. Es ist nicht schwer, diese Gleichungen zu finden. Zunächst stehen uns als Ausdruck der Newtonschen Mechanik für die drei Komponenten des Geschwindigkeitsvektors drei *Bewegungsgleichungen* zur Verfügung. Sie stellen eine Beziehung zwischen dem Geschwindigkeitsvektor, den äußeren Kräften (Gravitationskräften), dem Druckgradienten und der Dichte dar. Hinzu kommt die *Kontinuitätsgleichung* als Ausdruck der Erhaltung der Masse.

Bei einem inkompressiblen Medium (konstanter Dichte) würden diese vier Gleichungen bereits genügen, um die vier abhängigen Variablen u, v, w (Komponenten der Geschwindigkeit in der x-, y- und z-Richtung) und den Druck p eindeutig zu erfassen. Tatsachlich handelt es sich hierbei um das einfachste Problem der klassischen Hydrodynamik. Trotzdem bereitet schon die Lösung dieser vier Gleichungen für gegebene Anfangs- und Randbedingungen erhebliche Schwierigkeiten, wie wir noch sehen werden. Wiewohl berechtigte Bedenken angemeldet werden können, wenn man versuchen wollte, die atmosphärischen Prozesse durch ein solches Modell einer inkompressiblen Flüssigkeit zu simulieren, ist es doch möglich, gewisse grundsätzliche Erkenntnisse aus dem Verhalten einer inkompressiblen Flüssigkeit auch auf die atmosphärischen Bewegungs- und Strömungsvorgänge zu übertragen.

Wegen der Kompressibilität der Atmosphäre, also der Variabilität der Luftdichte, müssen wir nach einer weiteren Gleichung Ausschau halten. Aus der Thermodynamik ist bekannt, daß für jedes Gas oder Gasgemisch eine *Zustandsgleichung* existiert, wobei die drei Variablen Druck, Temperatur und Dichte in funktionelle Beziehung gesetzt werden. Im einfachsten Fall (ideales Gas) ist der Druck proportional dem Produkt aus Temperatur und Dichte, wobei der Proportionalitätsfaktor als (individuelle) Gaskonstante bezeichnet wird. Wiewohl ein (sehr wesentlicher) Bestandteil des Luftgemisches, nämlich der Wasserdampf, bei den gegebenen Temperaturverhältnissen keineswegs die Bedingungen eines idealen Gases erfüllt, da Wasser im Temperaturbereich der atmosphärischen Prozesse in allen drei Aggregatzuständen auftreten kann, wird in der mathematischen Vorhersage mit dieser einfachen Zustandsgleichung, auch Boyle-Mariotte-Gay-Lussacsches Gesetz genannt, das Auslangen gefunden.

Noch ist aber unser Problem nicht vollständig determiniert, da wir erst fünf Gleichungen angegeben haben, jedoch mit dem Aufscheinen der Temperatur in der Zustandsgleichung eine sechste und für den variablen Wasserdampfgehalt noch eine siebente Gleichung benötigen. Die sechste Gleichung ist jedoch rasch gefunden. Sie ist einfach der *Energiesatz der Thermodynamik*, auch erster Hauptsatz der Wärmelehre genannt. Für den Wasserdampfgehalt wird meistens ähnlich der Kontinuitätsgleichung eine *Bilanzgleichung* formuliert, die postuliert, daß der gesamte in der Atmosphäre vorhandene Wasserdampfgehalt erhalten bleibt, vorausgesetzt, daß die Quellen und Senken (Verdunstung und Niederschlag) in der Atmosphäre und vor allem am unteren Rand derselben (Erdoberfläche) bekannt sind. Im übrigen setzt auch die Formulierung des ersten Hauptsatzes der Wärmelehre voraus, daß die äußere Energiebilanz (im wesentlichen die Strahlungsbilanz) als bekannte Funktion vorgegeben ist. Ist dies nicht der Fall, muß die früher erwähnte achte Variable eingeführt werden und zur Determinierung des Problems eine weitere Gleichung, nämlich die sogenannte Emden-Schwarzschildsche *Strahlungsgleichung* herangezogen werden.

Man sieht, daß es möglich ist, die räumlich-zeitliche Veränderlichkeit aller Variablen mit Hilfe der eben angeführten Gleichungen zu erfassen. Es muß daher prinzipiell auch möglich sein, mit gegebenen Anfangs- und Randbedingungen eine Vorausberechnung des Betrages der jeweiligen Variablen für einen zukünftigen Termin vorzunehmen, da nach dem Kausalitätsprinzip aus *einem* vorgegebenen *Anfangszustand* nur *ein Endzustand* folgen kann. Versucht man, die Gleichungen allerdings mit den herkömmlichen Methoden zu lösen, so stößt man auf schier unüberwindliche Schwierigkeiten. Dies liegt nicht so sehr an der Vielfalt der Variablen, als vielmehr an der Nichtlinearität der hydrodynamischen Bewegungsgleichungen und an der Kompliziertheit der Randbedingungen an der Erdoberfläche, selbst wenn man die einer strengen mathematischen Behandlung schwer zugänglichen (jedoch in der Atmosphäre keineswegs bedeutungslosen) Turbulenzprobleme zunächst außer acht läßt. Die Tatsache, daß die hydrodynamischen Gleichungen nichtlinear sind, bereitete schon in der klassischen Hydrodynamik den fähigsten Theoretikern Unannehmlichkeiten bei der Integration, die auch durch geniale Inspirationen nicht ausgeschaltet werden konnten. Der Nachteil einer nichtlinearen Differentialgleichung ist nämlich der, daß das Superpositionsprinzip partikulärer Lösungen nicht anwendbar ist. Es gibt grundsätzlich mehrere Möglichkeiten, um diese Schwierigkeiten wenigstens teilweise zu überwinden. Man kann beispielsweise von Anbeginn das ganze Problem durch gewisse mehr oder weniger realistische Modellannahmen drastisch vereinfachen, sodaß die übrigbleibenden Gleichungen entweder linear werden oder doch einen so einfachen Bau aufweisen, daß partikuläre Lösungen, die die Anfangs- bzw. Randbedingungen erfüllen, leicht gefunden werden können. Man kann aber auch die vollständigen Gleichungen nach der Methode der Linearisierung behandeln, die darin besteht, Störungen eines bekannten Grundzustandes zu untersuchen. Der Grundzustand selbst muß den nichtlinearen Gleichungen genügen. Die überlagerten Störungen werden als so klein vorausgesetzt, daß Glieder höherer Ordnung in den Störungskomponenten selbst vernachlässigbar sind. Dadurch gelingt es, für die Störgleichungen lineare Gleichungen aufzustellen, die dann nach den herkömmlichen Methoden gelöst werden. Schließlich bietet sich noch die numerische Integration als gangbarer Weg zur Lösung nichtlinearer Gleichungen an. Hierbei werden bekanntlich die auftretenden Differentiale durch endliche Differenzen ersetzt, sodaß die Differentialoperationen auf gewöhnliche algebraische Rechnungen zurückgeführt werden können. Wie wir noch sehen werden, ist dabei allerdings die erforderliche Rechenarbeit ungeheuer groß, sodaß vor der Erfindung der elektronischen Rechenautomaten kaum eine Hoffnung bestand, die vielen Rechenschritte in der für die Vorhersage zur Verfügung stehenden Zeit bewältigen zu können. Außerdem ist es fraglich, ob die Approximation der Differentialquotienten durch Differenzenquotienten aufgrund des vorliegenden Beobachtungsnetzes hinreichend genau möglich ist. Jedenfalls mußten hierbei eine Reihe von Schwierigkeiten aus dem Wege geräumt werden, bis sich eine für Zwecke der Vorausberechnung geeignete Methode herauskristallisierte. Noch ist die Entwicklung nicht zu einem Abschluß gekommen. Aber die bislang erreichten Ergebnisse sind jedenfalls sehr ermutigend, und die heutige Methodik der Wettervorhersage kann ohne die numerischen Vorausberechnungen nicht mehr auskommen.

2. Grundgleichungen der atmosphärischen Dynamik

Um das Problem der mathematischen Wettervorhersage genau formulieren zu können, ist es notwendig, eine Zusammenfassung der Theorien und Gleichungssysteme zu geben, die die in der Atmosphäre ablaufenden Prozesse beschreiben. Es ist verständlich, daß man angesichts der großen mathematischen Schwierigkeiten bestrebt war, zunächst nur Teilprobleme der atmosphärischen Dynamik zu lösen, d. h. nicht unmittelbar auf das im ersten Abschnitt mit Hilfe von sieben (bzw. acht) Gleichungen formulierte Gesamtproblem einzugehen. Man gelangte auf diese Weise zu sogenannten *Modellatmosphären*, wobei der Weg vom einfachen zum komplizierten Modell führt. Da beispielsweise Reibung und Turbulenz bei mathematischer Behandlung erhebliche Schwierigkeiten bereiten, wäre es denkbar, sich zunächst nur mit einer reibungsfreien Atmosphäre zu beschäftigen. Man kann auch anfänglich vom Feuchtigkeitsgehalt der Luft absehen, da zweifellos die Einbeziehung des gesamten Wasserkreislaufes die Verhältnisse wesentlich kompliziert. Natürlich darf man dabei nicht vergessen, daß gerade die für die Wetterentwicklung wichtigsten Vorgänge, nämlich Wolken- und Niederschlagsbildung, in einer trockenen Atmosphäre unterschlagen werden. Auch eine Vernachlässigung der (äußeren) Reibung kann bei vielen die Wettervorhersage betreffenden Fragen bedenklich sein. Schon Exner (1925) hat bekanntlich darauf hingewiesen, daß die Erdoberfläche wegen ihrer Reibung zu einem *Ausgleichsniveau* ersten Ranges wird, indem Windabweichungen hervorgerufen werden, die zu einer Auffüllung der Tiefdruckgebiete und zu einem Abbau der Hochdruckgebiete führen.

Wir wollen aber versuchen, zunächst einmal folgerichtig die Problematik in ihrer Gesamtheit zu erfassen und erst zu einem späteren Zeitpunkt dann auf vereinfachte Modellvorstellungen zurückzugreifen.

Als erstes betrachten wir die *Bewegungsgleichungen*. Die auf den Newtonschen Axiomen beruhenden Gleichungen gelten bekanntlich in einem Inertialsystem. Es wird die (fast korrekte) Annahme getroffen, daß die Erde sich als ein Körper verhält, der um eine fixe Rotationsachse eine reine Rotation mit konstanter Winkelgeschwindigkeit ausübt, und zwar relativ zu einem Inertialsystem, das mit der Erde mitwandert.

Ein beliebiger Vektor läßt sich im Inertialsystem durch die Einheitsvektoren $(\boldsymbol{i}, \boldsymbol{j}, \boldsymbol{k})$ in Richtung der Koordinatenachse eines rechtwinkeligen kartesischen Koordinatensystems, dessen Ursprung im Erdmittelpunkt liegt, und durch die Komponenten a_x, a_y, a_z des Vektors $\boldsymbol{a}$ in Richtung dieser Achsen,

$$\boldsymbol{a} = a_x \boldsymbol{i} + a_y \boldsymbol{j} + a_z \boldsymbol{k},$$

darstellen. Nun behalten wir den Ursprung bei, lassen aber eine Rotation um die Erdachse mit der konstanten Winkelgeschwindigkeit Ω zu. Derselbe Vektor kann im rotierenden Koordinatensystem (x', y', z') in der Form

$$\boldsymbol{a} = a_{x'} \boldsymbol{i}' + a_{y'} \boldsymbol{j}' + a_{z'} \boldsymbol{k}'$$

jetzt mit den entsprechenden Einheitsvektoren $\boldsymbol{i}'$, $\boldsymbol{j}'$, $\boldsymbol{k}'$ und den dazu gehörenden Komponenten geschrieben werden. Differentiation des Vektors nach der Zeit führt zu

$$\frac{d\boldsymbol{a}}{dt} = \frac{da_{x'}}{dt}\boldsymbol{i}' + \frac{da_{y'}}{dt}\boldsymbol{j}' + \frac{da_{z'}}{dt}\boldsymbol{k}' + a_{x'}\frac{d\boldsymbol{i}'}{dt} + a_{y'}\frac{d\boldsymbol{j}'}{dt} + a_{z'}\frac{d\boldsymbol{k}'}{dt}.$$

Die ersten drei Terme bilden den substantiellen Differentialquotienten von $\boldsymbol{a}$ im rotierenden System, also $d'\boldsymbol{a}/dt$.

Da das Koordinatensystem (x', y', z') mit der konstanten Winkelgeschwindigkeit Ω um die Rotationsachse in Richtung des Vektors $\boldsymbol{\Omega}$ rotieren soll, $|\boldsymbol{\Omega}| = \Omega$, gilt

$$\frac{d\boldsymbol{i}'}{dt} = \boldsymbol{\Omega} \times \boldsymbol{i}', \qquad \frac{d\boldsymbol{j}'}{dt} = \boldsymbol{\Omega} \times \boldsymbol{j}', \qquad \frac{d\boldsymbol{k}'}{dt} = \boldsymbol{\Omega} \times \boldsymbol{k}',$$

sodaß für den Vektor $\boldsymbol{a}$ die Beziehung

$$\frac{d\boldsymbol{a}}{dt} = \frac{d'\boldsymbol{a}}{dt} + \boldsymbol{\Omega} \times \boldsymbol{a} \tag{C.1}$$

zu recht besteht.

Wir setzen nunmehr in (C.1) für den beliebigen Vektor $\boldsymbol{a}$ den Ortsvektor $\boldsymbol{r} = x\boldsymbol{i} + y\boldsymbol{j} + z\boldsymbol{k} = x'\boldsymbol{i}' + y'\boldsymbol{j}' + z'\boldsymbol{k}'$ ein und erhalten sofort

$$\frac{d\boldsymbol{r}}{dt} = \frac{d'\boldsymbol{r}}{dt} + \boldsymbol{\Omega} \times \boldsymbol{r}$$

oder mit

$$\boldsymbol{v} \equiv \frac{d\boldsymbol{r}}{dt}, \qquad \boldsymbol{v}' \equiv \frac{d'\boldsymbol{r}}{dt}$$

auch

$$\boldsymbol{v} = \boldsymbol{v}' + \boldsymbol{\Omega} \times \boldsymbol{r}$$

und nach Differentiation

$$\frac{d\boldsymbol{v}}{dt} = \frac{d'}{dt}(\boldsymbol{v}' + \boldsymbol{\Omega} \times \boldsymbol{r}) + \boldsymbol{\Omega} \times (\boldsymbol{v}' + \boldsymbol{\Omega} \times \boldsymbol{r}) =$$

$$= \frac{d'\boldsymbol{v}'}{dt} + 2\boldsymbol{\Omega} \times \boldsymbol{v}' + \boldsymbol{\Omega} \times (\boldsymbol{\Omega} \times \boldsymbol{r}). \qquad \text{(C.2)}$$

In (C.2) ist $d\boldsymbol{v}/dt$ die Beschleunigung relativ zum Inertialsystem, während $d'\boldsymbol{v}'/dt$ diejenige relativ zum rotierenden System ist. Die auf der rechten Seite aufscheinenden Zusatzterme stellen virtuelle Kräfte (pro Einheitsmasse) dar, die lediglich durch die Rotation zustande kommen und auch bei Abwesenheit realer Kräfte Berücksichtigung finden müssen. Der Term $2\boldsymbol{\Omega} \times \boldsymbol{v}'$ wird als *Corioliskraft* (pro Masseneinheit) oder *Coriolisbeschleunigung* bezeichnet, während der Term $\boldsymbol{\Omega} \times (\boldsymbol{\Omega} \times \boldsymbol{r})$ die übliche *Zentrifugalbeschleunigung* repräsentiert. Man kann diesen Term noch umformen, um dies besonders deutlich hervorzuheben. Führt man nämlich den Vektor $\boldsymbol{r}_n$ ein, der die Projektion des Ortsvektors $\boldsymbol{r}$ auf eine Richtung normal zur Rotationsachse bedeuten soll, so gilt offenbar

$$\boldsymbol{\Omega} \times (\boldsymbol{\Omega} \times \boldsymbol{r}) = \boldsymbol{\Omega} \times (\boldsymbol{\Omega} \times \boldsymbol{r}_n) = \boldsymbol{\Omega}(\boldsymbol{r}_n \cdot \boldsymbol{\Omega}) - \boldsymbol{r}_n(\boldsymbol{\Omega} \cdot \boldsymbol{\Omega}) = -\Omega^2 \boldsymbol{r}_n. \qquad \text{(C.3)}$$

Aus (C.2) und (C.3) folgen sofort die mittels NEWTONS zweitem Gesetz zu formulierenden Bewegungsgleichungen

$$\frac{d\boldsymbol{v}}{dt} = \frac{d'\boldsymbol{v}'}{dt} + 2\boldsymbol{\Omega} \times \boldsymbol{v}' - \Omega^2 \boldsymbol{r}_n = \boldsymbol{P} + \boldsymbol{F} + \boldsymbol{g}^*. \qquad \text{(C.4)}$$

Hierbei ist unter $\boldsymbol{P}$ die Kraft zu verstehen, die durch die räumliche Variation des Luftdrucks hervorgerufen wird. $\boldsymbol{F}$ ist die (innere) Reibungskraft und $\boldsymbol{g}^*$ die Gravitationskraft (alle Größen pro Masseneinheit). Da die Gravitationskraft und die auf der linken Seite von (C.4) aufscheinende Zentrifugalkraft nur Funktionen der Lage des betreffenden Aufpunktes sind und nicht von der Relativbewegung im rotierenden Koordinatensystem abhängen, werden sie zweckmäßigerweise zu einer resultierenden Kraft zusammengefaßt derart, daß

$$\boldsymbol{g} = \boldsymbol{g}^* + \Omega^2 \boldsymbol{r}_n$$

geschrieben wird[1].

Für die weiteren Überlegungen wollen wir mit $\boldsymbol{v}$ bereits den Vektor im rotierenden Koordinatensystem bezeichnen. Die Vektorgleichung (C.4) gilt allgemein für eine beliebige Wahl der Koordinatenachsen. Für meteorologische Probleme

---

[1] Der solcherart zusammengesetzte Vektor $\boldsymbol{g}$ hat jetzt neben der zum Erdmittelpunkt orientierten Komponente auch noch eine in Richtung normal zur Rotationsachse. Für einen auf der Erdoberfläche ruhenden Massenpunkt bedeutet dies eine Kraftkomponente, die bekanntlich zur Abplattung der Erde führt. Doch kann für unsere Zwecke dieser Effekt trotz Beibehaltung der Annahme, daß die Erde eine geometrische Kugelform hat, vernachlässigt werden, sodaß der Vektor $\boldsymbol{g}$ genügend genau als mit der Normalen auf die Tangentialfläche zusammenfallend angesehen werden darf.

werden verschiedene Koordinatensysteme verwendet. Das bei weitem häufigste rechtwinkelige kartesische Koordinatensystem ist jenes, bei welchem in der Tangentialebene die x-Koordinate in Richtung nach Osten, die y-Koordinate nach Norden und die z-Koordinate in Richtung der Flächennormalen (Richtung zum Zenit) gewählt wird.

Als nächstes betrachten wir die *Kontinuitätsgleichung*, die die analytische Formulierung des Prinzips der Erhaltung der Masse darstellt. Die Ableitung dieser Gleichung ist nicht schwierig und findet sich in jedem Lehrbuch der Physik oder der dynamischen Meteorologie. Unter der Voraussetzung, daß der Massenzu- und -abfluß in ein rechtwinkeliges Parallelepiped, das nach den Koordinatenachsen orientiert ist, (aus Richtung der drei Koordinatenachsen) die Akkumulation von Masse im Innern kompensieren soll, gilt folgende Gleichung:

$$\frac{\partial \varrho}{\partial t} = -\frac{\partial}{\partial x}(\varrho u) - \frac{\partial}{\partial y}(\varrho v) - \frac{\partial}{\partial z}(\varrho w), \tag{C.5}$$

wenn unter ϱ die Dichte des Mediums verstanden wird und u, v, w die Komponenten des Vektors $\boldsymbol{v}$ sein sollen. Eine gebräuchlichere Form der Gl. (C.5) erhält man, wenn die Differentiationen auf der rechten Seite von (C.5) ausgeführt werden:

$$\frac{\partial \varrho}{\partial t} + u\frac{\partial \varrho}{\partial x} + v\frac{\partial \varrho}{\partial y} + w\frac{\partial \varrho}{\partial z} + \varrho\left(\frac{\partial u}{\partial x} + \frac{\partial v}{\partial y} + \frac{\partial w}{\partial z}\right) = 0. \tag{C.5a}$$

Da die ersten vier Terme die substantielle (totale) Ableitung von ϱ darstellen, d. h. $d\varrho/dt$ geschrieben werden können (Eulerzerlegung s. S. 11) und

$$\frac{\partial u}{\partial x} + \frac{\partial v}{\partial y} + \frac{\partial w}{\partial z} \equiv \operatorname{div} \boldsymbol{v}$$

bezeichnet wird, schreibt sich die Kontinuitätsgleichung auch

$$\frac{d\varrho}{dt} + \varrho \operatorname{div} \boldsymbol{v} = 0. \tag{C.5b}$$

Ist das Medium inkompressibel (ϱ = konstant), so folgt aus (C.5b) $\operatorname{div} \boldsymbol{v} = 0$. Da dies jedoch in der Atmosphäre nicht der Fall ist, müssen wir noch die Gleichungen und Prinzipien der Thermodynamik heranziehen. Hier ist zunächst die *Zustandsgleichung* der Gase zu nennen. Für alle praktischen Zwecke genügt es, diejenige für ein ideales Gas zugrunde zu legen, wie bereits früher betont wurde. Sie lautet

$$p = \frac{R^+}{m}\varrho T. \tag{C.6}$$

Hier ist p der Druck, T die Temperatur, R^+ die universelle Gaskonstante und m das Molekulargewicht des Gases. Streng genommen gilt (C.6) nur für ein einheitliches Gas, doch kann wegen des Daltonschen Gesetzes über die Partialdrucke eines Gasgemisches die Form der Gleichung auch im Fall der Atmosphäre beibehalten werden. Man nennt $R \equiv R^+/m$ auch die individuelle Gaskonstante. In der Meteorologie wird sie für die trockene Luft (also ohne Berücksichtigung des stark variablen Gehaltes an Wasserdampf) eingeführt, während dem Wasserdampfgehalt selbst durch eine Korrektur der Temperatur (virtuelle Temperatur) Rechnung getragen wird (s. S. 7).

Die nächste Gleichung, die wir benötigen, um das Problem vollständig beschreiben zu können, ist der *erste Hauptsatz der Wärmelehre* oder die thermodynamische Energiegleichung. Wir schreiben sie in der für unsere Zwecke am besten geeigneten Form:

$$\frac{1}{c_p}\frac{ds}{dt} = \frac{1}{T}\frac{dT}{dt} - \frac{R}{c_p p}\frac{dp}{dt}. \tag{C.7}$$

ds/dt ist hier der pro Zeit- und Masseneinheit zugeführte Betrag an Entropie, c_p die spezifische Wärme bei konstantem Druck.

In der Meteorologie werden mit Vorliebe adiabatische Prozesse betrachtet, bei welchen die Entropie konstant bleibt, sodaß die linke Seite von (C.7) verschwindet. In einem solchen Fall ergibt sich sofort aus (C.7) eine Beziehung zwischen Druck und Temperatur, nämlich

$$\frac{p^{R/c_p}}{T} = \frac{p_0{}^{R/c_p}}{T_0} = \text{konstant}, \tag{C.8}$$

oder mit Einführung der *potentiellen* Temperatur Θ und dem Referenzdruck $P_0 = 1000$ mb,

$$\Theta = T\left(\frac{P_0}{p}\right)^{R/c_p} = \text{konstant}. \tag{C.8a}$$

Man kann daher die Energiegleichung (C.7) auch in der Form

$$\frac{1}{c_p}\frac{ds}{dt} = \frac{1}{\Theta}\frac{d\Theta}{dt} = \frac{d\ln\Theta}{dt} \tag{C.9}$$

oder

$$\frac{d\Theta}{dt} = J_A(x, y, z, t)$$

mit J_A als Quelle oder Senke der äußeren Energie schreiben, was gewisse Vorteile mit sich bringt. Sieht man von starken vertikalen Wolkenentwicklungen und von gewissen Prozessen nahe der (überhitzten) Erdoberfläche ab, so sind die individuellen Änderungen der potentiellen Temperatur im Vergleich zu denjenigen der aktuellen Temperatur gering. Es ist daher für manche Teilprobleme der atmosphärischen Dynamik möglich, die Vorgänge quasi-adiabatisch zu behandeln. Doch wird dies meistens nur für relativ kurze Zeitspannen erlaubt sein.

Als letzte Gleichung fügen wir noch eine *Bilanzgleichung für den Wasserdampfgehalt* hinzu. Dies geschieht in Analogie zur Kontinuitätsgleichung der trockenen Luft (C.5) in der Form

$$\frac{\partial \varrho_w}{\partial t} = -\frac{\partial}{\partial x}(\varrho_w u) - \frac{\partial}{\partial y}(\varrho_w v) - \frac{\partial}{\partial z}(\varrho_w w) + S, \tag{C.10}$$

wenn hier unter ϱ_w die Dichte des Wasserdampfes zu verstehen ist und S die

Quellen und Senken des Wasserdampfes pro Volumseinheit und Zeiteinheit bedeuten.

Da die Dichte des Wasserdampfes (absolute Feuchte) in der Meteorologie kaum verwendet wird, ist es üblich, die Gl. (C.10) auch für die spezifische Feuchte $q \equiv \varrho_w/\varrho$ umzuschreiben. Man erhält sofort

$$\frac{\partial \varrho q}{\partial t} = -\operatorname{div} \varrho q \boldsymbol{v} + S. \tag{C.10a}$$

Wird die Kontinuitätsgleichung (C.5) mit q multipliziert und von (C.10a) subtrahiert, schreibt sich (C.10a) auch zu

$$\frac{dq}{dt} \equiv \frac{\partial q}{\partial t} + u\frac{\partial q}{\partial x} + v\frac{\partial q}{\partial y} + w\frac{\partial q}{\partial z} = \frac{S}{\varrho}. \tag{C.10b}$$

3. Allgemeine Sätze der Wirbeldynamik

Wir haben im vorangegangenen Abschnitt gesehen, daß sich tatsächlich für die von uns ausgewählten sieben abhängigen Variablen sieben voneinander unabhängige Gleichungen aufstellen lassen. Ohne auf die verschiedenen Lösungsmöglichkeiten des Gleichungssystems einzugehen, kann man sehr wichtige Sätze über die Dynamik der Wirbelentstehung und Wirbelerhaltung aufstellen, die offenbar direkt oder indirekt auch mit der Problematik der Wettervorhersage zu tun haben. Von Anbeginn hat schon die synoptische Meteorologie ihr besonderes Augenmerk den zyklonalen und antizyklonalen Wirbeln zugewendet und in Erfahrung bringen können, daß die dominanten Wettererscheinungen gerade mit diesen Wirbeln verknüpft sind, zumal sie ja wegen der engen Kopplung an das Druckfeld auch als Tiefdruckgebiete und Hochdruckgebiete zu identifizieren sind. Wir haben im synoptischen Teil gesehen, daß insbesondere die Entstehung der zyklonalen Wirbel und natürlich auch deren Verlagerung in einem vorgegebenen Grundfeld geradezu die Kernfrage der Wettervorhersage darstellt, wobei durch empirische und theoretische Untersuchungen klargestellt werden sollte, wann und unter welchen Bedingungen sich in einem vorgegebenen Stromfeld solche Wirbel ausbilden können. Wir haben auch schon erwähnt und werden später nochmals ausführlich darauf zurückkommen, daß für die Entstehung der (zyklonalen) Wirbel sehr wahrscheinlich Stromfeldinstabilitäten erforderlich sind. Dabei liegt immer die Vorstellung zugrunde, daß Wirbel sozusagen der Endzustand eines Vorganges sind, bei welchem sich einem Grundstrom kleine Wellen überlagern, deren Amplitude sich vergrößert, bis die Wellen schließlich instabil werden. Eine theoretische Behandlung solcher Instabilitäten ist jedoch im allgemeinen nur möglich, wenn die Gleichungen linearisiert sind. Man kann aber ganz allgemein schon gewisse Aussagen über Wirbelentstehung und Wirbelvernichtung machen, ohne irgendwelche Zusatzannahmen zu treffen. Grundlage für diese Wirbelsätze sind lediglich die Bewegungsgleichungen und die Kontinuitätsgleichung, wie HELMHOLTZ (1882) und ERTEL (1942) zeigen konnten. Um allgemein zu bleiben, geht man bei der Ableitung dieser Wirbelsätze am besten von der Vektorgleichung (C.4) aus. Obwohl die Ableitung prinzipiell nicht schwierig ist, erfordert sie doch die Anwendung des Vektorkalküls in einem Ausmaß, das den Rahmen dieses

Buches, das sich primär mit der Wettervorhersage beschäftigen will, sprengen würde. Wir wollen daher hier nur die Ergebnisse der beiden Wirbelsätze von HELMHOLTZ und ERTEL diskutieren. Der interessierte Leser findet die genaue Ableitung im Anhang (S. **193**).

HELMHOLTZ behandelt ein einfaches Problem, nämlich die Frage der Wirbeldynamik einer idealen Flüssigkeit im Inertialsystem. Seine Ausgangsgleichung ist daher aus unserer Gl. (C.4) zu erhalten, wenn dort die Coriolisbeschleunigung und die Zentrifugalbeschleunigung auf der linken Seite der Gleichung und die Reibungskraft auf der rechten Seite gestrichen werden. Nach Umformung der Gleichung mit Hilfe verschiedener Beziehungen aus der Vektorrechnung ergibt sich dann für den Wirbelvektor $\boldsymbol{w} \equiv \operatorname{rot} \boldsymbol{v}$ die Beziehung

$$\frac{d\boldsymbol{w}}{dt} = \boldsymbol{w} \cdot \operatorname{grad} \boldsymbol{v}. \tag{C.11}$$

In Worten bedeutet dies folgendes: Angenommen ein Teilchen besitzt keine Rotation, sein $\boldsymbol{w}$ ist null, so kann es in einer reibungslosen inkompressiblen Flüssigkeit unter dem Einfluß konservativer Kräfte nicht zu wirbeln beginnen, da nach (C.11) dann auch $d\boldsymbol{w}/dt =$ null sein muß. Umgekehrt gilt aber auch, daß, falls ein Teilchen einmal wirbelt, $d\boldsymbol{w}/dt$ nicht null werden kann, was notwendig wäre, damit die Wirbelbewegung zum Stillstand kommt.

Für die meteorologischen Probleme ergeben sich aus dem Helmholtzschen Wirbelsatz insoferne wichtige Schlußfolgerungen, als die Ursachen für Wirbelentstehung (oder Vernichtung) in Wirkungen zu suchen sind, die außerhalb der Vorgänge einer idealen Flüssigkeit im Inertialsystem liegen. Mithin kann folgende Behauptung aufgestellt werden: Solange wir an der Inkompressibilität festhalten, können Wirbel entweder durch die Corioliskräfte oder durch die Reibungskräfte verursacht werden. Beide Effekte sind für die Meteorologie bedeutungsvoll.

Im rotierenden Koordinatensystem tritt anstelle der Helmholtzschen Beziehung eine analoge, in welcher jedoch nicht der Wirbelvektor für sich invariant bleibt sondern die Summe aus diesem Vektor und dem Rotationsvektor der Erdrotation. Wiewohl letzter Vektor eine konstante Richtung und einen konstanten Betrag hat, ist seine Projektion in die Tangentialebene an einen bestimmten Punkt der Erdoberfläche von der geographischen Breite abhängig. Daraus ergeben sich für Beobachtungen auf der Erdoberfläche Änderungen der Wirbelstruktur der Stromlinien trotz Erhaltung der gesamten Wirbelstärke. Diese Verwirbelungen bei nicht zonalen Strömungen auf der rotierenden Erde spielen auch in der Wettervorhersage eine große Rolle. Ein zweiter Prozeß, der die Wirbel beeinflussen kann, ist die Reibung. Hierzu ist jedoch grundsätzlich festzustellen: Durch Reibung können zwar Wirbel entstehen aber letztlich, d. h. nach hinreichend langer Zeit, vernichtet sie die Reibung wieder. Die wesentliche, wetterwirksame Wirbelproduktion in der Atmosphäre dürfte eine Folge der Kompressibilität der Luft sein. Man kann auch für diesen gegenüber der idealen Flüssigkeit wesentlich komplizierteren Vorgang einen Wirbelsatz ableiten, den wir ERTEL verdanken. Die analytische Form des Ertelschen Wirbelsatzes lautet:

$$\frac{d}{dt}(\alpha \boldsymbol{W} \cdot \operatorname{grad} F) - \alpha \boldsymbol{W} \cdot \operatorname{grad} \frac{dF}{dt} = \alpha \operatorname{grad} F \cdot (\operatorname{grad} p \times \operatorname{grad} \alpha). \tag{C.12}$$

Hierbei ist $\boldsymbol{W} = \boldsymbol{w} + 2\boldsymbol{\Omega}$, p der Luftdruck, $\alpha = 1/\varrho$ das spezifische Volumen und F eine zunächst allgemein angesetzte Funktion der Raum-Zeitkoordinaten. Der Satz (C.12) hat für eine beliebige Wahl dieser Funktion Gültigkeit. Es wird nur verlangt, daß sie stetig und differenzierbar ist. Ein Vergleich von (C.12) mit (C.11) lehrt uns, daß jetzt offenbar die Verhältnisse wesentlich anders liegen und es nicht möglich ist, sofort den Helmholtzschen ähnliche bzw. verallgemeinerte Aussagen zu treffen. Aber der Ertelsche Wirbelsatz führt bei geeigneter Wahl von F zu einer Reihe von außerordentlich wichtigen Resultaten, und wir wollen dies hier an zwei Beispielen, die für die mathematische Wettervorhersage von großer Bedeutung sind, zeigen.

Beispiel 1: Wir setzen F der Reihe nach gleich x, y, z.
Dann wird

$$\frac{dF}{dt} = u, \qquad \frac{dF}{dt} = v, \qquad \frac{dF}{dt} = w,$$

also gleich den Komponenten des Geschwindigkeitsvektors $\boldsymbol{v}$.

Der Satz (C.12) liefert uns die drei Gleichungen

$$\frac{d}{dt}(\alpha W_x) - \alpha \boldsymbol{W} \cdot \operatorname{grad} u = \alpha(\operatorname{grad} p \times \operatorname{grad} \alpha)_x,$$

$$\frac{d}{dt}(\alpha W_y) - \alpha \boldsymbol{W} \cdot \operatorname{grad} v = \alpha(\operatorname{grad} p \times \operatorname{grad} \alpha)_y,$$

$$\frac{d}{dt}(\alpha W_z) - \alpha \boldsymbol{W} \cdot \operatorname{grad} w = \alpha(\operatorname{grad} p \times \operatorname{grad} \alpha)_z,$$

die als Komponentengleichung der folgenden Vektorgleichung aufgefaßt werden können:

$$\frac{d}{dt}(\alpha \boldsymbol{W}) - \alpha \boldsymbol{W} \cdot \operatorname{grad} \boldsymbol{v} = \alpha(\operatorname{grad} p \times \operatorname{grad} \alpha). \tag{C.13}$$

Es muß betont werden, daß wir zwar die Funktion F spezifiziert, jedoch dadurch die allgemeine Gültigkeit des Ertelschen Satzes nicht eingeschränkt haben. Die Gl. (C.13) ist nur eine andere Form des Wirbelsatzes, der eben je nach der Wahl von F viele Gestalten annehmen kann. Aber (C.13) läßt eine Schlußfolgerung zu, die für uns besonders wichtig ist. Es gibt einen Zustand der Atmosphäre, bei welchem die Flächenscharen gleichen Druckes mit denen gleicher Dichte parallel verlaufen. Man bezeichnet diesen Zustand auch als *Barotropie* (s. auch Teil B, S. 71). Zum Unterschied davon ist bei einer *baroklin* geschichteten Atmosphäre ein merklicher Dichte- bzw. Temperaturgradient auf Flächen gleichen Druckes festzustellen. Wiewohl sich die tatsächliche Atmosphäre nur selten barotrop verhält, kann dies als Arbeitshypothese für eine Modellvorstellung zugrunde gelegt werden. Tatsächlich hat sich gezeigt, daß man mit diesem überaus vereinfachten Modell viele charakteristische Bewegungsvorgänge, vor allem in der freien Atmosphäre (vornehmlich in der mittleren Troposphäre), beschreiben kann. Als erster hat Rossby das barotrope Modell für Zwecke der Wettervorhersage herangezogen und schon mit sehr speziellen Lösungen der barotropen Gleichungen das Verhalten der langen planetarischen Wellen in der freien Atmosphäre zu beschreiben vermocht. Auch heute hat im großen Programm der numerischen Wettervorhersage das barotrope Modell noch immer seinen Platz inne und wird in den täglichen numerischen Vorhersagekarten nicht gerne vermißt. Auch bei wissenschaftlichen Untersuchungen verschiedenster Art werden wegen ihrer Einfachheit und Übersichtlichkeit Prozesse, die in einer barotropen Atmosphäre stattfinden, immer wieder herangezogen. Aus allen diesen Gründen ist es sicherlich angezeigt, an Hand unseres Wirbelsatzes die Wirbeldynamik in einer barotropen Atmosphäre zu studieren.

Man erhält diesen Sonderfall sofort aus (C.13), wenn die rechte Seite gleich null gesetzt wird, da für grad $p \,||\,$ grad α das Vektorprodukt verschwinden muß. Dann ergibt sich aber

$$\frac{d}{dt}(\alpha \boldsymbol{W}) = \alpha \boldsymbol{W} \cdot \operatorname{grad} \boldsymbol{v}. \tag{C.13a}$$

Jetzt ist ein direkter Vergleich mit dem Helmholtzschen Satz (C.11) möglich. Auch hier haben wir eine Wirbelinvariante. Man muß nur im Helmholtzschen Satz $\boldsymbol{w}$ durch $\alpha \boldsymbol{W}$ ersetzen und erhält eine formale Übereinstimmung. Zum Unterschied vom Helmholtzschen Satz bleibt hier nicht die einfache Rotation $\boldsymbol{w}$, sondern die mit dem spezifischen Volumen *gewogene* Gesamtrotation $\boldsymbol{W}$ erhalten. Die Gl. (C.13a) stellt die allgemeinste Form der (dreidimensionalen) barotropen Wirbelgleichung dar. In der Meteorologie wird allerdings mit Vorliebe nur ein *zweidimensionales* Problem behandelt, bei welchem $\boldsymbol{v}$ $(u, v, 0)$ und $\boldsymbol{W}$ $(0, 0, W_z)$ ist[1]. Da nun (wegen $\boldsymbol{W} = \operatorname{rot} \boldsymbol{v} + 2\boldsymbol{\Omega}$) $W_z = \operatorname{rot}_z \boldsymbol{v} + 2\Omega \sin \varphi$ ist, ergibt sich mit der vielfach üblichen Bezeichnung $\operatorname{rot}_z \boldsymbol{v} = \zeta$, $2\Omega \sin \varphi = f$ aus (C.13a) in diesem Sonderfall die Gleichung

$$\frac{d_2}{dt}[\alpha(\zeta + f)] = 0 \tag{C.13b}$$

mit

$$\frac{d_2}{dt} = \frac{\partial}{\partial t} + u \frac{\partial}{\partial x} + v \frac{\partial}{\partial y}.$$

Mit Hilfe der (zweidimensionalen) Kontinuitätsgleichung (C.5b) läßt sich (C.13b) noch umformen, wenn man bedenkt, daß

$$-\frac{1}{\varrho}\frac{d_2 \varrho}{dt} = \frac{1}{\alpha}\frac{d_2 \alpha}{dt}$$

ist und daher die Kontinuitätsgleichung in unserem Fall

$$\operatorname{div}_2 \boldsymbol{v} = \frac{1}{\alpha}\frac{d_2 \alpha}{dt}$$

[1] Bei der im Kapitel 4 beschriebenen allgemein üblichen Orientierung der Koordinatenachsen ergibt sich für $\boldsymbol{\Omega} = \Omega \cos \varphi \mathbf{j} + \Omega \sin \varphi \mathbf{k}$ mit φ als geographischer Breite.

lautet. Es wird daher

$$(\zeta + f)\alpha \operatorname{div}_2 \boldsymbol{v} + \alpha \frac{d_2}{dt}(\zeta + f) = 0$$

oder

$$\frac{d_2}{dt}(\zeta + f) = -(\zeta + f) \operatorname{div}_2 \boldsymbol{v}. \tag{C.13c}$$

Diese Gleichung wird meistens als die *divergente barotrope Wirbelgleichung* bezeichnet. Ihre Anwendung in der Meteorologie ist sehr weitreichend. Wir kommen später darauf noch zurück. Es soll aber nicht übersehen werden, daß sie nur einen Sonderfall der allgemeinen barotropen Wirbelgleichung (C.13a) darstellt.

Beispiel 2: Wie wir später noch sehen werden, können atmosphärische Prozesse, die gemäß dem ersten Hauptsatz der Wärmelehre adiabatisch verlaufen, für kürzere Zeiträume auch als Grundlage für ein brauchbares Modell der Atmosphäre herangezogen werden. Solche adiabatische Modelle leisten in der heutigen Vorhersagetechnik große Dienste. Sie sind wesentlich leistungsfähiger als etwa das barotrope Modell, da sie auch barokline Prozesse zulassen, jedoch ohne äußere Energiezufuhr. Man kann nun aus dem Ertelschen Wirbelsatz auch für diesen Fall eine Wirbelgleichung ableiten. Wird nämlich $F = \Theta$ gesetzt, so ist nach (C.8a) $F = F(p, \alpha)$. Das bedeutet aber, daß die rechte Seite von (C.12) verschwindet, wie man sich leicht überzeugt. Weiters sollen die Vorgänge adiabatisch verlaufen, also nach (C.9)

$$\frac{dF}{dt} = \frac{d\Theta}{dt} = 0$$

sein. Damit ergibt sich der für adiabatische Prozesse gültige Wirbelsatz zu

$$\frac{d}{dt}[\alpha \boldsymbol{W} \cdot \operatorname{grad} \Theta] = 0. \tag{C.14}$$

Hier bleibt der absolute Wirbelvektor $\boldsymbol{W}$, multipliziert mit dem spezifischen Volumen und dem Gradienten der potentiellen Temperatur, invariant. Auch dieser allgemeine Wirbelsatz für adiabatische Prozesse kann für praktische Belange umgeformt werden. Dies gelingt, wenn man die Bewegungsgleichung dadurch vereinfacht, daß man Vertikalbeschleunigungen vernachlässigt und damit ein quasihydrostatisches Gleichgewicht annimmt. Dann läßt sich nämlich durch Einführung der potentiellen Temperatur als Vertikalkoordinate eine sehr handliche Form von (C.14) ableiten. Wir werden dies im Kapitel 4 noch ausführlich besprechen.

4. Wahl spezieller Koordinatensysteme

Für die Zwecke der numerischen Vorausberechnungen ist es erforderlich, die Vektorgleichung (C.4) in drei skalare Gleichungen entsprechend den Komponenten in drei verschiedenen Koordinatenrichtungen zu zerlegen. Die Vektorgleichung gilt für jede beliebige Wahl der Koordinatenachsen. In der Meteorologie wird mit Vorliebe folgende Wahl getroffen: ein rechtwinkeliges Koordinatensystem auf der als (ideale) Kugeloberfläche gedachten Erdoberfläche. Die y-Achse weise nach Norden, die x-Achse nach Osten. Die z-Koordinate sei normal zur Kugeloberfläche positiv nach außen orientiert. Werden nunmehr die Komponenten von (C.4) in diesen Richtungen berechnet, wobei noch zu bedenken ist, daß wir übereingekommen sind (s. S. 117), vom Vektor $\mathbf{g}$ nur die Normalkomponente, also diejenige in unsere z-Richtung, zu berücksichtigen, so erhält man:

$$\frac{du}{dt} - \frac{uv \operatorname{tg} \varphi}{E} + \frac{uw}{E} - 2\Omega\, v \sin \varphi + 2\Omega\, w \cos \varphi = P_x + F_x,$$

$$\frac{dv}{dt} + \frac{u^2 \operatorname{tg} \varphi}{E} + \frac{vw}{E} + 2\Omega\, u \sin \varphi = P_y + F_y,$$

$$\frac{dw}{dt} - \frac{u^2 + v^2}{E} - 2\Omega\, u \cos \varphi = P_z + F_z - g. \qquad \text{(C.15)}$$

u, v und w sind die entsprechenden Komponenten des Geschwindigkeitsvektors im rotierenden Koordinatensystem, φ ist die geographische Breite, P_x, P_y und P_z sind die Komponenten des Druckgradienten (pro Masseneinheit), E ist der (mittlere) Erdradius, g der Betrag der Gravitationsbeschleunigung der Erdanziehung mit Einschluß der Zentrifugalbeschleunigung.

Durch die Abschätzung der Größenordnung der einzelnen Terme in den Gleichungen (C.15) lassen sich diese für fast alle praktischen Zwecke wesentlich vereinfachen. Bei den in der Atmosphäre vorkommenden Windgeschwindigkeiten sind nämlich alle Terme, die den Erdradius im Nenner aufweisen, um mindestens eine Größenordnung kleiner als die anderen. Außerdem kann in der ersten Gleichung $2\Omega \cos \varphi\, w$ gegenüber $2\Omega \sin \varphi\, v$, in der letzten $2\Omega \cos \varphi\, u$ gegenüber g ohne weiteres vernachlässigt werden. Wird schließlich noch die Eulerzerlegung der individuellen Beschleunigungen durchgeführt, da an den fest mit der Erdoberfläche verbundenen Beobachtungsstationen nur die *lokalen* Differentialquotienten beachtet werden können, so ergibt sich

$$\frac{\partial u}{\partial t} + u \frac{\partial u}{\partial x} + v \frac{\partial u}{\partial y} + w \frac{\partial u}{\partial z} - f v = -\frac{1}{\varrho} \frac{\partial p}{\partial x} + F_x,$$

$$\frac{\partial v}{\partial t} + u \frac{\partial v}{\partial x} + v \frac{\partial v}{\partial y} + w \frac{\partial v}{\partial z} + f u = -\frac{1}{\varrho} \frac{\partial p}{\partial y} + F_y,$$

$$\frac{\partial w}{\partial t} + u \frac{\partial w}{\partial x} + v \frac{\partial w}{\partial y} + w \frac{\partial w}{\partial z} = -\frac{1}{\varrho} \frac{\partial p}{\partial z} - g + F_z, \qquad \text{(C.15a)}$$

wobei für $2\Omega \sin \varphi \equiv f$ geschrieben wurde und die Komponenten des Druckgradienten in der üblichen Weise mit Hilfe des Luftdruckes p als Druckgradient pro Volumseinheit eingesetzt wurden.

Für fast alle Rechnungen und Überlegungen in der dynamischen Meteorologie bilden die Gleichungen (C.15a) die Grundlage. Ist allerdings der in Frage stehende Bereich so groß, daß die Krümmung der Erdoberfläche nicht vernachlässigt werden kann (dies ist schon bei gewöhnlichen synoptischen Erwägungen auf der üblichen Wetterkarte der Fall), so bleiben nur zwei Möglichkeiten, den Tatsachen gerecht zu werden. Entweder muß man wieder auf krummlinige (sphärische)

Koordinaten zurückgehen, oder man behält das Koordinatensystem in (C.15a) bei, paßt aber die darin auftauchenden räumlichen Inkremente mittels eines sogenannten *Projektionsfaktors* den durch die Projektion der Kugeloberfläche auf eine Ebene geänderten Maßzahlen an. In der numerischen Wettervorhersage wird vornehmlich der letztere Weg beschritten. Wir kommen später darauf zurück (Kapitel 5). Obwohl weitere Vereinfachungen der Gleichungen (C.15a) zu mehr oder weniger großen Einschränkungen der hier noch vollständig erfaßten atmosphärischen Bewegungsprozesse führen, ist (zumindest derzeit) in den Modellen für die numerische Wettervorhersage noch eine Vernachlässigung üblich. Man ersetzt nämlich die dritte Bewegungsgleichung durch die hydrostatische Beziehung

$$-\frac{1}{\varrho}\frac{\partial p}{\partial z} - g = 0. \tag{C.16}$$

Das bedeutet, daß nur solche Bewegungen behandelt werden sollen, bei denen die vertikale Komponente der Beschleunigung dw/dt klein ist im Vergleich zur Gravitationsbeschleunigung g und bei denen F_z vernachlässigt wird. Man muß sich natürlich dabei im klaren sein, daß solcherart manche mit starken Vertikalversetzungen verbundene Prozesse, wie etwa Konvektionswolkenentwicklungen, ausgeschieden werden. Jedoch ist für die weitere Durchführung unserer Aufgabe die Annahme quasi-statischer Gleichungen in mehrfacher Hinsicht von großem Vorteil. Sie ermöglicht u. a. die Einführung einer neuen (physikalischen) Vertikalkoordinate (z. B. den Luftdruck), was sowohl für die synoptische Praxis als auch für die numerischen Rechenmethoden ganz wesentliche Vereinfachungen mit sich bringt[1]. Wird die neue Vertikalkoordinate mit σ bezeichnet, so muß folgende Voraussetzung

$$\sigma = \sigma(x, y, z, t), \qquad z = z(x, y, \sigma, t)$$

erfüllt sein, d. h. es muß ein umkehrbar eindeutiger, analytisch formulierbarer Zusammenhang zwischen σ und z bestehen.

Für eine beliebige Funktion gilt daher

$$F = F(x, y, z, t) \quad \text{oder} \quad F = F(x, y, \sigma, t).$$

Bilden wir das Differential dieser Funktion, so ergibt sich

$$dF = \left.\frac{\partial F}{\partial x}\right|_z dx + \left.\frac{\partial F}{\partial y}\right|_z dy + \frac{\partial F}{\partial z} dz + \left.\frac{\partial F}{\partial t}\right|_z dt,$$

aber auch

$$dF = \left.\frac{\partial F}{\partial x}\right|_\sigma dx + \left.\frac{\partial F}{\partial y}\right|_\sigma dy + \frac{\partial F}{\partial \sigma} d\sigma + \left.\frac{\partial F}{\partial t}\right|_\sigma dt.$$

Da ferner

[1] Rein theoretisch könnte auch in die vollständigen Gln. (C.15a) durch eine geeignete Koordinatentransformation eine beliebige Vertikalkoordinate eingeführt werden. Nur würde dies keinen Vorteil mit sich bringen, da die Gleichungen eher komplizierter würden.

$$d\sigma = \left.\frac{\partial \sigma}{\partial x}\right|_z dx + \left.\frac{\partial \sigma}{\partial y}\right|_z dy + \frac{\partial \sigma}{\partial z} dz + \left.\frac{\partial \sigma}{\partial t}\right|_z dt$$

und

$$dz = \left.\frac{\partial z}{\partial x}\right|_\sigma dx + \left.\frac{\partial z}{\partial y}\right|_\sigma dy + \frac{\partial z}{\partial \sigma} d\sigma + \left.\frac{\partial z}{\partial t}\right|_\sigma dt$$

gelten muß, liefert ein Koeffizientenvergleich die Transformationsbeziehungen

$$\begin{aligned}
\left.\frac{\partial F}{\partial x}\right|_\sigma &= \left.\frac{\partial F}{\partial x}\right|_z + \left.\frac{\partial F}{\partial z}\frac{\partial z}{\partial x}\right|_\sigma , \\
\left.\frac{\partial F}{\partial y}\right|_\sigma &= \left.\frac{\partial F}{\partial y}\right|_z + \left.\frac{\partial F}{\partial z}\frac{\partial z}{\partial y}\right|_\sigma , \\
\frac{\partial F}{\partial \sigma} &= \frac{\partial F}{\partial z}\frac{\partial z}{\partial \sigma} , \\
\left.\frac{\partial F}{\partial t}\right|_\sigma &= \left.\frac{\partial F}{\partial t}\right|_z + \left.\frac{\partial F}{\partial z}\frac{\partial z}{\partial t}\right|_\sigma .
\end{aligned} \tag{C.17}$$

Für die Transformation des substantiellen Differentialquotienten muß ganz allgemein

$$\frac{d}{dt} = \left(\frac{\partial}{\partial t} + u\frac{\partial}{\partial x} + v\frac{\partial}{\partial y}\right)_\sigma + \frac{d\sigma}{dt}\frac{\partial}{\partial \sigma} \tag{C.18}$$

gelten, da derselbe bei jeglicher Transformation invariant bleiben muß.

Wir wollen $d\sigma/dt$ mit $\dot{\sigma}$ bezeichnen. Nun wenden wir die Transformationsgleichungen (C.17) auf die quasistatischen (reibungsfreien) Bewegungsgleichungen im z-System

$$\begin{aligned}
\frac{du}{dt} - fv &= -\frac{1}{\varrho}\frac{\partial p}{\partial x} , \\
\frac{dv}{dt} + fu &= -\frac{1}{\varrho}\frac{\partial p}{\partial y} , \\
g &= -\frac{1}{\varrho}\frac{\partial p}{\partial z}
\end{aligned} \tag{C.19}$$

an. Wird für unsere Funktion F hier der Druck p eingesetzt, so erhalten wir sofort

$$\begin{aligned}
\left.\frac{1}{\varrho}\frac{\partial p}{\partial x}\right|_z &= \left.\frac{1}{\varrho}\frac{\partial p}{\partial x}\right|_\sigma - \left.\frac{1}{\varrho}\frac{\partial z}{\partial x}\right|_\sigma \frac{\partial p}{\partial z} = \left.\frac{1}{\varrho}\frac{\partial p}{\partial x}\right|_\sigma + g\left.\frac{\partial z}{\partial x}\right|_\sigma , \\
\left.\frac{1}{\varrho}\frac{\partial p}{\partial y}\right|_z &= \left.\frac{1}{\varrho}\frac{\partial p}{\partial y}\right|_\sigma - \left.\frac{1}{\varrho}\frac{\partial z}{\partial y}\right|_\sigma \frac{\partial p}{\partial z} = \left.\frac{1}{\varrho}\frac{\partial p}{\partial y}\right|_\sigma + g\left.\frac{\partial z}{\partial y}\right|_\sigma , \\
\frac{1}{\varrho}\frac{\partial p}{\partial z} &= \frac{1}{\varrho}\frac{\partial p}{\partial \sigma}\frac{\partial \sigma}{\partial z} ,
\end{aligned} \tag{C.20}$$

sodaß die Bewegungsgleichungen im neuen Koordinatensystem mit $H \equiv gz$ (Geopotential) lauten:

$$\frac{\partial u}{\partial t} + u\frac{\partial u}{\partial x} + v\frac{\partial u}{\partial y} + \dot{\sigma}\frac{\partial u}{\partial \sigma} - fv + \frac{1}{\varrho}\frac{\partial p}{\partial x}\bigg|_\sigma + \frac{\partial H}{\partial x}\bigg|_\sigma = 0,$$

$$\frac{\partial v}{\partial t} + u\frac{\partial v}{\partial x} + v\frac{\partial v}{\partial y} + \dot{\sigma}\frac{\partial v}{\partial \sigma} + fu + \frac{1}{\varrho}\frac{\partial p}{\partial y}\bigg|_\sigma + \frac{\partial H}{\partial y}\bigg|_\sigma = 0,$$

$$\frac{\partial H}{\partial \sigma} + \frac{1}{\varrho}\frac{\partial p}{\partial \sigma} = 0. \tag{C.21}$$

Wir haben schon früher erwähnt, daß im Fall eines kompressiblen Mediums neben den Bewegungsgleichungen und der Kontinuitätsgleichung noch die thermodynamischen Gleichungen zur Determinierung des Problems herangezogen werden müssen. Die Zustandsgleichung der Gase (C.6) verknüpft Dichte mit Druck und Temperatur. Da die Dichte an den meteorologischen Stationen nicht direkt gemessen wird, ist ihre Eliminierung aus den Gleichungen zweckmäßig. Wir wollen dies an den Gln. (C.21) auch vornehmen. Überdies ist es noch vorteilhaft, anstelle der Temperatur die potentielle Temperatur Θ einzuführen. Wir verwenden zu diesem Zweck die Gl. (C.8a) und schreiben sie mit der Abkürzung $\pi \equiv (p/P_0)^{R/c_p}$

$$T = \Theta\pi. \tag{C.22}$$

Nun gilt offenbar

$$\frac{\partial \pi}{\partial x} = \frac{R}{c_p p}\left(\frac{p}{P_0}\right)^{R/c_p}\frac{\partial p}{\partial x},$$

also, da $p = R\varrho T$ ist, auch

$$\frac{\partial p}{\partial x} = c_p\varrho\Theta\frac{\partial \pi}{\partial x}$$

und analog

$$\frac{\partial p}{\partial y} = c_p\varrho\Theta\frac{\partial \pi}{\partial y}, \qquad \frac{\partial p}{\partial \sigma} = c_p\varrho\Theta\frac{\partial \pi}{\partial \sigma}.$$

Daher schreiben sich die Gln. (C.21) auch in der Form

$$\frac{\partial u}{\partial t} + \dot{\sigma}\frac{\partial u}{\partial \sigma} - fv + \left(u\frac{\partial u}{\partial x} + v\frac{\partial u}{\partial y} + \frac{\partial H}{\partial x} + c_p\Theta\frac{\partial \pi}{\partial x}\right) = 0,$$

$$\frac{\partial v}{\partial T} + \dot{\sigma}\frac{\partial v}{\partial \sigma} + fu + \left(u\frac{\partial v}{\partial x} + v\frac{\partial v}{\partial y} + \frac{\partial H}{\partial y} + c_p\Theta\frac{\partial \pi}{\partial y}\right) = 0,$$

$$\frac{\partial H}{\partial \sigma} + c_p\Theta\frac{\partial \pi}{\partial \sigma} = 0. \tag{C.23}$$

Als nächstes wollen wir die Kontinuitätsgleichung in das neue Koordinatensystem transformieren. Wir gehen von der Gl. (C.5b) aus und verwenden wieder die Transformationsgleichung (C.17). Es ergibt sich

$$\left(\frac{\partial u}{\partial x}+\frac{\partial v}{\partial y}\right)_z=\left(\frac{\partial u}{\partial x}+\frac{\partial v}{\partial y}\right)_\sigma-\frac{\partial u}{\partial z}\frac{\partial z}{\partial x}\bigg|_\sigma-\frac{\partial v}{\partial z}\frac{\partial z}{\partial y}\bigg|_\sigma=$$

$$=\left(\frac{\partial u}{\partial x}+\frac{\partial v}{\partial y}\right)_\sigma-\frac{\partial u}{\partial \sigma}\frac{\partial \sigma}{\partial z}\frac{\partial z}{\partial x}\bigg|_\sigma-\frac{\partial v}{\partial \sigma}\frac{\partial \sigma}{\partial z}\frac{\partial z}{\partial y}\bigg|_\sigma,$$

$$\frac{\partial w}{\partial z}=\frac{\partial w}{\partial \sigma}\frac{\partial \sigma}{\partial z}.$$

Weiters gilt wegen der hydrostatischen Näherung der dritten Bewegungsgleichung

$$\varrho=-\frac{1}{g}\frac{\partial p}{\partial z}=-\frac{1}{g}\frac{\partial p}{\partial \sigma}\frac{\partial \sigma}{\partial z},$$

sodaß

$$\frac{d\varrho}{dt}=-\frac{1}{g}\left[\frac{\partial \sigma}{\partial z}\frac{d}{dt}\left(\frac{\partial p}{\partial \sigma}\right)+\frac{\partial p}{\partial \sigma}\frac{d}{dt}\left(\frac{\partial \sigma}{\partial z}\right)\right]$$

wird.

Daher schreibt sich die Kontinuitätsgleichung zunächst zu

$$\left(\frac{\partial u}{\partial x}+\frac{\partial v}{\partial y}\right)_\sigma-\frac{\partial \sigma}{\partial z}\left[\frac{\partial u}{\partial \sigma}\frac{\partial z}{\partial x}\bigg|_\sigma+\frac{\partial v}{\partial \sigma}\frac{\partial z}{\partial y}\bigg|_\sigma-\frac{\partial w}{\partial \sigma}\right]=$$

$$=-\frac{1}{\frac{\partial p}{\partial \sigma}}\frac{d}{dt}\left(\frac{\partial p}{\partial \sigma}\right)-\frac{1}{\frac{\partial \sigma}{\partial z}}\frac{d}{dt}\left(\frac{\partial \sigma}{\partial z}\right). \tag{C.24}$$

Nun ist aber

$$\dot{\sigma}=\frac{d\sigma}{dt}=\frac{\partial \sigma}{\partial t}+u\frac{\partial \sigma}{\partial x}+v\frac{\partial \sigma}{\partial y}+w\frac{\partial \sigma}{\partial z}$$

und andererseits

$$\frac{\partial \sigma}{\partial t}\bigg|_z=-\frac{\partial \sigma}{\partial z}\frac{\partial z}{\partial t}\bigg|_\sigma,\quad \frac{\partial \sigma}{\partial x}\bigg|_z=-\frac{\partial \sigma}{\partial z}\frac{\partial z}{\partial x}\bigg|_\sigma,\quad \frac{\partial \sigma}{\partial y}\bigg|_z=-\frac{\partial \sigma}{\partial z}\frac{\partial z}{\partial y}\bigg|_\sigma,$$

sodaß

$$\dot{\sigma}=-\frac{\partial \sigma}{\partial z}\left[\frac{\partial z}{\partial t}\bigg|_\sigma+u\frac{\partial z}{\partial x}\bigg|_\sigma+v\frac{\partial z}{\partial y}\bigg|_\sigma-w\right]$$

wird.

Nun bilden wir

$$\frac{\partial \dot{\sigma}}{\partial \sigma}=-\frac{\partial}{\partial \sigma}\left(\frac{\partial \sigma}{\partial z}\right)\left[\frac{\partial z}{\partial t}\bigg|_\sigma+u\frac{\partial z}{\partial x}\bigg|_\sigma+v\frac{\partial z}{\partial y}\bigg|_\sigma-w\right]-\frac{\partial \sigma}{\partial z}\left[\frac{\partial}{\partial t}\left(\frac{\partial z}{\partial \sigma}\right)+\right.$$

$$\left.+u\frac{\partial}{\partial x}\left(\frac{\partial z}{\partial \sigma}\right)+v\frac{\partial}{\partial y}\left(\frac{\partial z}{\partial \sigma}\right)-\frac{\partial w}{\partial \sigma}\right]-\frac{\partial \sigma}{\partial z}\left[\frac{\partial u}{\partial \sigma}\frac{\partial z}{\partial x}\bigg|_\sigma+\frac{\partial v}{\partial \sigma}\frac{\partial z}{\partial y}\bigg|_\sigma\right].$$

Da

$$\frac{d}{dt}\left(\frac{\partial z}{\partial \sigma}\right) = \frac{\partial}{\partial t}\left(\frac{\partial z}{\partial \sigma}\right) + u\frac{\partial}{\partial x}\left(\frac{\partial z}{\partial \sigma}\right) + v\frac{\partial}{\partial y}\left(\frac{\partial z}{\partial \sigma}\right) + \dot{\sigma}\frac{\partial}{\partial \sigma}\left(\frac{\partial z}{\partial \sigma}\right)$$

gilt, wird

$$\frac{\partial \dot{\sigma}}{\partial \sigma} = \frac{\partial}{\partial \sigma}\left(\frac{\partial \sigma}{\partial z}\right)\frac{\dot{\sigma}}{\frac{\partial \sigma}{\partial z}} - \frac{\partial \sigma}{\partial z}\frac{d}{dt}\left(\frac{\partial z}{\partial \sigma}\right) - \frac{\partial \sigma}{\partial z}\left[\frac{\partial u}{\partial \sigma}\frac{\partial z}{\partial x}\bigg|_{\sigma} + \frac{\partial v}{\partial \sigma}\frac{\partial z}{\partial y}\bigg|_{\sigma} - \frac{\partial w}{\partial \sigma}\right] +$$

$$+ \dot{\sigma}\frac{\partial}{\partial \sigma}\left(\frac{\partial z}{\partial \sigma}\right)\frac{\partial \sigma}{\partial z}.$$

Der erste und der letzte Term auf der rechten Seite heben sich gegenseitig auf, wie man leicht durch differenzieren feststellt, sodaß nur mehr

$$\frac{\partial \dot{\sigma}}{\partial \sigma} = -\frac{\partial \sigma}{\partial z}\frac{d}{dt}\left(\frac{\partial z}{\partial \sigma}\right) - \frac{\partial \sigma}{\partial z}\left[\frac{\partial u}{\partial \sigma}\frac{\partial z}{\partial x}\bigg|_{\sigma} + \frac{\partial v}{\partial \sigma}\frac{\partial z}{\partial y}\bigg|_{\sigma} - \frac{\partial w}{\partial \sigma}\right]$$

übrig bleibt. Greifen wir jetzt auf den früher abgeleiteten Ausdruck für die Kontinuitätsgleichung (C.24) zurück, so resultiert für die dreidimensionale Divergenz im neuen Koordinatensystem:

$$\frac{\partial u}{\partial x} + \frac{\partial v}{\partial y} + \frac{\partial \dot{\sigma}}{\partial \sigma} = -\frac{1}{\frac{\partial p}{\partial \sigma}}\frac{d}{dt}\left(\frac{\partial p}{\partial \sigma}\right) - \frac{1}{\frac{\partial \sigma}{\partial z}}\frac{d}{dt}\left(\frac{\partial \sigma}{\partial z}\right) + \frac{\partial \sigma}{\partial z}\frac{d}{dt}\left(\frac{\partial z}{\partial \sigma}\right). \tag{C.25}$$

Da aber die beiden letzten Terme auf der rechten Seite sich aufheben, bleibt als Kontinuitätsgleichung lediglich

$$\frac{\partial u}{\partial x} + \frac{\partial v}{\partial y} + \frac{\partial \dot{\sigma}}{\partial \sigma} = -\frac{1}{\frac{\partial p}{\partial \sigma}}\frac{d}{dt}\left(\frac{\partial p}{\partial \sigma}\right) \tag{C.25a}$$

oder auch nach Anwendung der Eulerzerlegung

$$\frac{\partial}{\partial t}\left(\frac{\partial p}{\partial \sigma}\right) + \frac{\partial\left(u\frac{\partial p}{\partial \sigma}\right)}{\partial x} + \frac{\partial\left(v\frac{\partial p}{\partial \sigma}\right)}{\partial y} + \frac{\partial\left(\dot{\sigma}\frac{\partial p}{\partial \sigma}\right)}{\partial \sigma} = 0. \tag{C.25b}$$

Vergleicht man (C.25b) mit der Kontinuitätsgleichung im z-System (C.5), so ergibt sich die formale Übereinstimmung einfach dadurch, daß anstelle der Dichte ϱ der Ausdruck $\partial p/\partial \sigma$ gesetzt wird. Hierzu ist allerdings zu bemerken, daß dies nur für quasistatische Bewegungsvorgänge gilt, da wir bei der Ableitung von (C.25b) sehr wesentlich von der hydrostatischen Beziehung (C.16) Gebrauch gemacht haben.

Es erhebt sich nun die Frage, welchen Vorteil die Koordinatensysteme mit einer verallgemeinerten Vertikalkoordinate σ uns bieten. Wir wollen zur Beantwortung dieser Frage drei spezielle Fälle betrachten.

1. $\sigma = p$. Dieses Koordinatensystem erfreut sich in der synoptischen Praxis großer Beliebtheit. Die Verhältnisse in der freien Atmosphäre werden nämlich

nicht in einem konstanten Höhenniveau sondern auf Flächen konstanten Druckes dargestellt.

Es ergibt sich sofort für p als Vertikalkoordinate

$$\frac{\partial \pi}{\partial x} = 0, \quad \frac{\partial \pi}{\partial y} = 0, \quad \frac{\partial \pi}{\partial p} = \frac{R}{c_p p}\pi = \frac{RT}{c_p p \Theta} = \frac{RT}{c_p R \varrho T \Theta} = \frac{1}{c_p \Theta \varrho},$$

sodaß die Bewegungsgleichungen die Form

$$\frac{\partial u}{\partial t} + \dot{p}\frac{\partial u}{\partial p} - fv + \left(u\frac{\partial u}{\partial x} + v\frac{\partial u}{\partial y} + \frac{\partial H}{\partial x}\right) = 0,$$

$$\frac{\partial v}{\partial t} + \dot{p}\frac{\partial v}{\partial p} + fu + \left(u\frac{\partial v}{\partial x} + v\frac{\partial v}{\partial y} + \frac{\partial H}{\partial y}\right) = 0,$$

$$\frac{\partial H}{\partial p} + \frac{1}{\varrho} = 0 \tag{C.26}$$

annehmen und die Kontinuitätsgleichung in die sogenannte Richardsongleichung

$$\frac{\partial u}{\partial x} + \frac{\partial v}{\partial y} + \frac{\partial \dot{p}}{\partial p} = 0 \tag{C.27}$$

übergeht.

Die Vorteile, die diese Gleichungen gegenüber denjenigen im z-System [Gl. (C.19) bzw. (C.5) oder (C.5b)] bieten, liegen auf der Hand. Einmal scheint die Dichte in den beiden ersten Bewegungsgleichungen nicht mehr auf, sodaß die Effekte, die durch eine variable Dichte hervorgerufen werden, sowohl in der Horizontalen als auch in der Vertikalen nicht explizit in Erscheinung treten. Sie sind eben in der Druckkoordinate implizit enthalten. Noch augenscheinlicher wird dieser Vorteil bei der Kontinuitätsgleichung, die formal die Gestalt derjenigen eines inkompressiblen Mediums annimmt. Mit anderen Worten: Im p-System verschwindet die dreidimensionale Divergenz des Geschwindigkeitsvektors, obwohl das Medium kompressibel ist, also keineswegs mit einer konstanten Dichte gerechnet werden muß. Dies darf allerdings nicht darüber hinwegtäuschen, daß dies nur dadurch ermöglicht wurde, daß die dritte Bewegungsgleichung durch die hydrostatische Beziehung ersetzt wurde. Weiters müssen wir in Kauf nehmen, daß unser neues Koordinatensystem zeitabhängig ist, da der funktionelle Zusammenhang zwischen Druck und geometrischer Höhe ständigen Modifikationen unterworfen ist. Schließlich sei noch erwähnt, daß ein Nachteil des neuen Koordinatensystems darin liegen kann, daß es nicht notwendigerweise ein rechtwinkeliges kartesisches Koordinatensystem sein muß. Da wir nämlich die horizontale x, y-Ebene beibehalten haben und der Druck p die Rolle der Vertikalkoordinate z übernehmen soll, so müßte gewährleistet sein, daß grad p normal zur x, y-Ebene orientiert ist, was sicherlich nicht genau stimmt. Doch zeigt sich, daß die Neigung der p-Flächen gegenüber der Horizontalebene im allgemeinen nur gering ist.

Eine besondere Variante des p-Systems wurde von PHILLIPS (1957) vorgeschlagen, nämlich:

2. $\sigma = p/p_s$ mit p_s als Bodenluftdruck, gegeben als Funktion $p_s(x, y, t)$. Dieses spezielle p-Koordinatensystem hat für numerische Rechenmethoden den Vorteil,

daß der Integrationsbereich im Hinblick auf die Variation der Vertikalkoordinate eingeschränkt wird, da

a) an der Grenze der Atmosphäre ($z \to \infty$, $p \to 0$) σ null wird und

b) an der Erdoberfläche, also an der unteren Begrenzung der Atmosphäre, wo $p = p_s$ wird, σ den Wert 1 annimmt. Dabei sind orographische Modifikationen der Erdoberfläche, die sich z. B. im z-System in starken Schwankungen gegenüber dem Referenzniveau (Meeresniveau) zeigen können, hier automatisch ausgeschaltet. Man hat auch noch andere Kombinationen von Druckwerten in verschiedenen Niveaus als σ-Koordinate eingeführt, wobei beispielsweise von SHUMAN (1969) auch ein Unterschied für die Wahl der σ-Koordinate in der Troposphäre gemacht wurde. Grundsätzlich liefern jedoch diese Ansätze gegenüber dem hier erörterten keine wesentlich neuen Gesichtspunkte.

3. Als drittes Beispiel wollen wir noch eine Koordinate einführen, die sich für spezielle Untersuchungen als äußerst vorteilhaft erwiesen hat, wiewohl sie für die numerische Wettervorhersage kaum verwendet wird. Wir wollen nämlich für σ die potentielle Temperatur Θ einführen. Es ergibt sich, da in diesem Fall

$$\frac{1}{\pi}\frac{\partial \pi}{\partial x} = \frac{1}{T}\frac{\partial T}{\partial x}$$

ist, sofort

$$c_p \Theta \frac{\partial \pi}{\partial x} = c_p \frac{\partial T}{\partial x} \quad \text{bzw.} \quad c_p \Theta \frac{\partial \pi}{\partial y} = c_p \frac{\partial T}{\partial y},$$

sodaß die beiden ersten Bewegungsgleichungen (C.23) sich hier

$$\begin{aligned} \frac{\partial u}{\partial t} + \dot{\Theta}\frac{\partial u}{\partial \Theta} - fv + \left(u\frac{\partial u}{\partial x} + v\frac{\partial u}{\partial y} + \frac{\partial(H + c_pT)}{\partial x}\right) &= 0, \\ \frac{\partial v}{\partial t} + \dot{\Theta}\frac{\partial v}{\partial \Theta} + fu + \left(u\frac{\partial v}{\partial x} + v\frac{\partial v}{\partial y} + \frac{\partial(H + c_pT)}{\partial y}\right) &= 0 \end{aligned} \tag{C.28}$$

schreiben. Für die dritte Gleichung wird zunächst

$$\frac{\partial H}{\partial \Theta} + c_p \Theta \frac{\partial \pi}{\partial \Theta} = 0$$

oder mit $T = \Theta\pi$ und

$$\frac{\partial T}{\partial \Theta} = \pi + \frac{\partial \pi}{\partial \Theta}\Theta$$

auch

$$\frac{\partial H}{\partial \Theta} + c_p\left(\frac{\partial T}{\partial \Theta} - \pi\right) = 0,$$

was sich

$$\frac{\partial(H + c_pT)}{\partial \Theta} = c_p \frac{T}{\Theta} \tag{C.28a}$$

schreiben läßt.

Ein Vergleich mit den Gln. (C.26) im p-System zeigt, daß hier die Rolle des Geopotentials H durch den erweiterten Ausdruck $H + c_p T$ übernommen wird. Mitunter wird dieser Ausdruck auch mit Montgomery-Potential bezeichnet, da MONTGOMERY ihn erstmalig verwendet hat.

Der große Vorteil des Θ-Systems besteht darin, daß für den Sonderfall adiabatischer Prozesse in der Atmosphäre die Bewegungen in Flächen $\Theta =$ konstant erfolgen müssen, mithin unsere Bewegungsgleichungen (C.28) in zweidimensionale übergehen ($\dot{\Theta} = 0$). Dem steht der Nachteil gegenüber, daß die Randbedingungen an der Erdoberfläche wesentlich komplizierter sind als etwa im p-System. Während nämlich die Erdoberfläche mit einer p-Fläche oder besser einer p/p_s-Fläche im Sinne des Koordinatensystems von PHILLIPS identifiziert werden darf, fällt sie in den seltensten Fällen mit einer Θ-Fläche zusammen. Andererseits kann z. B. das Überströmen eines Gebirgszuges im Θ-System sehr übersichtlich behandelt werden. Um dies zu zeigen, wollen wir einen Wirbelerhaltungssatz bei adiabatischen Verhältnissen im Θ-System herleiten. Zu diesem Zweck differenzieren wir die erste Gl. (C.28) nach y, die zweite nach x und subtrahieren die erste von der zweiten. Da $\dot{\Theta} = 0$ ist, erhalten wir mit

$$\frac{d_2}{dt} = \left(\frac{\partial}{\partial t} + u\frac{\partial}{\partial x} + v\frac{\partial}{\partial y}\right)_\Theta$$

$$\frac{d_2}{dt}(\zeta_\Theta + f) = -(\zeta_\Theta + f)\,\mathrm{div}_2\,\boldsymbol{v}, \tag{C.29}$$

wenn hier unter

$$\zeta_\Theta = \left(\frac{\partial v}{\partial x} - \frac{\partial u}{\partial y}\right)_\Theta$$

zu verstehen ist. Die Gl. (C.29) ist praktisch identisch mit der divergenten barotropen Wirbelgleichung (C.13c), die wir schon auf S. 124 abgeleitet haben. Dies ist nicht verwunderlich, da bei adiabatischen Verhältnissen das Θ-System nur zweidimensionale Bewegungen in den Θ-Flächen beschreibt. Man kann auch eine Übereinstimmung mit dem allgemeinen Wirbelsatz für adiabatische Prozesse (C.14) herleiten. Wir kombinieren zunächst (C.29) mit der Kontinuitätsgleichung (C.25a), dann wird in unserem Fall

$$\mathrm{div}_2\,\boldsymbol{v} = -\frac{1}{\dfrac{\partial p}{\partial \Theta}}\frac{d_2}{dt}\left(\frac{\partial p}{\partial \Theta}\right)$$

zu setzen sein, sodaß

$$\frac{d_2 \ln\left[(\zeta_\Theta + f)\dfrac{\partial \Theta}{\partial p}\right]}{dt} = 0 \quad \text{oder auch} \quad \frac{d_2}{dt}\left[(\zeta_\Theta + f)\frac{\partial \Theta}{\partial p}\right] = 0 \tag{C.29a}$$

wird.

(C.29a) läßt sich direkt mit (C.14) vergleichen. Da nämlich im Θ-System

$$\frac{\partial \Theta}{\partial x} = \frac{\partial \Theta}{\partial y} = 0, \qquad \frac{\partial \Theta}{\partial \Theta} = 1$$

wird, ist grad $\Theta = \boldsymbol{k}$. Da weiters bei der Ableitung der Kontinuitätsgleichung in einem quasistatischen Bezugssystem gezeigt wurde, daß dort formal, anstelle von $\alpha = 1/\varrho$, $\partial\Theta/\partial p$ zu setzen ist (s. S. 130), so wird in der Tat die Gl. (C.29a) mit (C.14) identisch.

5. Berücksichtigung der Kartenprojektion

Bei fast allen derzeit im Routinedienst verwendeten Modellgleichungen zur numerischen Wettervorhersage werden quasistatische Gleichungen mit verallgemeinerter Vertikalkoordinate (p- oder $\sigma \equiv p/p_s$-System) verwendet. Das heißt, die Bewegungsgleichungen und die Kontinuitätsgleichungen haben im wesentlichen die Gestalt der Gl. (C.26) bzw. (C.27). Zunächst jedoch müssen wir auf das bereits erwähnte Problem der Berücksichtigung der Erdkrümmung in den Modellgleichungen eingehen. Bei weitem am häufigsten wird dabei so vorgegangen, daß das rechtwinkelige kartesische Koordinatensystem, das wir im letzten Kapitel unseren Überlegungen zugrunde gelegt haben (auch das p- oder σ-System wird als solches angesehen), beibehalten wird, aber die räumlichen Inkremente durch einen Projektionsfaktor den tatsächlichen Maßzahlen angepaßt werden. In der synoptischen Praxis wird meistens eine konforme Abbildung der Kugel auf die Ebene verwendet, nämlich die *stereographische* Projektion oder die *Lambertsche Kegelprojektion.* Im ersten Fall kann Längentreue nur in einer geographischen Breite erreicht werden, im zweiten Fall in zwei Breiten. Die stereographische Projektion hat jedoch wiederum den Vorteil, daß sie die ganze Hemisphäre einschließlich der Polarregion abbildet, was bei der Kegelprojektion nicht der Fall ist. Man kann natürlich ganz allgemein Transformationsgleichungen für den Übergang von einem Koordinatensystem auf ein beliebig orientiertes anderes aufstellen. Wir wollen hier nicht auf die mathematisch etwas aufwendige Transformationstheorie im einzelnen eingehen. Der Leser findet die Ableitung in den entsprechenden Lehrbüchern [z. B. BATCHELOR (1967)]. Um das eigentliche Problem verständlich zu machen, wollen wir jetzt eine einfache Ableitung für den Projektionsfaktor der stereographischen Projektion folgen lassen. Es sei $E(\varphi)$ der Erdradius in Abhängigkeit von der geographischen Breite φ, $r(\varphi)$ der Radius des Breitenkreises auf der Kartenprojektion. Weiters soll $m(\varphi)$ der Projektionsfaktor sein, d. h. das Verhältnis der Distanz auf der Karte zu der Distanz auf der Erdoberfläche angeben. Schließlich sei noch mit k das Verhältnis des Winkels zweier

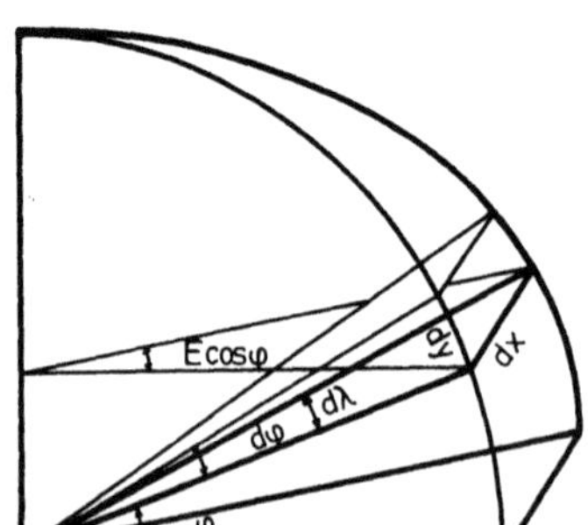

Abb. C.1. Skizze zur Berechnung des Projektionsfaktors m

Meridiane auf der Karte zu dem gleichen Winkel auf der Erdkugel bezeichnet. Dann gilt offenbar (s. Abb. C.1) für das Streckenelement dx der nach Osten orientierten x-Achse

$$dx = r\, d\lambda\, k = E \cos\varphi\, d\lambda\, m, \qquad \lambda = \text{geographische Länge}$$

und für das analoge Streckenelement dy der nach Norden orientierten y-Achse

$$dy = -\, dr = E\, d\varphi\, m.$$

Beide Beziehungen kombiniert liefern sofort, da

$$m = \frac{kr}{E \cos\varphi},$$

$$\frac{dr}{d\varphi} = -\frac{kr}{\cos\varphi}$$

oder

$$\frac{dr}{r} = -\frac{k\, d\varphi}{\cos\varphi},$$

was nach Integration

$$r = K \left[\frac{1 + \sin\varphi}{\cos\varphi}\right]^{-k}$$

ergibt, wenn hier K eine Integrationskonstante bedeutet. Für die polare stereographische Projektion gilt $k = 1$, somit

$$m = \frac{r}{E \cos\varphi} = \frac{K}{E(1 + \sin\varphi)}.$$

Wird nun Längentreuheit am Pol ($\varphi = \pi/2$) verlangt, so muß für $m = 1$, $K/E = 2$ sein, was für den Projektionsfaktor

$$m = \frac{2}{1 + \sin\varphi} \tag{C.30}$$

ergibt.

Wir können hier auf weitere Einzelheiten der Transformation der Prognosengleichungen in die Koordinaten der (polaren) stereographischen Projektion nicht eingehen. Im wesentlichen handelt es sich nur um die konsequente Anwendung der für eine Transformation in allgemeine krummlinige aber orthogonale Koordinaten gültigen Transformationsgleichungen auf die Gln. (C.15) und (C.25b) sowie den Energiesatz in der Form (C.9) und die Bilanzgleichung für den Wasserdampfgehalt (C.10b) [s. z. B. HALTINGER (1971)].

In allgemeinen quasistatischen Koordinaten x, y, σ und t in der polaren stereographischen Projektion schreiben sich unsere Gleichungen mit m als Projektionsfaktor folgendermaßen, wobei u und v jetzt die Geschwindigkeitskomponenten relativ zur Erde in Richtung der polaren stereographischen Koordinaten sind [SHUMAN und HOVERMALE (1968)]:

$$\text{a)} \quad \frac{\partial u}{\partial t} + \dot{\sigma}\frac{\partial u}{\partial \sigma} - fv + m\left(u\frac{\partial u}{\partial x} + v\frac{\partial u}{\partial y} + \frac{\partial H}{\partial x} + c_p\Theta\frac{\partial \pi}{\partial x}\right) + $$

$$+ v^2\frac{\partial m}{\partial x} + uv\frac{\partial m}{\partial y} + F_x = 0,$$

$$\text{b)} \quad \frac{\partial v}{\partial t} + \dot{\sigma}\frac{\partial v}{\partial \sigma} + fu + m\left(u\frac{\partial v}{\partial x} + v\frac{\partial v}{\partial y} + \frac{\partial H}{\partial y} + c_p\Theta\frac{\partial \pi}{\partial y}\right) - $$

$$- uv\frac{\partial m}{\partial x} + u^2\frac{\partial m}{\partial y} + F_y = 0,$$

$$\text{c)} \quad \frac{\partial H}{\partial \sigma} + c_p\Theta\frac{\partial \pi}{\partial \sigma} = 0,$$

$$\text{d)} \quad \frac{\partial}{\partial t}\left(\frac{\partial p}{\partial \sigma}\right) + \frac{\partial}{\partial \sigma}\left(\frac{\partial p}{\partial \sigma}\dot{\sigma}\right) + m\left[\frac{\partial}{\partial x}\left(\frac{\partial p}{\partial \sigma}u\right) + \frac{\partial}{\partial y}\left(\frac{\partial p}{\partial \sigma}v\right)\right] - $$

$$- \frac{\partial p}{\partial \sigma}\left(u\frac{\partial m}{\partial x} + v\frac{\partial m}{\partial y}\right) = 0,$$

$$\text{e)} \quad \frac{\partial \Theta}{\partial t} + \dot{\sigma}\frac{\partial \Theta}{\partial \sigma} + m\left(u\frac{\partial \Theta}{\partial x} + v\frac{\partial \Theta}{\partial y}\right) - J_A = 0,$$

$$\text{f)} \quad \frac{\partial q}{\partial t} + \dot{\sigma}\frac{\partial q}{\partial \sigma} + m\left(u\frac{\partial q}{\partial x} + v\frac{\partial q}{\partial y}\right) - \frac{S}{\varrho} = 0,$$

$$\text{g)} \quad \pi = \left(\frac{p}{P_0}\right)^{R/c_p},$$

$$\text{h)} \quad \varrho = \frac{p}{RT} = \frac{p}{R\Theta\pi}. \qquad \text{(C.31)}$$

Es sind hier acht voneinander unabhängige Gleichungen angegeben. Allerdings haben wir eigentlich neun abhängige Variable, nämlich u, v, $\dot{\sigma}$, H, Θ, π, p, q, ϱ, falls die Terme F_x, F_y, J_A und S als bekannte Raum-Zeitfunktionen vorausgesetzt werden dürfen. Um das System zu schließen, müßte also noch eine Gleichung herangezogen werden. Tatsächlich handelt es sich dabei um die Definitionsgleichung der vertikalen Koordinate σ. Sie muß noch hinzugefügt werden. Wir haben schon früher erwähnt, daß in den meisten derzeit im Routinedienst verwendeten Prognosengleichungen $\sigma = p$ oder $\sigma = p/p_s$ gesetzt wird, wodurch dann anstelle der Gl. (C.31) die Gln. (C.26) und (C.27) mit Berücksichtigung des Projektionsfaktors zu schreiben wären.

6. Numerische Integration der Prognosengleichungen und das Problem der Filterung

Grundsätzlich ist das Problem der numerisch-mathematischen Wettervorhersage durch die Gl. (C.31) formuliert. Daher steht prinzipiell einer Lösung nichts im Wege, falls die Anfangsbedingungen, d. h. die Feldverteilung der abhängigen Variablen zum Ausgangszeitpunkt, und die Randbedingungen an der Erdoberfläche sowie an der oberen Begrenzung der Atmosphäre vorgegeben sind. Dabei wird die Dicke der Luftschicht, die dem Rechenvorgang zugrunde gelegt wird, davon abhängen, welche Wetterphänomene noch berücksichtigt werden müssen. Im allgemeinen wird man mit der Troposphäre und unteren Stratosphäre das Auslangen finden. Wird nicht auf der ganzen Erdkugel gerechnet, müssen überdies noch seitliche Randbedingungen angegeben werden. Die Anfangsfeldverteilung soll durch direkte Beobachtungen bzw. Messungen der meteorologischen Elemente in ihrer räumlichen Verteilung festgelegt werden. Hierbei ergeben sich bereits die ersten Schwierigkeiten, und zwar in mehrfacher Hinsicht. Zunächst einmal müssen wir feststellen, daß das derzeitige weltweite Beobachtungsnetz viel zu weitmaschig ist, um die erforderliche Genauigkeit bei der Erfassung der räumlichen Variation der Elemente zu gewährleisten. Für die numerische Integration werden zwar auch nur Anfangsdaten an den diskreten Punkten des dem Verfahren zugrundegelegten Gitternetzes verlangt, aber die Gitterpunkte des mathematischen Rechenverfahrens fallen im allgemeinen natürlich nicht mit denen des Beobachtungsnetzes zusammen, sodaß von diesen Stationen auf die Gitterpunkte die Werte extrapoliert werden müssen. Wir haben im Teil A, Kapitel 9, das Problem der numerischen Analyse bereits behandelt.

Hier müssen wir aber noch eine wichtige grundsätzliche Feststellung treffen. Von den im vorangegangenen Abschnitt angeführten abhängigen Variablen werden nämlich (zumindest derzeit) nicht alle an den meteorologischen Stationen tatsächlich beobachtet. Die Tatsache, daß die Dichte nicht direkt gemessen wird, ist nicht gravierend, da sie mittels der Gl. (C.31h) sofort aus Druck und Temperatur berechnet werden kann. Ebenso ist es kein Nachteil, daß in unseren Gleichungen anstelle der tatsächlich gemessenen Temperatur die potentielle aufscheint, da sich diese sofort mit Hilfe der Formel (C.8a) aus Druck und Temperatur berechnen läßt. Ähnliches gilt für die spezifische Feuchte, die in einfachem funktionellen Zusammenhang zum Dampfdruck und Luftdruck steht. Eine echte Schwierigkeit bei Festlegung des Anfangszustandes aufgrund der direkten Beobachtungen ergibt sich jedoch bei der vertikalen Windkomponente. Diese wird bekanntlich nicht direkt beobachtet (dreidimensionale Windfahnen befinden sich nur an wenigen speziellen Forschungsinstituten). Da sie jedoch für die Anfangsverteilung ebenfalls benötigt wird, müssen geeignete diagnostische Beziehungen zu den anderen meteorologischen Elementen, vornehmlich zu den horizontalen Windkomponenten, herangezogen werden (s. Teil A, Kapitel 6). Hier liegt das Problem nicht so einfach, wie bei den eben behandelten Meßgrößen. Tatsächlich zeigt sich nun wieder der große Vorteil der quasistatischen Approximation der Gleichungen. Wird nämlich die dritte Bewegungsgleichung durch die hydrostatische Beziehung ersetzt, so kann gezeigt werden, daß das horizontale Geschwindigkeitsfeld (zusammen mit dem Luftdruck) die vertikale Windkomponente eindeutig festlegt. Im p-System ist dies unmittelbar aus der Kontinuitätsgleichung (C.27) (Richardsongleichung) zu entnehmen. Aber diese Behauptung gilt auch im z-System [s. z. B. THOMPSON (1961)]. Wir sehen also, daß hier ein *zwingender* Grund vorhanden ist, mit der hydrostatisch approximierten dritten Bewegungsgleichung zu rechnen. Wir werden in diesem Abschnitt noch auf einen weiteren Vorteil der quasistatischen Gleichung zu sprechen kommen.

Nehmen wir nun an, daß alle Voraussetzungen, die an die Anfangsverteilung gestellt werden müssen, erfüllt sind. Dann kann die Integration der Gl. (C.31) durch ein numerisches Verfahren vorgenommen werden. Eine rein analytische Lösung ist wegen der Nichtlinearität der Gleichung nicht möglich. Trotz des glücklichen Umstandes, daß die zeitlichen Ableitungen der abhängigen Variablen in den Gleichungen nur mit dem ersten Differentialquotient aufscheinen, ist die numerische Integration der Gl. (C.31) ein unerhört schwieriges und aufwendiges Unterfangen. Es kann bei einem einigermaßen realistischen Zeitaufwand nur durch Einsatz von Hochleistungsrechenautomaten bewältigt werden. Auf Einzelheiten der rein mathematischen Verfahren soll hier nicht eingegangen werden, da uns dies zu weit vom eigentlichen meteorologischen Problem wegführen würde. Das Grundprinzip der numerischen Integration der Gl. (C.31) ist aber sehr einfach zu formulieren. Ist die räumliche Verteilung der abhängigen Variablen zum Ausgangszeitpunkt gegeben, so kann bei einer bestimmten Wahl der räumlichen Inkremente die zeitliche Änderung der entsprechenden Größe an jedem Gitterpunkt für ein hinreichend kurzes Zeitintervall direkt aus den Gleichungen berechnet werden. Daraus ergeben sich neue Feldverteilungen aller Variablen, aus denen nun neuerlich eine zeitliche Änderung ermittelt werden kann. Dieses Verfahren wird für kleine Zeitschritte solange wiederholt, bis der gewünschte Prognosenzeitraum erreicht ist.

Allerdings bringt diese numerische Integration eine Reihe von Fehlerquellen mit sich, die unter Umständen das Resultat stark verfälschen können. Zunächst muß gewährleistet sein, daß bei Verwendung endlicher Inkremente (Ersetzung der Differentiale durch Differenzen) der Differenzenquotient bei einer Verringerung der Inkremente gegen den Differentialquotient konvergiert. Es muß aber auch der Fehler, der durch Ersetzen des Differentialquotienten durch einen Differenzenquotienten auftritt, abgeschätzt werden, um entscheiden zu können, ob das numerische Verfahren noch tragbar ist. Dieser sogenannte *Diskretisationsfehler* (= *Truncation Error*) ist also eine mögliche Ursache für fehlerhafte Resultate. Aber er ist bei weitem nicht die einzige. Sehr viel Sorgen bereiten andere Fehlerquellen, die als *numerische Instabilität* bezeichnet werden. Die lineare numerische Instabilität hängt von der Wahl des Verhältnisses des räumlichen zum zeitlichen Inkrement ab. Bei einer beliebigen Wahl dieser Größen (der räumlichen Gitterdistanz, die dem numerischen Verfahren zugrunde liegt, und des Zeitschrittes, mit welchem numerisch integriert wird) kann es vorkommen, daß für periodische Lösungen in einem gewissen Wellenlängenbereich unerwünschte und vollkommen unrealistische Amplitudenvergrößerungen auftreten, die physikalisch gänzlich unbegründet und, wie man zeigen kann, nur eine Folge des numerischen Verfahrens sind. Durch die Darstellung einer kontinuierlichen Feldverteilung (etwa der Luftdruckverteilung) durch diskrete Werte an einem mehr oder weniger grobmaschigen Gitternetz wird also nicht nur das Schaubild der Funktion selbst unscharf. Durch die Selektion der Funktionswerte an den Gitterpunkten werden vom großen Spektrum der möglichen Wellentypen in den vollständigen Lösungen der Prognosengleichungen manche unterschlagen, andere wiederum scheinbar amplifiziert. Im allgemeinen läßt sich eine solche Amplifizierung von gewissen Wellentypen, verursacht lediglich durch das numerische Verfahren, vermeiden, wenn folgende Bedingung eingehalten wird:

$$\frac{c\,\Delta t}{\Delta x} < 1. \qquad \text{(C.32)}$$

Hierin bedeutet c eine Konstante, die für die Geschwindigkeit repräsentativ sein soll, mit welcher ein atmosphärischer Prozeß sich ausbreitet. Es kann sich also z. B. dabei um die Windgeschwindigkeit handeln oder aber auch um die Phasengeschwindigkeit von Schwerewellen (Schallgeschwindigkeit). Wird die Bedingung (C.32) nicht eingehalten, so kann das Resultat der numerischen Integration total verfälscht sein.

Sind in den Gleichungen Vorgänge, die sich mit Schallgeschwindigkeit ausbreiten, enthalten, so muß man bei Berücksichtigung von (C.32) unter Umständen zu sehr kurzen Zeitschritten übergehen. Da bei dem numerischen Verfahren die Vertikale durch Gitterpunkte im Abstand von etwa 3 km aufgelöst wird, wäre bei einer Schallgeschwindigkeit von rund 330 m s^{-1} mit einer Laufzeit dieser Wellen von rund 10 s von einem Gitterpunkt zum anderen zu rechnen. Um aber die Bedingung (C.32) einzuhalten, müßte dann bei der numerischen Integration mit Zeitschritten von wenigen Sekunden gearbeitet werden, was zu einem unökonomischen und auch mit Einsatz der schnellsten Rechenmaschinen noch viel zu langsamen Lösungszyklus führen würde, der mit der atmosphärischen Entwicklung nicht Schritt halten könnte.

Hierzu ist zu bemerken, daß in den hydrostatisch approximierten Gln. (C.31) gerade wegen der Verwendung der statischen Grundgleichung als dritte Bewegungsgleichung vertikale Schallwellen nicht möglich sind. Die statische Grundgleichung stellt daher ein sogenanntes *Vertikalfilter* für diese unliebsamen und meteorologisch nicht relevanten Prozesse dar. Man bezeichnet die Summe solcher für die eigentliche Wetterentwicklung nicht bedeutungsvollen, aber in den atmosphärischen Grundgleichungen enthaltenen Prozesse auch als *Meteorologischen Lärm*. Wie steht es aber mit den Vorgängen in der Horizontalen? Da wir zur Ableitung der Prognosengleichungen (C.31) außer der hydrostatischen Approximation keine weiteren Vereinfachungen vorgenommen haben, sind beispielsweise Schwerewellen, die sich mit Schallgeschwindigkeit in der Horizontalen ausbreiten, darin enthalten. Nun werden üblicherweise derzeit bei dem horizontalen Gitternetz Distanzen von einigen hundert Kilometern verwendet. In einem solchen Fall besagt die Bedingung (C.32), daß Zeitschritte von wenigen Minuten (5 bis 10 Minuten) zur Wahrung der numerischen Stabilität notwendig sind. Tatsächlich werden bei der modernen (routinemäßigen) numerischen Integration zur Konstruktion von Prognosenkarten solche Zeitschritte eingehalten, wiewohl das Verfahren dadurch sehr aufwendig wird. Man hat sich natürlich auch mit der Frage befaßt, ob es nicht besser wäre, durch geeignete horizontale Filter die Gleichungen so umzuformen, daß in den Lösungen Prozesse, die sich mit Schallgeschwindigkeit ausbreiten, nicht mehr enthalten sind. Die Reduktion des Zeitaufwandes wäre erheblich. Setzt man z. B. in die Bedingung (C.32) anstelle der Schallgeschwindigkeit eine (maximale) Windgeschwindigkeit von 100 bis 150 km h^{-1} ein, so ergibt sich, wiederum bei einer räumlichen Gitterdistanz von einigen hundert Kilometern, ein Zeitschritt von 1 bis 2 Stunden.

In den Anfängen der numerischen Wettervorhersage erfreuten sich gefilterte Modelle großer Beliebtheit. Eine Möglichkeit eines Horizontalfilters ist die sogenannte geostrophische Approximation der Windkomponenten. Dabei wird der wahre Wind selbst oder sein individueller Differentialquotient durch den geostrophischen Wind oder dessen Differentialquotient ersetzt. Wie Charney und andere zeigen konnten, gelingt es, mit geostrophisch approximierten Gleichungen Teilprobleme der atmosphärischen Dynamik recht gut zu erfassen. Andererseits werden aber Prozesse in einem ganz anderen *Scale-Bereich*, die für die eigentliche Wetterentwicklung sehr wichtig sind (sogenannte Rossby-Prozesse), stark modifiziert. Die geostrophische Beziehung ist im allgemeinen prognostisch wertlos, für diagnostische Zwecke im täglichen Routinedienst bei der Analyse jedoch brauchbar.

Eine andere Gruppe der Horizontalfilter sind die sogenannten Divergenzfilter. Auch sie sind diagnostische Beziehungen zwischen Stromfeldgrößen. Sie werden dadurch formuliert, daß man entweder die (zweidimensionale) Divergenz

$$D = \frac{\partial u}{\partial x} + \frac{\partial v}{\partial y}$$

verschwinden läßt, oder ihre individuelle Ableitung, $dD/dt = 0$. Den Beweis, daß dieser Filter den Lärm tatsächlich unterdrückt, müssen wir uns hier versagen [s. z. B. Thompson (1961) oder Hinkelmann (1951)]. Die Divergenzfilter sind zwar wesentlich besser als die geostrophische Approximation, eine ideale Lösung des Problems stellen sie aber auch nicht dar. Wir kommen im übrigen bei der Besprechung der Divergenz- und Balancegleichung nochmals darauf zurück.

Der Rechenaufwand ist bei den derzeit verwendeten Gitterdistanzen von einigen hundert Kilometern auch mit den ungefilterten Gleichungen und den entsprechend kleinen Zeitschritten noch vertretbar. Da man jedoch weiß, daß viele oft wetterentscheidende Prozesse in einem so weitmaschigen Gitternetz praktisch unter den Tisch fallen, wie kleinräumige orographische Modifikationen des Stromfeldes oder die vielen thermisch induzierten Konvektionsprozesse, so wird man notgedrungen zu einem engmaschigen Gitternetz und damit zu noch kürzeren Zeitschritten übergehen müssen, was natürlich die Rechenzeit erheblich vergrößert. Diese Entwicklung ist derzeit in vollem Gang.

Es gibt neben der bislang besprochenen linearen numerischen Instabilität auch noch eine sogenannte nichtlineare, die erstmalig von Phillips (1959) beschrieben wurde. Sie tritt bei der numerischen Integration nichtlinearer Differentialgleichungen auf und hängt nicht von dem Verhältnis des zeitlichen Inkrements zur Gitterdistanz ab, sodaß sie nicht wie die lineare Instabilität durch Modifikation desselben umgangen werden kann.

Die nichtlinearen Terme der Bewegungsgleichung bewirken einen Energietransport zwischen verschiedenen Teilen des Wellenspektrums, d. h. durch das Zusammenwirken von zwei oder mehreren Wellen verschiedener Wellenlänge entstehen neue Wellen, mit Wellenlängen, die unter Umständen im Anfangsspektrum nicht vorhanden waren. Behandelt man diese Vorgänge in einem diskontinuierlichen Gitter, so können nicht alle möglichen Wellenlängen dargestellt werden. Die kleinste und die größte Wellenlänge sind durch Gitterdistanz und Größe des Gitters festgelegt. Wellenlängen, die außerhalb dieser Grenze liegen, werden falsch interpretiert (= aliasing). Es entsteht auf diese Weise ein starker Energiezuwachs im Bereich der kurzen Wellen, der nicht den Vorgängen in der Natur gerecht wird. Nach Monin (1972) tritt zwar auch in der Natur ein Energietransport zum kurzwelligen Bereich auf, doch verhindert die durch die Reibung verursachte Energiedissipation eine Akkumulation von Energie. Daraus ergibt sich eine Möglichkeit, nichtlineare numerische Instabilität zu vermeiden: Man führt Diffusionsterme für die in den Prognosengleichungen (C.31) vorgesehenen Reibungsterme F_x und F_y im Sinne der bekannten Navier-Stokes-Gleichungen ein. Nach PHILLIPS (1959) gelingt es auch, die nichtlineare Instabilität zu vermeiden, wenn man die Felder der berechneten Größen räumlich oder zeitlich glättet (spatial or temporal smoothing). Schließlich kann man der Schwierigkeit auch durch die Wahl geeigneter Differenzenschemen begegnen. Darauf näher einzugehen würde ebenso wie der mathematische Beweis des Phänomens selbst hier zu weit führen. Schließlich handelt es sich bei all diesen Fragen um mathematische Probleme des Integrationsverfahrens.

Zusammenfassend kann gesagt werden: Das Kriterium (C.32) zur Vermeidung linearer numerischer Instabilität gestattet es, bei den derzeit verwendeten Gitterdistanzen von einigen hundert Kilometern die Integration der Prognosengleichung (C.31) in Zeitschritten von wenigen Minuten durchzuführen. Eine Filterung der Prognosengleichungen über die statische Grundgleichung hinaus, die als Vertikalfilter dient, ist daher nicht erforderlich. Die nichtlineare Instabilität kann nur durch Eingriffe in die Prognosengleichungen selbst oder in das Lösungsverfahren vermieden werden. Die Folge dieser Eingriffe, die rein mathematisch begründet sind, sind nicht ohne weiteres zu durchschauen.

Bei der numerischen Analyse des Anfangsfeldes wird hingegen weitgehend von der Filterung Gebrauch gemacht, um Prozesse, die synoptisch keine Bedeutung haben, von vornherein möglichst auszuschalten. Es hat sich nämlich gezeigt, daß der meteorologische Lärm in den täglichen Wetterkarten nicht in Erscheinung tritt. Die Annahme einer lärmfreien Atmosphäre als Anfangszustand erscheint daher als gerechtfertigt. Überdies kann eine lärmfreie Atmosphäre lärmfrei bleiben, ohne in Widerspruch zu den strengen physikalischen Gesetzen zu kommen. Eine kräftefreie Atmosphäre hingegen, also eine Atmosphäre im Kräftegleichgewicht (z. B. ein geostrophisches Feld), kann (von dem trivialen Zustand einer rein zonalen Strömung abgesehen) nicht kräftefrei bleiben.

Beim Studium einzelner besonders wichtiger Teilprobleme der Dynamik mit Modellgleichungen erweist sich die Filterung als sehr nützlich, wie wir in den folgenden Kapiteln sehen werden.

7. Das adiabatische Modell einer reibungsfreien trockenen Atmosphäre

Wir haben in den vorangegangenen Abschnitten versucht, das Problem der mathematischen (numerischen) Wettervorhersage ganz allgemein und möglichst vollständig, d. h. unter Berücksichtigung aller den Prozeß beeinflussenden Faktoren, zu formulieren. Daß dabei trotzdem verschiedene Vereinfachungen unumgänglich waren (wie etwa die hydrostatische Approximation der dritten Bewegungsgleichung), liegt an den ungeheuren Schwierigkeiten, die bei der exakten Lösung der Gleichungssysteme auftauchen. Immerhin werden heute in den großen Wetterzentralen bereits im täglichen Routinedienst numerische Vorhersagekarten mit Hilfe von elektronischen Rechenautomaten berechnet, die alle mehr oder weniger auf Gleichungen der Form (C.31) beruhen. Natürlich hat jeder Wetterdienst seine eigenen *Modellgleichungen.* Doch sind die prinzipiellen Unterschiede nicht allzu groß. Die Gln. (C.31) werden z. B. in den USA vom National

Meteorological Center verwendet, und zwar mit 6 bis 8 vertikalen Schichten [SHUMAN und HOVERMALE (1968)]. Die erreichten Erfolge sind in der Tat sehr beachtlich, und wir werden am Schluß dieses Kapitels ein praktisches Beispiel solcher numerischer Vorhersagekarten angeben. In so komplexen Gleichungssystemen wie denjenigen, die wir in (C.31) zusammengestellt haben, geht beim Integrationsverfahren die Einsicht in den eigentlichen physikalischen Prozeß leicht verloren. Es ist daher nicht zweckmäßig, die vollständigen Gleichungen zu verwenden, wenn man das spezielle Verhalten der Atmosphäre unter vereinfachten aber wohl definierten Bedingungen studieren und daraus Schlüsse auf die Bedeutung der vielen für die atmosphärischen Prozesse maßgeblichen Faktoren ziehen will. In diesem Fall ist es besser, einen anderen Weg zu beschreiten, der im übrigen auch der historischen Entwicklung der numerischen Wettervorhersage entspricht. Man versucht dabei mit sehr stark vereinfachten Modellen, die den Vorteil großer Transparenz und Übersichtlichkeit haben, diejenigen Vorgänge gesondert zu erfassen, die nach der synoptischen Erfahrung für die Wetterentwicklung von Bedeutung sind.

Stellt man sich die Frage, welche Vereinfachungen an den Gln. (C.31) vorzunehmen wären, um zu solchen Modellen zu gelangen, so bietet sich als erste Möglichkeit eine reibungsfreie, trockene Atmosphäre an, bei der die Prozesse adiabatisch, also ohne äußere Energiezufuhr, ablaufen. Dies bedeutet, daß wir in (C.31a) und (C.31b) $F_x = F_y = 0$ setzen, daß die Gl. (C.31e) mit $J_A = 0$ in $d\Theta/dt = 0$ übergeht und daß die Gl. (C.31f) überhaupt fortfällt. Wählen wir ferner noch für $\sigma = p$ (p-System), so lauten die Gleichungen für dieses adiabatische Modell ohne Berücksichtigung des Projektionsfaktors ($m = 1$) [s. auch Gln. (C.26) und (C.27)]

$$\text{a)}\quad \frac{\partial u}{\partial t} + \dot{p}\frac{\partial u}{\partial p} - fv + u\frac{\partial u}{\partial x} + v\frac{\partial u}{\partial y} + \frac{\partial H}{\partial x} = 0,$$

$$\text{b)}\quad \frac{\partial v}{\partial t} + \dot{p}\frac{\partial v}{\partial p} + fu + u\frac{\partial v}{\partial x} + v\frac{\partial v}{\partial y} + \frac{\partial H}{\partial y} = 0,$$

$$\text{c)}\quad \frac{\partial H}{\partial p} + \frac{1}{\varrho} = 0,$$

$$\text{d)}\quad \frac{\partial u}{\partial x} + \frac{\partial v}{\partial y} + \frac{\partial \dot{p}}{\partial p} = 0,$$

$$\text{e)}\quad \frac{\partial \Theta}{\partial t} + \dot{p}\frac{\partial \Theta}{\partial p} + u\frac{\partial \Theta}{\partial x} + v\frac{\partial \Theta}{\partial y} = 0,$$

$$\text{g)}\quad \pi = \left(\frac{p}{P_0}\right)^{R/c_p}$$

$$\text{h)}\quad \varrho = \frac{p}{R\Theta\pi}. \tag{C.33}$$

Gl. (C.33c) liefert zusammen mit (C.33h)

$$\Theta = -\frac{p}{R\pi}\frac{\partial H}{\partial p}. \tag{C.34}$$

Dies in (C.33e) eingesetzt ergibt

$$\frac{\partial}{\partial t}\left(\frac{\partial H}{\partial p}\right) + u\frac{\partial}{\partial x}\left(\frac{\partial H}{\partial p}\right) + v\frac{\partial}{\partial y}\left(\frac{\partial H}{\partial p}\right) + \left[\left(1-\frac{R}{c_p}\right)\frac{1}{p}\frac{\partial H}{\partial p} + \frac{\partial^2 H}{\partial p^2}\right]\dot{p} = 0. \quad \text{(C.34a)}$$

Somit bestimmen die vier Gln. (C.33a), (C.33b), (C.33c) und (C.34a) nunmehr das *adiabatische Modell* vollkommen, da vier voneinander unabhängige Gleichungen für die vier abhängigen Variablen u, v, $\dot{p}$ und H vorliegen.

Zwei weitere Fragen müssen aber noch behandelt werden. Erstens die Randbedingungen: An der oberen Grenze der Atmosphäre gilt offenbar

$$\text{für } p = 0, \qquad (\dot{p})_0 = 0. \quad \text{(C.35)}$$

Für die untere Grenze ist zunächst im z-System als kinematische Grenzbedingung

$$v_n = 0 \quad (p = p_s \text{ bei } z = 0), \quad \text{(C.36)}$$

da die Strömung die Erdoberfläche nicht durchsetzen kann. Unter v_n ist dabei die Komponente des Geschwindigkeitsvektors, die normal zur Erdoberfläche ist, zu verstehen. Da wir jedoch in den Gln. (C.33) das p-System eingeführt haben, muß die Bedingung (C.36) anders formuliert werden. Ist die Topographie der Erdoberfläche durch

$$F \equiv gz - k(x, y) = 0 \quad \text{(C.37)}$$

vorgegeben, so ist, wenn $\boldsymbol{v}$ der Vektor mit Komponenten (u, v, w) ist, die Bedingung (C.36) durch $\boldsymbol{v} \cdot \nabla F = 0$ zu formulieren. Daher erhält man als Randbedingung

$$(gw - \boldsymbol{v}_2 \cdot \nabla k)_s = 0$$

oder mit der Definition von $H = gz$, da $w = dz/dt$, auch

$$\left(\frac{dH}{dt}\right)_s = (\boldsymbol{v}_2 \cdot \nabla k)_s, \quad \text{(C.38)}$$

wenn hier $\boldsymbol{v}_2$ der zweidimensionale Vektor mit den Komponenten (u, v) bedeutet und der Index s darauf hindeuten soll, daß diese Beziehung an der Erdoberfläche gilt. Die durch die Orographie bedingte Modifikation der Strömung an der Erdoberfläche gemäß der kinematischen Grenzbedingung ist heute bereits in fast allen Modellen für numerische Wettervorhersage enthalten. Mitunter wird auch für die Randbedingung an der Erdoberfläche im p-System die einfache (aber nicht exakte) Bedingung für

$$p = p_s, \qquad \dot{p} = \left(\frac{dp}{dt}\right)_s = 0 \quad \text{(C.39)}$$

verwendet[1].

Eine weitere Frage ist, ob ein adiabatisches Modell überhaupt die tatsächlichen Verhältnisse in der Atmosphäre realistisch beschreibt. Hierzu kann bemerkt

[1] Da die Erdoberfläche auch bei Vernachlässigung der Orographie (glatte Kugeloberfläche) nicht genau mit einer p-Fläche zusammenfällt, ist diese Bedingung nicht identisch mit $w = 0$ oder $dH/dt = 0$, was sich aus (C.38) bei $\nabla k = 0$ ergeben würde.

werden, daß dies für relativ kurzfristige Prognosen (24 bis 48 Stunden) weitgehend der Fall sein dürfte, falls man vornehmlich die Strömungs- und Druckverteilungen in der freien Atmosphäre, also nicht zu nahe der Erdoberfläche, im Auge behält. Die nichtadiabatischen Effekte, die sich in Temperaturschwankungen in den unteren Luftschichten als Folge direkter Strahlungsabsorption an der Erdoberfläche bemerkbar machen, haben einen ausgesprochenen Tagesgang und zeigen oft im 24-Stundenmittel von einem Tag zum anderen nur geringe Variation. Dies kommt vor allem daher, daß sich der für den Wärmetransport von der Erdoberfläche zur Atmosphäre verantwortliche Temperaturgradient in den untersten Luftschichten von Tag zu Nacht meist umkehrt. Daher ist auch ein Eingriff dieser Prozesse (Transport fühlbarer Wärme) in die Energetik höherer Luftschichten im allgemeinen stark verzögert.

Anders liegen die Verhältnisse bei den Prozessen, die durch den Transport latenter Wärme charakterisiert sind. Hierbei werden in wesentlich stärkerem Ausmaß auch höhere Luftschichten (mittleres Niveau der Wolkenbildung) beeinflußt. Dieser Energiefluß, beginnend mit der Verdunstung an der Erdoberfläche und endend mit der Kondensation in der Wolke, ist tatsächlich viel wirksamer und daher für das eigentliche Wettergeschehen auf keinen Fall vernachlässigbar. Solange daher mit adiabatischen Modellen in einer trockenen Atmosphäre gerechnet wird, werden sicherlich viele wetterwirksame Vorgänge unterdrückt. Trotzdem werden bei vielen Wetterdienststellen die numerischen Vorhersagen mit Hilfe solcher Modelle berechnet, und zwar hauptsächlich deswegen, weil die Festlegung der Funktion J_A in (C.31e) und S in (C.31f) erhebliche Schwierigkeiten bereitet. Eine besondere Komplizierung bei der Einbeziehung nichtadiabatischer Effekte besteht darin, daß diese Prozesse einem gänzlich anderen *Scale-Bereich* angehören. Bei einem Gitternetz mit einer Maschenweite von mehreren hundert Kilometern kann die Berücksichtigung des Transportes von Wärme und Wasserdampfgehalt von der Erdoberfläche zur Atmosphäre nur unzureichend berücksichtigt werden. Will man diese Effekte genau erfassen, muß man zu wesentlich kleineren Gitterdistanzen (etwa 50 km) heruntergehen. Das bringt eine Reihe von nicht unerheblichen Schwierigkeiten mit sich und bedeutet vor allem eine ganz außerordentliche Verlängerung der Rechenzeit, wenn nicht die Rechengeschwindigkeit wesentlich gesteigert werden kann.

Um an Hand von einfachen Lösungen spezielle Probleme der atmosphärischen Dynamik studieren zu können, ist offenbar auch das adiabatische Modell, wie wir es eben formuliert haben, noch zu kompliziert, denn auch dabei kann nur numerische Integration zielführend sein. Wir werden daher weitere Vereinfachungen vornehmen müssen. Eine besteht darin, daß in Gl. (C.34a) der Ausdruck in der eckigen Klammer, den wir mit σ bezeichnen wollen und der ein Maß für die (thermische) Stabilität darstellt[1],

$$\sigma \equiv \left(1 - \frac{R}{c_p}\right) \frac{1}{p} \frac{\partial H}{\partial p} + \frac{\partial^2 H}{\partial p^2} = \frac{1}{\Theta} \frac{\partial \Theta}{\partial p} \frac{\partial H}{\partial p} \tag{C.40}$$

als bekannt vorausgesetzt wird [z. B. σ = konstant oder $\sigma = \sigma(p)$]. Eine andere

[1] Die hier eingeführte Größe σ ist nicht mit der verallgemeinerten Vertikalkoordinate zu verwechseln.

Möglichkeit, zu einfacheren Modellen zu gelangen, ist, für die generalisierte Vertikalgeschwindigkeit im p-System, $\omega \equiv \dot{p}$, von vornherein eine bestimmte funktionelle Abhängigkeit, insbesondere von der Variablen p anzunehmen. Schließlich kann z. B. auch die schon auf S. 122 eingehend diskutierte Einteilung atmosphärischer Prozesse in solche mit barotroper oder mit barokliner Schichtung zur Aufstellung von Modellen verwendet werden. Wir wollen im folgenden einige der wichtigsten diesbezüglichen Modelle besprechen.

8. Das barotrope Modell

Um zu einem möglichst einfachen Modell der Atmosphäre zu gelangen, kann der folgende Weg beschritten werden. Man muß nicht von den vollständigen Gleichungen ausgehen und dort Vereinfachungen vornehmen, sondern man kann von vornherein ein einfaches aber physikalisch konsistentes Modell aufgrund allgemeiner Überlegungen konstruieren. Dies soll im folgenden geschehen. Wir haben bei der Diskussion des Helmholtzschen Wirbelsatzes (S. 121) gesehen, daß in einer inkompressiblen, reibungsfreien Flüssigkeit im Inertialsystem keine Wirbel entstehen können. Ein solches Modell wäre also für unsere Zwecke völlig ungeeignet, da die Meteorologie gerade an den Wirbeln interessiert ist. Bleibt man zunächst bei der Voraussetzung einer inkompressiblen Flüssigkeit, so wäre der nächste Schritt die Einbeziehung der Coriolisbeschleunigungen im rotierenden Koordinatensystem. Wiewohl natürlich die Corioliskraft als reine Scheinkraft nur Richtungsänderungen der Strömung bewirkt, ohne die energetische Bilanz zu ändern, erscheint es von Interesse zu untersuchen, welche von uns im rotierenden Koordinatensystem beobachteten Stromfeldkonfigurationen allein auf diesen Effekt zurückzuführen sind. Man kann daher als ein besonders einfaches Modell das folgende ansehen. Wir betrachten eine reibungsfreie, inkompressible, homogene Flüssigkeit mit horizontaler unterer Berandung, aber freier Oberfläche. Der Druck ist dabei exakt durch die hydrostatische Grundgleichung gegeben. Die Modellgleichungen nehmen daher die Form

$$\frac{\partial u}{\partial t} + u\frac{\partial u}{\partial x} + v\frac{\partial u}{\partial y} - fv + g\frac{\partial h}{\partial x} = 0,$$

$$\frac{\partial v}{\partial t} + u\frac{\partial v}{\partial x} + v\frac{\partial v}{\partial y} + fu + g\frac{\partial h}{\partial y} = 0, \tag{C.41}$$

$$\frac{\partial u}{\partial x} + \frac{\partial v}{\partial y} + \frac{\partial w}{\partial z} = 0 \tag{C.42}$$

an, wenn hier unter h die jeweilige Höhe der Oberfläche der Flüssigkeit verstanden wird. Die horizontalen Komponenten des Geschwindigkeitsvektors, u und v, weisen keine Höhenabhängigkeit[1] auf, wohl aber die Vertikalgeschwindigkeit w. Wird daher die Kontinuitätsgleichung (C.42) über z in den Grenzen $z = 0$ bis $z = h$ integriert, so erhält man

[1] Wegen der hydrostatischen Annahme und der Voraussetzung einer konstanten Dichte sind die horizontalen Druckkräfte unabhängig von der Höhe. Sind daher u und v zu Anfang höhenunabhängig, so muß dies nach (C.41) auch für $\partial u/\partial t$ und $\partial v/\partial t$ gelten, sodaß keine Scherung entstehen kann.

$$\left(\frac{\partial u}{\partial x} + \frac{\partial v}{\partial y}\right) h + w_h - w_0 = 0. \tag{C.42a}$$

Da aber w_0 infolge der kinematischen Grenzbedingung bei Annahme einer horizontalen unteren Berandung verschwindet und $w_h = (dz/dt)_h$ gleich dem Betrag sein muß, um den die freie Oberfläche variiert, also $w_h = dh/dt$, so läßt sich (C.42a) auch

$$\frac{d_2 h}{dt} + h\left(\frac{\partial u}{\partial x} + \frac{\partial v}{\partial y}\right) = 0 \tag{C.42b}$$

oder

$$\operatorname{div}_2 \boldsymbol{v} = -\frac{1}{h}\frac{d_2 h}{dt}$$

schreiben.

Die Gln. (C.41) und (C.42b) bestimmen unser Modell für die drei abhängigen Variablen u, v und h vollständig. Obwohl es sich hier offenbar um ein so einfaches Modell handelt, daß die Anwendbarkeit auf atmosphärische Strömungen in Zweifel gezogen werden kann (vor allem wegen der Voraussetzung einer inkompressiblen Flüssigkeit), hat die Erfahrung gezeigt, daß viele Probleme der atmosphärischen Dynamik hiermit hinreichend genau erfaßt werden können. Dies hat einen besonderen Grund. Es läßt sich nämlich zeigen, daß auch im Fall einer kompressiblen Atmosphäre unter gewissen Voraussetzungen ein den Gln. (C.41) und (C.42) fast völlig analoges Gleichungssystem die Verhältnisse hinreichend beschreibt. Es gilt dies im Fall der sogenannten *autobarotropen* Atmosphäre. Von einem derartigen Sonderfall atmosphärischer Bewegungsvorgänge war schon auf S. 123 die Rede [(C.13a) und (C.13b)[1]]. Wie wir auch dort schon betont haben, leistet das barotrope Modell trotz seiner drastischen Vereinfachung in der numerischen Wettervorhersage gute Dienste. Um nun zu zeigen, daß die obigen Gln. (C.41) zusammen mit der Kontinuitätsgleichung (C.42b) als Modellgleichungen für das barotrope Modell angesehen werden dürfen, bilden wir zunächst aus den beiden Gln. (C.41) die Wirbel-(Vorticity)gleichung, indem wir die erste Gleichung nach y, die zweite nach x differenzieren und dann die erste von der zweiten Gleichung subtrahieren. Das Resultat ist offenbar (f nur eine Funktion von y)

$$\frac{\partial \zeta}{\partial t} + u\frac{\partial \zeta}{\partial x} + v\frac{\partial \zeta}{\partial y} + \frac{\partial f}{\partial y} v = -(\zeta + f)\left(\frac{\partial u}{\partial x} + \frac{\partial v}{\partial y}\right), \tag{C.43}$$

mit ζ als *relativer Vorticity*. Mit der Gl. (C.42b) wird dies

$$\frac{\dfrac{d_2(\zeta + f)}{dt}}{\zeta + f} = \frac{\dfrac{d_2 h}{dt}}{h} \tag{C.43a}$$

oder nach Integration auch in Form des Erhaltungssatzes

---

[1] Die Atmosphäre heißt autobarotrop, wenn sie nicht nur zu einem bestimmten Zeitpunkt barotrop ist, sondern es auch im zeitlichen Verlauf bleibt.

$$\frac{d_2 \ln}{dt}\left(\frac{\zeta + f}{h}\right) = 0, \qquad \frac{\zeta + f}{h} = \text{const.} \tag{C.43b}$$

zu schreiben sein.

Ein Vergleich mit der für die zweidimensionale barotrope Wirbelgleichung abgeleiteten Beziehung Gl. (C.13b) zeigt die Analogie. Die Rolle der Höhe der freien Oberfläche der inkompressiblen Flüssigkeit h übernimmt in (C.13b) die Dichte ϱ. Es kann also die in der kompressiblen Flüssigkeit auftretende variable Dichte im Einschichtenmodell gewissermaßen durch die variable Höhe der inkompressiblen Flüssigkeit an der freien Oberfläche simuliert werden.

Man kann im übrigen die Vorticitygleichung auch aus den Ausgangsgleichungen (C.33a) und (C.33b) für das adiabatische Modell im p-System ableiten. Wird bei diesen Gleichungen H eliminiert, indem die erste Gleichung nach y, die zweite nach x differenziert und nachfolgend die erste von der zweiten subtrahiert wird, so erhält man ($\omega \equiv \dot{p}$)

$$\frac{\partial \zeta}{\partial t} + u \frac{\partial \zeta}{\partial x} + v \frac{\partial \zeta}{\partial y} + \omega \frac{\partial \zeta}{\partial p} + \frac{\partial f}{\partial y} v = -(\zeta + f)\left(\frac{\partial u}{\partial x} + \frac{\partial v}{\partial y}\right) - \frac{\partial \omega}{\partial x}\frac{\partial v}{\partial p} + \frac{\partial \omega}{\partial y}\frac{\partial u}{\partial p}. \tag{C.44}$$

Das ist die (vollständige) dreidimensionale Vorticitygleichung im p-System. Im zweidimensionalen Fall, also für $\partial \boldsymbol{v}_2/\partial p = 0$ reduziert sie sich auf

$$\frac{d_2}{dt}(\zeta + f) = -(\zeta + f)\,\mathrm{div}_2\,\boldsymbol{v}, \tag{C.44a}$$

was mit (C.13c) identisch ist.

Wegen der im p-System gültigen Kontinuitätsgleichung (C.33d) kann hier für $\mathrm{div}_2\,\boldsymbol{v} = -\partial\omega/\partial p$ geschrieben werden. Man bezeichnet die Gl. (C.44a) auch als divergente barotrope Wirbelgleichung (s. S. 124) und den daraus resultierenden Erhaltungssatz (C.13b) als Erhaltung der sogenannten *potentiellen Vorticity*. Man kann aber noch eine weitere Vereinfachung vornehmen und zusätzlich Divergenzfreiheit postulieren. Das Ergebnis stellt dann nur eine Erhaltung der *absoluten Vorticity*, nämlich

$$\frac{d_2}{dt}(\zeta + f) = 0, \tag{C.44b}$$

dar. Dies ist die einfachste barotrope Wirbelgleichung.

Im allgemeinen wird man mit Recht vermuten, daß ein so drastisch vereinfachtes Modell für Zwecke der Wettervorhersage nur bedingt anwendbar ist. Doch leistet es, wie zuerst Rossby (1939) zeigen konnte, für die Erklärung großräumiger Zirkulationsformen in der freien Atmosphäre (vornehmlich nahe der 500 mb-Fläche) erstaunlich viel. Da im Fall $\mathrm{div}\,\boldsymbol{v}_2 = 0$ für die beiden Geschwindigkeitskomponenten u und v eine *Stromfunktion* Ψ, also $u = -\partial\Psi/\partial y$ und $v = \partial\Psi/\partial x$, eingeführt werden kann, wird mit,

$$\zeta = \frac{\partial^2 \Psi}{x^2} + \frac{\partial^2 \Psi}{y^2} \equiv \nabla_2{}^2 \Psi$$

die Gl. (C.44b) auch

$$\frac{\partial}{\partial t} \nabla_2^2 \Psi - \frac{\partial \Psi}{\partial y} \frac{\partial}{\partial x} \nabla_2^2 \Psi + \frac{\partial \Psi}{\partial x} \frac{\partial}{\partial y} \nabla_2^2 \Psi + \beta \frac{\partial \Psi}{\partial x} = 0 \tag{C.44c}$$

zu schreiben sein, wenn hier $\beta \equiv \partial f / \partial y$ bedeutet. Wird $\beta = \text{const}$ angenommen, was in erster Näherung bei nicht allzu großer meridionaler Erstreckung der Stromfelder erlaubt ist, so kann ein partikuläres Integral gefunden werden, das sich in der Form

$$\Psi = -Uy - \frac{V}{k} \sin ky + \frac{A}{k} \sin k(x - ct) \tag{C.45}$$

schreiben läßt. Mit einer solchen Lösung haben sich CRAIG (1945), NEAMTAN (1946), STARR (1950) und HOLLMANN und REUTER (1953) beschäftigt. Für die in (C.45) auftauchenden Konstanten müssen noch folgende Nebenbedingungen

$$c = U - \frac{\beta}{k^2}, \qquad k = \frac{2\pi}{\lambda} \tag{C.45a}$$

$$\lambda = \text{Wellenlänge}$$

erfüllt sein. Die Größen V und A können beliebig gewählt werden. ROSSBY, der als erster eine Gleichung der Form (C.44c) abgeleitet und untersucht hatte, fand mit der Methode der Linearisierung eine noch einfachere Lösung, nämlich periodisch fortschreitende Wellen, die einem konstanten zonalen Grundstrom überlagert sind. Dabei ergab sich für die Phasengeschwindigkeit dieser Wellen, die auch Rossby-Wellen genannt werden (s. Teil B, Kapitel 3), dieselbe Bedingung (C.45a). Die Lösung (C.45) zeigt demgegenüber auch abgeschlossene Zentren. Die periodischen Terme sind einem in der y-Richtung scherenden Grundstrom überlagert. Die Lösung (C.45) ermöglicht es, gewisse Eigenschaften der Vorticitygleichung zu studieren und solcherart einen besseren Einblick in die Dynamik des barotropen Modells zu erreichen. Dies haben HOLLMANN und REUTER (1953) getan. Zu diesem Zweck wurden für die Parameter in (C.45) folgende Zahlenwerte angenommen: $U = 20\,\text{m}\,\text{s}^{-1}$, $V = 30\,\text{m}\,\text{s}^{-1}$, $A = 10\,\text{m}\,\text{s}^{-1}$, $\lambda = 4 \cdot 10^6\,\text{m}$ ($k = 2\pi/\lambda$), $f = 10^{-4}\,\text{s}^{-1}$, $\beta = 0{,}16 \cdot 10^{-10}\,\text{m}^{-1}\,\text{s}^{-1}$. Die Verteilung der mit diesen Werten berechneten Stromfunktion ist aus der Abb. C.2 zu ersehen. Es besteht eine vollkommene Symmetrie in der Anordnung und Stärke zwischen den nördlich vom mäandernden Grundstrom befindlichen zyklonalen und den südlichen antizyklonalen Zentren. Man kann mit Hilfe der Modellgleichungen für das barotrope Einschichtenmodell [Gln. (C.33a) und (C.33b) für $\dot{p} = 0$] ohne weiteres aus der Stromfunktion auch das Geopotentialfeld (H-Verteilung) berechnen. Nach HOLLMANN und REUTER ergibt sich diese zu

$$H = -fUy - \frac{fV}{k} \sin ky + AV \sin k(x - ct) \sin ky +$$

$$+ \frac{\beta}{2} y^2 U + \frac{f}{k} A \sin k(x - ct) - \frac{BV}{k^2} \cos ky. \tag{C.45b}$$

In der Abb. C.2 ist mit strichlierten Linien die Verteilung des Geopotentials nach

(C.45b) veranschaulicht. Die Ähnlichkeit mit der Stromlinienverteilung ist offensichtlich. Doch gibt es auch Unterschiede, die vor allem darin bestehen, daß die zyklonalen Wirbel im Geopotentialfeld stärker ausgeprägt sind als die antizyklonalen. Hier tritt also eine Verschiebung der Symmetrie auf. Dies ist nicht verwunderlich und in der synoptischen Praxis hinreichend bekannt. Die Erklärung dafür ergibt sich ohne weiteres aus der Gradientwindgleichung [Gl. (A.9a)]. Für die Erzeugung gleicher Geschwindigkeitskomponenten müssen im zyklonalen Wirbel größere Druck-(oder Geopotential)gradienten vorhanden sein als im antizyklonalen, da im ersten Fall die Druckkraft dem kombinierten Effekt von Zentrifugal- und Corioliskraft gegenübersteht, während sie im zweiten Fall zusammen mit der Zentrifugalkraft nur der Corioliskraft das Gleichgewicht halten muß. Natürlich spielt für Abweichungen des Geopotentialfeldes vom Stromlinienfeld auch die Variation des Coriolisparameters f mit der geographischen Breite (β-Term) eine gewisse Rolle.

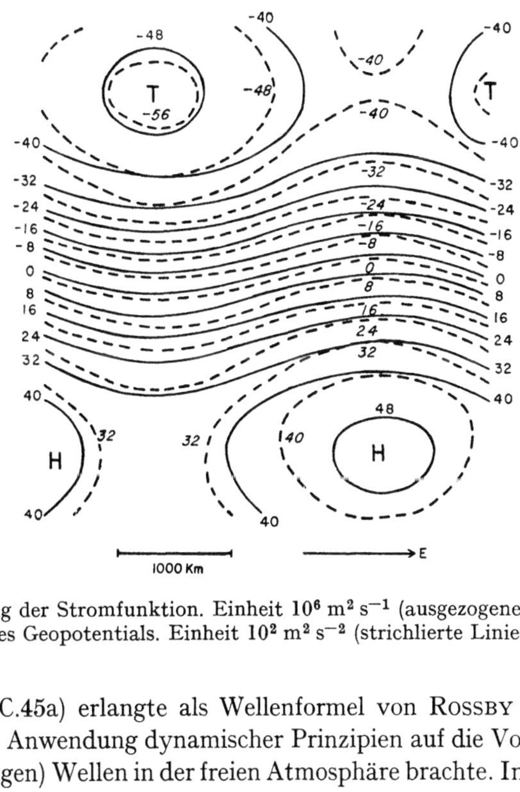

Abb. C.2. Verteilung der Stromfunktion. Einheit 10^6 m^2 s^{-1} (ausgezogene Linien). Verteilung des Geopotentials. Einheit 10^2 m^2 s^{-2} (strichlierte Linien)

Die Formel (C.45a) erlangte als Wellenformel von Rossby Berühmtheit, da sie erstmalig eine Anwendung dynamischer Prinzipien auf die Voraussage der Verlagerung von (langen) Wellen in der freien Atmosphäre brachte. In der synoptischen Praxis kann sie auch heute noch sehr rasch einen ersten Hinweis auf die Verlagerung der großen planetarischen Wellen liefern. Angesichts der routinemäßig an den größeren Wetterzentralen durchgeführten numerischen Integration der barotropen Modellgleichung und solcherart konstruierten barotropen Vorhersagekarten ist aber die Bedeutung der Rossby-Formel stark herabgesetzt worden. Partikuläre Lösungen von Modellgleichungen können natürlich eine vollständige Integration nicht ersetzen, da sie immer ein meist unrealistisch vereinfachtes Anfangsfeld voraussetzen, im Fall der Rossby-Formel einen konstanten, zonalen

Grundstrom, im Fall der Lösung (C.45) ein zwar etwas allgemeineres aber immer noch sehr spezialisiertes Feld, das sich dort für $t = 0$ ergibt. Wir wollen nochmals festhalten, daß das Wesen der hier diskutierten barotropen Modelle vor allem darin besteht, daß es sich um Einschichtenmodelle handelt, bei denen keine Änderung der Horizontalstruktur des Stromfeldes mit der Höhe zugelassen wird. Es muß auch betont werden, daß diese Voraussetzung eigentlich nur einen Sonderfall der mit Hilfe des Ertelschen Wirbelsatzes formulierten allgemeinen Beziehung für eine barotrope Atmosphäre darstellt [s. Gl. (C.13a), S. 123]. Bedauerlicherweise werden in der numerischen Wettervorhersage alle Einschichtmodelle schlechthin als barotrope Modelle bezeichnet. Die von uns vorgenommene Beschränkung auf Wirbel mit vertikaler Achse, die notwendigerweise mit jedem Einschichtenmodell verbunden ist, stellt eine gute Näherung für die atmosphärische Wirbeldynamik dar. Jedenfalls sind fast alle meteorologisch interessanten Wirbelformationen, vor allem natürlich die großen zyklonalen und antizyklonalen Wirbel, solche mit quasivertikaler Achse. Man wird daher auch beim Übergang zu Mehrschichtenmodellen (baroklinen Modellen) noch an dieser Vorstellung festhalten.

9. Einfache barokline Modelle

Um möglichst einfache Mehrschichtenmodelle zu erhalten, geht man zunächst von der vollständigen Vorticitygleichung (C.44) aus. Obwohl jetzt nicht mehr die Voraussetzung $\partial \mathfrak{v}_2/\partial p = 0$ gilt, kann angenommen werden, daß die Terme, die Ableitungen nach der Vertikalkoordinate p enthalten, klein sind im Verhältnis zu den anderen. Dies würde bedeuten, daß auch im Fall einer beliebig geschichteten, also baroklinen Atmosphäre näherungsweise die Gl. (C.44a) gilt. Man muß jedoch bei einer weiteren Abschätzung der Terme vorsichtig sein. Es gibt dabei verschiedene Möglichkeiten. Man weiß aufgrund synoptischer Beobachtungen, daß die tatsächlich beobachteten horizontalen Windkomponenten im allgemeinen nur geringe Abweichungen von dem geostrophischen Wind aufweisen. Man kann daher trotz der früher geäußerten Bedenken versuchen, in der Vorticitygleichung eine *geostrophische Approximation* vorzunehmen. Dies geschieht auf folgende Weise. Die geostrophische Beziehung lautet im p-System

$$f u_g = -\frac{\partial H}{\partial y}, \qquad f v_g = \frac{\partial H}{\partial x}, \tag{C.46}$$

sodaß sich für die geostrophisch approximierte relative Vorticity

$$\zeta_g \doteq \frac{1}{f} \nabla_2^2 H \tag{C.46a}$$

ergibt. Da weiters der geostrophische Wind nach der thermischen Windgleichung [s. S. 20, Gl. (A.18)] eine Höhenabhängigkeit der Form

$$\frac{\partial u_g}{\partial p} = -\frac{1}{f}\frac{\partial^2 H}{\partial p\, \partial y} = \frac{1}{f}\frac{\partial}{\partial y}\left(\frac{1}{\varrho}\right)_p, \qquad \frac{\partial v_g}{\partial p} = \frac{1}{f}\frac{\partial^2 H}{\partial p\, \partial x} = -\frac{1}{f}\frac{\partial}{\partial x}\left(\frac{1}{\varrho}\right)_p \tag{C.18}$$

aufweist, erkennt man, daß im barotropen Fall $\nabla_p \varrho = 0$ tatsächlich der geostrophische Wind höhenunabhängig wird. Da schließlich die Divergenz des geostrophischen Windes sehr klein ist,

$$\operatorname{div} \boldsymbol{v}_g = -\frac{1}{f}\frac{\partial^2 H}{\partial y\,\partial x} + \frac{1}{f}\frac{\partial^2 H}{\partial x\,\partial y} - \frac{\beta}{f^2}\frac{\partial H}{\partial x} \doteq 0,$$

bedeutet dies, daß eine vollständig geostrophisch approximierte Wirbelgleichung in die divergenzfreie barotrope Wirbelgleichung übergeht, nämlich

$$\frac{\partial}{\partial t}\nabla_2^2 H - \frac{1}{f}\frac{\partial H}{\partial y}\frac{\partial}{\partial x}\nabla_2^2 H + \frac{1}{f}\frac{\partial H}{\partial x}\frac{\partial}{\partial y}\nabla_2^2 H + \beta\frac{\partial H}{\partial x} = 0, \text{ [1]} \qquad \text{(C.47)}$$

was praktisch mit der Gl. (C.44c) identisch ist. Sehr wahrscheinlich ist die Tatsache, daß die Abweichungen vom geostrophischen Wind bei großräumigen Feldverteilungen klein sind, die eigentliche Ursache für die sicherlich etwas überraschende Feststellung, daß die einfache barotrope Wirbelgleichung so gute Resultate liefert. Allerdings darf die geostrophische Approximation nicht ohne gewisse Einschränkungen und Bedenken angewendet werden. Zunächst einmal folgt schon aus der Drucktendenzgleichung, die wir auf S. 21 im synoptischen Teil A abgeleitet haben, daß in einem geostrophischen Windfeld keine Druckänderungen auftreten können. Man darf daher, einem Vorschlag von PHILIPPS (1939) folgend, den geostrophischen Wind gleichsam nur als *erste* Näherungslösung der Bewegungsgleichungen auffassen, da offenbar die individuellen Beschleunigungen du/dt und dv/dt im allgemeinen klein sind gegenüber den Coriolisbeschleunigungen fv und fu. Um zu einer besseren Approximation zu gelangen, können dann diese Beschleunigungen durch du_g/dt und dv_g/dt ersetzt werden, was eine weitere Näherung bringt. Dabei kann ein solches Verfahren beliebig oft fortgesetzt werden, da PHILIPPS zeigen konnte, daß es unter meist erfüllten Bedingungen konvergiert. In der Praxis hat sich jedoch eine solche Methode zur Lösung der Gleichungen als zu umständlich herausgestellt. Bei der von uns vorgenommenen Approximation der Vorticitygleichung haben wir sowohl die Windkomponenten selbst, als auch Ableitungen derselben, nämlich die Vorticity, durch entsprechende geostrophische Komponenten ersetzt. Die Güte der Näherung kann jedoch sehr unterschiedlich sein. Beispielsweise haben wir schon festgestellt, daß bei der Divergenz die geostrophische Approximation offenbar versagt. Um besser entscheiden zu können, wie gut die geostrophische die tatsächliche Vorticity approximiert, wollen wir auf die Lösung (C.45) der Gl. (C.44c) zurückgreifen.

Berechnet man mit (C.45) einmal die tatsächliche Vorticity $\zeta = \nabla^2\Psi$ und hierauf mit (C.45b) die geostrophische $\zeta_g = (1/f)\nabla^2 H$, so ergibt ein Vergleich sofort die Güte der Approximation. Die Abb. C.3 und C.4 zeigen die beiden Verteilungen. Im zyklonalen Zentrum wird die Wirbelverteilung durch die geostrophische Approximation stark über-, im antizyklonalen Zentrum dagegen unterschätzt. Hinsichtlich weiterer Einzelheiten sei auf die Arbeit von HOLLMANN und REUTER (1953) verwiesen.

Wie wir gesehen haben, führt eine konsequente geostrophische Approximation der Wirbelgleichung praktisch zur Prognosengleichung des barotropen divergenzfreien Modells. Um daher vereinfachte Prognosengleichungen für ein Mehrschichtenmodell zu erhalten, muß offenbar ein anderer Weg beschritten werden.

[1] Dabei wird ein Term $-(\beta/f^2)(\partial H/\partial x)\nabla^2 H$ vernachlässigt.

Dies kann so geschehen, daß, einem Vorschlag von CHARNEY und PHILLIPS (1953) folgend, nur ein Teil der Vorticitygleichung geostrophisch approximiert wird. Man gelangt beispielsweise auf folgende Weise zu einem einfachen Zweischichtenmodell. Bezeichnen wir die *absolute Vorticity* mit

$$\eta = \zeta + f = \frac{\partial v}{\partial x} - \frac{\partial u}{\partial y} + 2\Omega \sin \varphi \tag{C.48}$$

und sei der zweidimensionale Operator

Abb. C.3. Verteilung der wirklichen relativen Vorticity. Einheit 10^{-5} s^{-2}

Abb. C.4. Verteilung der geostrophischen relativen Vorticity. Einheit 10^{-5} s^{-1}

$$\left(\frac{\partial}{\partial t} + \boldsymbol{v}_2 \cdot \nabla\right) \equiv \frac{d_2}{dt},$$

so kann die Vorticitygleichung (C.44), wenn die Terme mit einer p-Abhängigkeit vernachlässigt werden, unter Verwendung der Kontinuitätsgleichung (C.33d) auch

$$\frac{d_2 \eta}{dt} = \eta \frac{\partial \omega}{\partial p} \quad \text{oder} \quad \frac{d_2 \ln \eta}{dt} = \frac{\partial \omega}{\partial p} \tag{C.49}$$

geschrieben werden.

Wir betrachten nun in der Vertikalen in Bezug auf die Koordinate p vier äquidistante Niveaus im Abstand Δp voneinander (Abb. C.5). An der oberen

Abb. C.5. Bezeichnung der Schichten für das barokline Modell von CHARNEY und PHILLIPS (1953)

Begrenzung ist $p = 0$, an der unteren $p = p_0$. Auf den Druckflächen selbst mögen die Gln. (C.49) Gültigkeit haben. Nun schreiben wir die Gln. (C.49) für die Niveaus 1 und 3 der Abb. C.5 nieder. Dabei sei ω_i der Wert von ω im $i$ten Niveau.

$$\frac{d_2 \ln \eta_1}{dt} = \frac{\omega_2 - \omega_0}{2\Delta p}, \qquad \frac{d_2 \ln \eta_3}{dt} = \frac{\omega_4 - \omega_2}{2\Delta p}. \tag{C.50}$$

Jetzt verwenden wir die bereits diskutierten (vereinfachten) Randbedingungen für ω, nämlich $\omega_0 = 0$ und $\omega_4 = 0$. Dann gehen die Gln. (C.50) in

$$\frac{d_2 \ln \eta_1}{dt} = \frac{\omega_2}{2\Delta p}, \qquad \frac{d_2 \ln \eta_3}{dt} = -\frac{\omega_2}{2\Delta p} \tag{C.50a}$$

über. Wird für das in (C.50a) aufscheinende ω_2 aus der Adiabatengleichung (C.34a) unter Verwendung von (C.40) substituiert, so ergibt sich

$$\omega = -\frac{d_2}{dt}\left(\ln \frac{\partial H}{\partial p}\right)\left(\frac{\partial \ln \Theta}{\partial p}\right)^{-1}. \tag{C.51}$$

Bei Übergang zu endlichen Differenzen wird im Niveau 2

$$\left(\frac{\partial \ln \Theta}{\partial p}\right)_2 \doteq \left(\frac{\Theta_3 - \Theta_1}{\Theta_2}\right)\frac{1}{2\Delta p}. \tag{C.52}$$

Wird zur Abkürzung $\varepsilon \equiv \Theta_2/(\Theta_1 - \Theta_3)$ geschrieben und angenommen, daß diese Größe für das in Frage stehende Modell als konstant zu betrachten ist, so ergibt sich mit $h \equiv H_1 - H_3$ sofort aus den Gln. (C.50a), (C.51) und (C.52)

$$\frac{d_2 \ln \eta_1}{dt} = \varepsilon \frac{d_2 \ln h}{dt}$$

$$\frac{d_2 \ln \eta_3}{dt} = -\varepsilon \frac{d_2 \ln h}{dt}. \tag{C.53}$$

Dies läßt sich noch in Form eines Erhaltungssatzes

$$\frac{d_2}{dt}(\eta_1 h^{-\varepsilon}) = 0, \qquad \frac{d_2}{dt}(\eta_3 h^{\varepsilon}) = 0 \tag{C.54}$$

schreiben. Ein Vergleich mit dem im barotropen Fall gültigen Satz der Erhaltung der absoluten oder potentiellen Vorticity (C.44a) oder (C.44b) zeigt die Analogie. Am deutlichsten wird diese, wenn wir (C.54) mit (C.43b) vergleichen. Anstelle der dort für h angenommenen Höhe der frei schwingenden Oberfläche der inkompressiblen Flüssigkeit steht hier die Differenz der Schichtenhöhe $H_1 - H_3 \equiv h$, allerdings gewichtet durch einen Exponenten ε, der von der thermischen Schichtung abhängt.

Wir wollen jetzt eine geostrophische Approximation der Wirbelgleichung (C.49) vornehmen. Dabei werden die Geschwindigkeitskomponenten u und v selbst und die relative Vorticity geostrophisch approximiert. Weiters wird noch auf der rechten Seite der Gl. (C.49) ζ gegenüber f vernachlässigt, sodaß dort $\eta(\partial\omega/\partial p) \doteq f(\partial\omega/\partial p)$ gesetzt wird. Wird schließlich zur Abkürzung eine Schreibweise mit Hilfe des sogenannten Jacobi-Operators, der durch

$$J(H, \eta_g) \equiv \frac{\partial H}{\partial x}\frac{\partial \eta_g}{\partial y} - \frac{\partial H}{\partial y}\frac{\partial \eta_g}{\partial x}$$

definiert ist, verwendet, so ergibt sich

$$\nabla_2^2 \frac{\partial H}{\partial t} + J(H, \eta_g) - f^2 \frac{\partial \omega}{\partial p} = 0, \tag{C.55}$$

wobei hier $\eta_g = \zeta_g + f = (1/f)\nabla_2^2 H + f$ ist.

Als zweite Bestimmungsgleichung verwenden wir wieder die Adiabatengleichung (C.34a) mit (C.40), die sich mittels des Jacobioperators zu

$$\frac{\partial}{\partial t}\frac{\partial H}{\partial p} + \frac{1}{f} J\left(H, \frac{\partial H}{\partial p}\right) + \sigma\omega = 0 \tag{C.34a}$$

schreibt. Nun haben wir zwei Gleichungen für die zwei abhängigen Variablen H und ω. Sie beschreiben unser einfaches baroklines Modell, für das auch ein ähnlicher Erhaltungssatz wie (C.54) gilt. Eine Besonderheit des hier formulierten Modells besteht darin, daß es leicht möglich ist, aus den Gln. (C.55) und (C.34a) die Terme mit Zeitabhängigkeit zu eliminieren. Dazu wird die erste Gleichung nach p differenziert, während auf die zweite der Laplaceoperator ∇_2^2 angewendet wird. Nachfolgende Subtraktion der Gl. (C.55) von Gl. (C.34a) liefert die sogenannte *ω-Gleichung* $[\sigma = \sigma(p)]$

$$\sigma \nabla_2^2 \omega + f^2 \frac{\partial^2 \omega}{\partial p^2} = -\frac{1}{f} \nabla_2^2 J\left(H, \frac{\partial H}{\partial p}\right) + \frac{\partial}{\partial p} J(H, \eta_g). \tag{C.56}$$

Die Gl. (C.56) stellt eine zeitunabhängige, also eine diagnostische Beziehung zwischen dem Geopotentialfeld und der (generalisierten) Vertikalgeschwindigkeit dar. Sie hat natürlich nur für unser einfaches Modell Gültigkeit und ist daher nur beschränkt anwendbar. Doch liefert sie in vielen Fällen bei vorgegebenem Geopotentialfeld durchaus plausible Werte für ω. Die Gl. (C.56) ist eigentlich nichts anderes als ein Versuch, die an sich schwer aus den Beobachtungsdaten ablesbare Divergenz (auf dem Umweg über die geostrophische Approximation) durch die Vorticity bzw. das H-Feld zu bestimmen.

In der Praxis der numerischen Wettervorhersage mit den (primitiven) Prognosengleichungen (C.31) oder den für adiabatische Verhältnisse gültigen Gln. (C.33) ist es möglich, aus dem exakt vorausberechneten Stromfeld die Divergenz hinreichend genau zu ermitteln, sodaß zur Bestimmung der Vertikalgeschwindigkeit auch die Kontinuitätsgleichung (C.33d) herangezogen werden kann. Mit den Modellgleichungen vom Typ (C.55) und (C.34a) wurden des öfteren numerische Berechnungen durchgeführt. Alle diese Berechnungen haben heute wohl nur mehr historisches Interesse, da in den größeren Wetterdiensten auf die vollständigen (nicht approximierten) Gleichungen zurückgegriffen wird. Trotzdem konnten sehr aufschlußreiche Resultate, vor allem im Hinblick auf spezielle Probleme, erzielt werden. Hierzu gehört u. a. die Frage, in welcher Weise und in welchem Ausmaß eine orographisch modifizierte Erdoberfläche Einfluß auf das Stromfeld und damit auf die Geopotentialverteilung nimmt. Eine erste diesbezügliche Abschätzung kann etwa auf folgende Weise erfolgen [Reuter und Pichler (1964)]. Man zerlegt die aufgrund der kinematischen Grenzbedingung durch die Topographie der Erdoberfläche verursachte Vertikalgeschwindigkeit in zwei durch empirische Ergebnisse nahegelegte Funktionen, von denen die eine nur von (x, y, t), die andere nur von p abhängt:

$$\omega(x, y, p, t) = R_\omega(x, y, t) r_\omega(p). \tag{C.57}$$

Für die Höhenabhängigkeit wird meist ein Potenzgesetz der Form

$$r_\omega(p) = \left(\frac{p}{p_s}\right)^b \tag{C.58}$$

gewählt ($b \doteq 4$).

Greifen wir nun auf die in Gl. (C.38) formulierte kinematische Grenzbedingung zurück, so kann diese

$$\left(\frac{dH}{dt}\right)_s = (\boldsymbol{v}_2 \cdot \nabla k)_s \doteq -\frac{1}{\varrho_s}\omega_s$$

geschrieben werden. Dann folgt aber sofort nach (C.57)

$$\omega_s = R_\omega(x, y, t) = -\varrho_s(\boldsymbol{v}_2 \cdot \nabla k)_s, \tag{C.59}$$

sodaß in einem bestimmten Niveau (L) die Wirbelgleichung die Form

$$\frac{d_2}{dt}(\zeta + f)_L = -f\varrho_s(\boldsymbol{v}_2 \cdot \nabla k)_s \left(\frac{\partial r_\omega}{\partial p}\right)_L \tag{C.60}$$

annimmt.

Für die Lösung unseres Problems ist es noch störend, daß auf der rechten Seite der Geschwindigkeitsvektor $\boldsymbol{v}_2$ an der Erdoberfläche zu nehmen ist, während alle anderen Terme im Niveau L, also z. B. in 500 mb, gelten sollen. Man hilft sich hier so, daß man unter einer plausiblen Annahme über die Änderung des Windes mit der Höhe (z. B. lineare Windzunahme ohne Winddrehung) einen empirischen Faktor $a = (\boldsymbol{v}_2)_s : (\boldsymbol{v}_2)_L$ einführt, der meist rund 0,4 gesetzt wird. Dann geht die Gl. (C.60) über in

$$\frac{d_2(\zeta + f)}{dt} = - f\varrho_s a(\boldsymbol{v}_2 \cdot \nabla k) \frac{\partial r_\omega}{\partial p}, \qquad \text{(C.60a)}$$

wobei jetzt alle Terme auf dasselbe Niveau L bezogen sind und nur die Dichte ϱ_s am Boden zu nehmen ist.

Wie aus unseren bisherigen Ausführungen ersichtlich ist, darf kaum erwartet werden, daß ein divergenzfreies Modell, wie etwa dasjenige, das zur Rossby-Formel (C.45a) oder zur Lösung (C.45) der Vorticitygleichung führt, bei der numerischen Wetterprognose realistische Resultate bringt. Wenn daher barotrope Vorhersagen heute durchgeführt werden, so ist dabei fast ausschließlich das divergente barotrope Modell [die Gln. (C.41) und (C.42)] zu verstehen. Andererseits hat die Divergenzfreiheit für die numerische Analyse Bedeutung erlangt. Wir haben auf S. 139 betont, daß bei der derzeitigen Kapazität der Rechenmaschinen eine Filterung der vertikalen Schallwellen unbedingt erforderlich ist, was durch die hydrostatische Approximation der dritten Bewegungsgleichung gewährleistet wird. Bei den numerischen Berechnungen zur Vorhersage der Druckverteilung müssen zwar Vorgänge, die sich in der Horizontalen mit Schallgeschwindigkeit ausbreiten (z. B. Föhnwellen), nicht herausgefiltert werden, wenn man bereit ist, zu Zeitschritten von wenigen Minuten herunterzugehen, doch bedeutet dies nicht, daß es nicht zweckmäßig sein kann, den Anfangszustand von solchem *meteorologischem Lärm* zu befreien, bevor das eigentliche numerische Rechenverfahren beginnt. Tatsächlich wird dies in der synoptischen Praxis bei der Analyse des Druckfeldes dadurch bewirkt, daß ausgiebig von der geostrophischen Relation zwischen Wind- und Druckfeld Gebrauch gemacht wird. Um aber die früher erwähnten Unzukömmlichkeiten der geostrophischen Approximation zu vermeiden, hat man nach einer anderen Methode gesucht, das Anfangsfeld *lärmfrei* zu machen. Dabei ist man auf eine Beziehung zwischen dem Druck- und Stromfeld gekommen, die auf der Divergenzfreiheit der horizontalen Strömung beruht. Eine solche diagnostische Beziehung ist zwar komplizierter als die geostrophische; vom theoretischen Standpunkt aus aber als Filterbedingung geeigneter. Sie läßt sich auf folgende Weise ableiten. Man differenziert die erste Bewegungsgleichung im p-System ($\dot{p} \equiv \omega$) (C.33a) nach x, die zweite nach y und addiert beide Gleichungen. Wird der Term

$$\frac{\partial \omega}{\partial x} \frac{\partial u}{\partial p} + \frac{\partial \omega}{\partial y} \frac{\partial v}{\partial p}$$

vernachlässigt und $D = \text{div}_2\, \boldsymbol{v}$ gesetzt, so erhält man

$$\frac{\partial D}{\partial t} + u \frac{\partial D}{\partial x} + v \frac{\partial D}{\partial y} + \omega \frac{\partial D}{\partial p} + D^2 - f\zeta + \beta u - 2J(u, v) + \nabla^2 H = 0, \qquad \text{(C.61)}$$

die sogenannte *Divergenzgleichung*. Setzen wir jetzt $D = 0$ und $dD/dt = 0$, so verbleibt

$$\nabla^2 H - f\left(\frac{\partial v}{\partial x} - \frac{\partial u}{\partial y}\right) + \beta u - 2\left(\frac{\partial u}{\partial x}\frac{\partial v}{\partial y} - \frac{\partial v}{\partial x}\frac{\partial u}{\partial y}\right) = 0, \qquad \text{(C.61a)}$$

was mit Einführung der Stromfunktion Ψ auch

$$\nabla^2 H - f\nabla^2\Psi - \beta\frac{\partial\Psi}{\partial y} + 2\left(\frac{\partial^2\Psi}{\partial x\,\partial y}\right)^2 - 2\frac{\partial^2\Psi}{\partial x^2}\cdot\frac{\partial^2\Psi}{\partial y^2} = 0 \qquad \text{(C.62)}$$

geschrieben werden kann.

Die Gl. (C.62) wird *Balance-Gleichung* genannt. Es gibt noch andere Formen der Balancegleichung, bei denen nur die Divergenz selbst, nicht aber dD/dt null gesetzt wird. Auf Einzelheiten wollen wir nicht eingehen. Hierzu sei auf die Literatur [z. B. Thompson (1961)] verwiesen. Desgleichen kann hier nicht der strenge Beweis gegeben werden, daß bei Erfüllung der Balancegleichung in der Tat die Schwerewellen eliminiert werden.

10. Die Zyklogenese

Schon in dem Kapitel 3 über allgemeine Gesichtspunkte der Wirbeldynamik, in welchem wir uns mit dem Helmholtzschen und Ertelschen Wirbelsatz beschäftigt haben, wurde betont, daß für die Entstehung der Wirbel Stromfeldinstabilitäten verantwortlich sein können. Darauf hat wohl erstmalig V. Bjerknes in seiner Polarfronttheorie hingewiesen. Das Grundkonzept wurde in Teil B, Kapitel 5, beschrieben. Dabei wird im wesentlichen die schon von Helmholtz im inkompressiblen Medium bei der Untersuchung interner Schwerewellen eingeführte *Scherungsinstabilität* als Instabilitätsursache herangezogen.

Bei der Suche nach Instabilitätskriterien muß zunächst einmal eine Einteilung der verschiedenen, in der Atmosphäre möglichen (und synoptisch relevanten) Typen von Wellenformationen vorgenommen werden. Dies geschieht am besten auf zweierlei Arten, einmal nach der Größenordnung (Wellenlänge), zum anderen nach den den Gleichgewichtszustand der Wellenbewegung kontrollierenden Kräften. Sicherlich wird man im allgemeinen vermuten, daß kurzwellige und kleinräumige Wellen nicht allzu große Wetterwirksamkeit aufweisen und daher einer gesonderten Betrachtung unterzogen werden sollen. In diese Gruppe fällt eine große Anzahl von Vorgängen, die zwar lokale Wettererscheinungen bedingen, wie etwa die bekannten Helmholtzschen Wogenwolken oder die Föhnwellen oder kleinräumige Tromben, die aber mit der eigentlichen synoptischen Zyklogenese oder auch Antizyklogenese nichts zu tun haben. Wir wollen daher hier den großräumigen wirbelerzeugenden Prozessen unser eigentliches Interesse zuwenden. Da wir weiters in der synoptischen Wettervorhersage uns auf Wirbel mit quasi vertikaler Wirbelachse beschränken, kommen als die Wellenbewegung kontrollierende Kräfte solche in Frage, die in der Horizontalen wirken. Damit sind die etwa bei den Föhnwellen dominierenden Gravitationskräfte für uns von untergeordneter Bedeutung. Nun wissen wir, daß ein Gleichgewicht zwischen Druck- und Trägheitskräften auf der rotierenden Erde in erster Linie durch die Corioliskräfte bewirkt wird. Daher müssen diese auch bei der Suche nach einer Instabilität der Trägheitswellen eine große Rolle spielen. Ein ausführliches Eingehen auf alle Aspekte der Instabilitätskriterien würde zu weit führen. Doch wollen wir zwei

Haupttypen solcher Instabilitäten näher untersuchen, und zwar die sogenannte *barotrope Instabilität* als dem barotropen Modell zugehörend und eine *barokline Instabilität* bei mehrschichtigen Modellen.

Bei den Instabilitätskriterien wird von linearisierten Gleichungen Gebrauch gemacht. Die Methode der Linearisierung besteht darin, daß von einem möglichst einfachen Grundzustand ausgegangen wird, der eine (partikuläre) Lösung der nichtlinearen Gleichungen darstellt. Dem Grundzustand werden dann kleine Störungen überlagert, die so klein vorausgesetzt werden, daß Glieder höherer Ordnung in den Störkomponenten vernachlässigbar sind. In der Praxis sieht dies bei dem einfachsten (nämlich dem divergenzfreien barotropen) Einschichtenmodell folgendermaßen aus: Die Modellgleichungen für die (mittlere) Bewegung lauten [Gln. (C.33a), (C.33b) und (C.33d) für $p = 0$]:

$$\frac{\partial \bar{u}}{\partial t} + \bar{u}\frac{\partial \bar{u}}{\partial x} + \bar{v}\frac{\partial \bar{u}}{\partial y} - f\bar{v} = -\frac{\partial \bar{H}}{\partial x},$$

$$\frac{\partial \bar{v}}{\partial t} + \bar{u}\frac{\partial \bar{v}}{\partial x} + \bar{v}\frac{\partial \bar{v}}{\partial y} + f\bar{u} = -\frac{\partial \bar{H}}{\partial y},$$

$$\frac{\partial \bar{u}}{\partial x} + \frac{\partial \bar{v}}{\partial y} = 0.$$

Ein einfacher Grundstrom, der diesen Gleichungen genügt, ist $U = U(y)$. Damit ein solcher in der Nord-Süd-Richtung scherender, zonaler Grundstrom tatsächlich eine Lösung der Modellgleichungen darstellt, muß die (geostrophische) Beziehung

$$fU = -\frac{\partial H}{\partial y}$$

erfüllt sein. Werden nun der mittleren Bewegung im Sinne der Linearisierung Störkomponenten überlagert, derart, daß

$$\bar{u} = U + u, \qquad \bar{v} = v, \qquad \bar{H} = H + h$$

gesetzt wird, so ergeben sich sofort die Störungsgleichungen bei Vernachlässigung der Glieder höherer Ordnung in den Störkomponenten zu

$$\frac{\partial u}{\partial t} + U\frac{\partial u}{\partial x} + v\frac{\partial U}{\partial y} = -\frac{\partial h}{\partial x} + fv,$$

$$\frac{\partial v}{\partial t} + U\frac{\partial v}{\partial x} = -\frac{\partial h}{\partial y} - fu,$$

$$\frac{\partial u}{\partial x} + \frac{\partial v}{\partial y} = 0. \qquad \text{(C.63)}$$

Wir versuchen nun für die Gln. (C.63) folgenden Lösungsansatz:

$$u = \psi(y)\exp[ik(x - ct)], \qquad k = 2\pi/\lambda$$

$$v = \varphi(y)\exp[ik(x - ct)], \qquad \lambda = \text{Wellenlänge},$$

$$h = \chi(y)\exp[ik(x - ct)], \qquad c = \text{Phasengeschwindigkeit}. \qquad \text{(C.64)}$$

Dies in (C.63) eingesetzt liefert sofort drei Bedingungsgleichungen

$$\begin{aligned} ik\psi(U-c)+\varphi U' &= -ik\chi+f\varphi, \\ ik\varphi(U-c) &= -\chi'-f\psi, \\ ik\psi+\varphi' &= 0, \end{aligned} \tag{C.65}$$

mit

$$U'=\frac{dU}{dy}, \qquad \chi'=\frac{d\chi}{dy}, \qquad \varphi'=\frac{d\varphi}{dy}.$$

Wird die dritte Gleichung in die erste eingesetzt und diese hierauf nach y differenziert, so ergibt sich

$$-\varphi''(U-c)+\varphi U''=-ik\chi'+f\varphi'+\beta\varphi. \tag{C.66}$$

Nun multiplizieren wir die zweite Gleichung mit ik und verwenden wieder die dritte Gleichung, sodaß

$$-k^2\varphi(U-c)=-ik\chi'+f\varphi' \tag{C.67}$$

bleibt.

Wird schließlich aus (C.67) und (C.66) χ' eliminiert, indem (C.67) von (C.66) abgezogen wird, so bleibt nach kleinen Umformungen

$$\varphi''+\left(\frac{U''-\beta}{c-U}-k^2\right)\varphi=0. \tag{C.68}$$

Dies stellt eine gewöhnliche lineare Differentialgleichung zweiter Ordnung für $\varphi(y)$ dar (Amplitude der Störkomponente v). Die Gleichung beschreibt daher Wellen, die dem zonalen Grundstrom in nord-südlicher Richtung aufgeprägt sind. Ohne hier auf die vollständige Lösung der Gl. (C.68) eingehen zu müssen, kann man sehen, daß sich im Fall $U''\equiv d^2U/dy^2=\beta$ eine aperiodische Lösung (Amplifizierung der Amplitude), nämlich $\varphi=\exp(ky)$, ergibt. Da bei unserem einfachen Grundstrom die Vorticity nur durch die Scherung gegeben ist, also $\zeta=-dU/dy$ zu schreiben wäre, bedeutet dieser Sonderfall auch

$$-\frac{d^2U}{dy^2}+\beta=\frac{d}{dy}(\zeta+f)=0, \tag{C.69}$$

also ein Extremum der absoluten Vorticity. Allgemein kann man zeigen, daß Wellen in unserem Modell für

$$\begin{aligned} \frac{d^2U}{dy^2} &\geqslant \beta \qquad \text{instabil} \\ \frac{d^2U}{dy^2} &< \beta \qquad \text{neutral oder gedämpft} \end{aligned} \tag{C.70}$$

werden.

Diese hier nur qualitativ behandelte barotrope Instabilität spielt bei der Entwicklung synoptischer Felder in der freien Atmosphäre eine große Rolle. Eng verknüpft damit ist der in der synoptischen Praxis wohlbekannte Indexzyklus (s. S. 48), d. h. die rhythmischen Schwankungen der großräumigen Zirkulation zwischen zonal und meridional orientierten Stromrichtungen und der auf Instabilität beruhende Cut-off-Prozeß als Erklärung für die Entstehung abgeschlossener zyklonaler Wirbel in der freien Atmosphäre.

Als zweites Beispiel eines Instabilitätskriteriums wollen wir ein solches für ein einfaches baroklines Modell herleiten. Wir greifen wieder auf die Gln. (C.33) zurück, diesmal jedoch als dreidimensionales Problem mit Einschluß der Adiabatengleichung (C.34a), wobei wir das in (C.40) definierte σ als eine bekannte Funktion voraussetzen. Die Modellgleichungen lauten dann

$$\frac{\partial \bar{u}}{\partial t} + \bar{u}\frac{\partial \bar{u}}{\partial x} + \bar{v}\frac{\partial \bar{u}}{\partial y} + \bar{\omega}\frac{\partial \bar{u}}{\partial p} - f\bar{v} = -\frac{\partial \bar{H}}{\partial x},$$

$$\frac{\partial \bar{v}}{\partial t} + \bar{u}\frac{\partial \bar{v}}{\partial x} + \bar{v}\frac{\partial \bar{v}}{\partial y} + \bar{\omega}\frac{\partial \bar{v}}{\partial p} + f\bar{u} = -\frac{\partial \bar{H}}{\partial y},$$

$$\frac{\partial \bar{u}}{\partial x} + \frac{\partial \bar{v}}{\partial y} + \frac{\partial \bar{\omega}}{\partial p} = 0,$$

$$\frac{\partial}{\partial t}\left(\frac{\partial \bar{H}}{\partial p}\right) + \bar{u}\frac{\partial}{\partial x}\left(\frac{\partial \bar{H}}{\partial p}\right) + \bar{v}\frac{\partial}{\partial y}\left(\frac{\partial \bar{H}}{\partial p}\right) + \sigma\bar{\omega} = 0.$$

Als Grundstrom wählen wir hier einen mit der Vertikalen scherenden, zonalen Strom $U(p)$. Um die Gleichungen zu befriedigen, muß $H(y, p)$ so bestimmt werden, daß sowohl die geostrophische Beziehung

$$fU = -\frac{\partial H}{\partial y},$$

als auch die thermische Windgleichung

$$f\frac{dU}{dp} = -\frac{\partial}{\partial y}\left(\frac{\partial H}{\partial p}\right)$$

erfüllt ist. Dann wird für die Störkomponenten der Ansatz

$$\begin{aligned}
\bar{u} &= U(p) + u(x, y, p, t)\\
\bar{v} &= v(x, y, p, t)\\
\bar{\omega} &= \omega(x, y, p, t)\\
\bar{H} &= H(y, p) + h(x, y, p, t)
\end{aligned}$$

gelten.

Damit ergeben sich die Störgleichungen zu

$$\frac{\partial u}{\partial t} + U\frac{\partial u}{\partial x} + \omega\frac{dU}{dp} - fv + \frac{\partial h}{\partial x} = 0,$$

$$\frac{\partial v}{\partial t} + U\frac{\partial v}{\partial x} + fu + \frac{\partial h}{\partial y} = 0,$$

$$\frac{\partial u}{\partial x} + \frac{\partial v}{\partial y} + \frac{\partial \omega}{\partial p} = 0,$$

$$\frac{\partial}{\partial t}\left(\frac{\partial h}{\partial p}\right) + U\frac{\partial}{\partial x}\left(\frac{\partial h}{\partial p}\right) - vf\frac{dU}{dp} + \sigma\omega = 0, \tag{C.71}$$

wobei in der Adiabatengleichung von der thermischen Windgleichung im Grundfeld Gebrauch gemacht wurde. Ist nun σ eine bekannte Funktion, so steht prinzipiell einer Lösung nichts im Weg. Allerdings ist eine vollständige Lösung sehr kompliziert. Für eine qualitative Diskussion lassen sich jedoch verschiedene Vereinfachungen vornehmen, die zwar eine gewisse Einschränkung der Allgemeingültigkeit bedeuten, aber dennoch das wesentliche Merkmal des hier aufgezeigten Problems vor Augen führen. Um also den mathematischen Apparat nicht allzu sehr auszuweiten, bilden wir zunächst aus den beiden ersten Gln. (C.71) durch geeignete Differentiation die Vorticitygleichung und vernachlässigen (ähnlich wie bei unseren früheren Überlegungen bei einfachen baroklinen Modellen) den Term $(\partial\omega/\partial y)(dU/dp)$. Wird aus der Kontinuitätsgleichung $\mathrm{div}_2 \boldsymbol{v} = -\,\partial\omega/\partial p$ eingesetzt, so bleibt für die Vorticitygleichung der Ausdruck

$$\frac{\partial \zeta}{\partial t} + U\frac{\partial \zeta}{\partial x} - f\frac{\partial \omega}{\partial p} + \beta v = 0. \tag{C.72}$$

Nun nehmen wir für die Vorticity ζ und für v die geostrophische Approximation vor [analog zu Gl. (C.55)] und erhalten die beiden Störgleichungen

$$\frac{\partial}{\partial t}\nabla^2 h + U\frac{\partial}{\partial x}(\nabla^2 h) + \beta\frac{\partial h}{\partial x} - f^2\frac{\partial \omega}{\partial p} = 0, \qquad \zeta_g = \frac{1}{f}\nabla^2 h,$$

$$\frac{\partial}{\partial t}\left(\frac{\partial h}{\partial p}\right) + U\frac{\partial}{\partial x}\left(\frac{\partial h}{\partial p}\right) - \frac{\partial h}{\partial x}\frac{dU}{dp} + \sigma\omega = 0, \qquad v_g = \frac{1}{f}\frac{\partial h}{\partial x} \tag{C.73}$$

für unser linearisiertes Modell.

Jetzt wenden wir die beiden Gln. (C.73) auf ein Zweischichtenmodell an (Abb. C.6), wobei als Randbedingung $\omega(0) = 0$ und $\omega(2) = 0$ vorgegeben sei. Für die

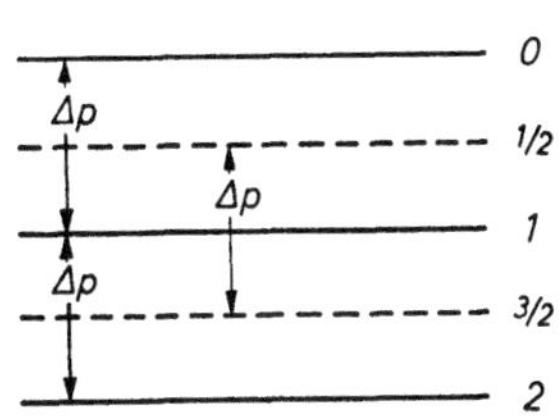

Abb. C.6. Schema des Zweischichtenmodells

endlichen Differenzen gilt dann im Niveau $(3/2)\ \Delta\omega = -\,\omega_1$, im Niveau $(1/2)\ \Delta\omega = +\,\omega_1$, sodaß die Gleichungen in diesen beiden Niveaus

$$\frac{\partial}{\partial t}(\nabla^2 h)_{3/2} + U_{3/2}\frac{\partial}{\partial x}(\nabla^2 h)_{3/2} + \beta\left(\frac{\partial h}{\partial x}\right)_{3/2} + \frac{f^2}{\Delta p}\,\omega_1 = 0,$$

$$\frac{\partial}{\partial t}(\nabla^2 h)_{1/2} + U_{1/2}\frac{\partial}{\partial x}(\nabla^2 h)_{1/2} + \beta\left(\frac{\partial h}{\partial x}\right)_{1/2} - \frac{f^2}{\Delta p}\,\omega_1 = 0 \tag{C.74}$$

lauten.

Hierzu tritt die Adiabatengleichung im Niveau 1, also

$$\frac{\partial}{\partial t}\left(\frac{h_{3/2}-h_{1/2}}{\Delta p}\right)+\tfrac{1}{2}(U_{3/2}+U_{1/2})\frac{\partial}{\partial x}\left(\frac{h_{3/2}-h_{1/2}}{\Delta p}\right)-$$
$$-\frac{1}{\Delta p}(U_{3/2}-U_{1/2})\frac{\partial}{\partial x}\left(\frac{h_{3/2}+h_{1/2}}{2}\right)+\sigma\omega_1=0. \tag{C.75}$$

Werden noch die Abkürzungen

$$\tilde{h}\equiv\tfrac{1}{2}(h_{3/2}+h_{1/2}),\qquad h^*\equiv\tfrac{1}{2}(h_{3/2}-h_{1/2}),$$
$$\tilde{U}\equiv\tfrac{1}{2}(U_{3/2}+U_{1/2}),\qquad U^*\equiv\tfrac{1}{2}(U_{3/2}-U_{1/2})$$

eingeführt, so können die Gln. (C.74) und (C.75) auch

$$\frac{\partial}{\partial t}\nabla^2\tilde{h}+\tilde{U}\frac{\partial}{\partial x}\nabla^2\tilde{h}+U^*\frac{\partial}{\partial x}\nabla^2 h^*+\beta\frac{\partial\tilde{h}}{\partial x}=0,$$

$$\frac{\partial}{\partial t}\nabla^2 h^*+\tilde{U}\frac{\partial}{\partial x}\nabla^2 h^*+U^*\frac{\partial}{\partial x}\nabla^2\tilde{h}+\beta\frac{\partial h^*}{\partial x}+\frac{f^2\omega_1}{\Delta p}=0,$$

$$\frac{\partial}{\partial t}h^*+\tilde{U}\frac{\partial h^*}{\partial x}-U^*\frac{\partial\tilde{h}}{\partial x}+\frac{\sigma\omega_1\Delta_p}{2}=0 \tag{C.76}$$

geschrieben werden, wie man durch Addition bzw. Subtraktion der Gln. (C.74) zeigt.

Wird aus den beiden letzten Gln. (C.76) ω_1 eliminiert, so erhalten wir

$$\frac{\partial}{\partial t}\nabla^2 h^*+\tilde{U}\frac{\partial}{\partial x}\nabla^2 h^*+U^*\frac{\partial}{\partial x}\nabla^2\tilde{h}+\beta\frac{\partial h^*}{\partial x}-n^2\left(\frac{\partial h^*}{\partial t}+\tilde{U}\frac{\partial h^*}{\partial x}-U^*\frac{\partial\tilde{h}}{\partial x}\right)=0, \tag{C.77}$$

$$n^2\equiv\frac{2f^2}{\sigma(\Delta p)^2}.$$

Wir versuchen als Lösungsansatz

$$\tilde{h}=A\exp[ik(x-ct-\nu y)],$$
$$h^*=A\exp[ik(x-ct-\nu y)+\delta]. \tag{C.78}$$

Dies führt, in die erste Gl. (C.76) und in (C.77) eingesetzt, zu den folgenden zwei Bedingungsgleichungen

$$[(c-\tilde{U})k^2(1+\nu^2)+\beta]\frac{\partial\tilde{h}}{\partial x}-U^*k^2(1+\nu^2)\frac{\partial h^*}{\partial x}=0,$$

$$U^*[n^2-k^2(1+\nu^2)]\frac{\partial\tilde{h}}{\partial x}+\{(c-\tilde{U})[k^2(1+\nu^2)+n^2]+\beta\}\frac{\partial h^*}{\partial x}=0, \tag{C.79}$$

die nur dann eine nichttriviale Lösung für $\partial\tilde{h}/\partial x$ und $\partial h^*/\partial x$ haben, wenn die Determinante verschwindet. Mit $q^2=k^2(1+\nu^2)$ ergibt dies schließlich nach leichten Umformungen die folgende quadratische Gleichung für $(c-\tilde{U})$

$$(c - \tilde{U})^2 + \frac{\beta(q^2 + n^2) + q^2\beta}{q^2(n^2 + q^2)} (c - \tilde{U}) + \frac{\beta^2 + U^{*2} q^2(n^2 - q^2)}{q^2(n^2 + q^2)} = 0,$$

deren Lösung

$$c - \tilde{U} = - \frac{\beta(q^2 + n^2) + q^2\beta}{2q^2(n^2 + q^2)} \pm \sqrt{W}$$

lautet, wenn hier unter der Wurzel der Ausdruck

$$W = \frac{\beta^2 n^4}{4q^4(n^2 + q^2)^2} - \frac{U^{*2}(n^2 - q^2)}{(n^2 + q^2)} \tag{C.80}$$

steht.

Für imaginäre Werte von c ergeben sich gemäß unserem Lösungsansatz Instabilitäten, da in einem solchen Fall $\tilde{h}$ und h^* nach (C.78) einen exponentiellen Verlauf zeigen (Amplifizierung). Für $W \geqslant 0$ wird c reell, und das bedeutet wiederum stabile periodische Lösungen (gemäß der bekannten Euler-Moivreschen Formel $\exp(ix) = \cos x + i \sin x$).

Trägt man daher in einem Diagramm $|U^*|$ gegen λ die Kurve für $W = 0$ ein, so trennt sie offenbar den stabilen vom instabilen Bereich. In der Abb. C.7

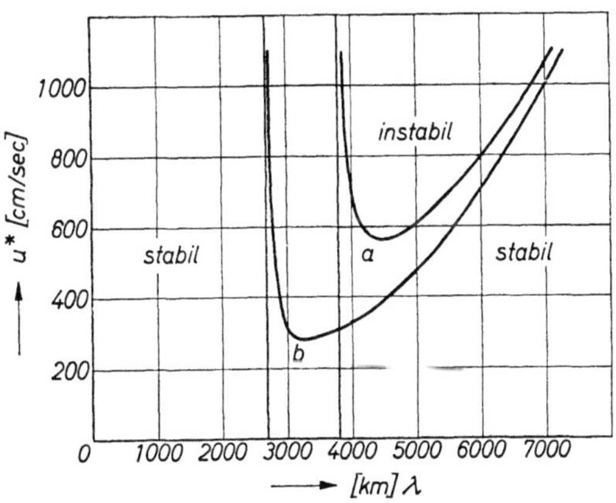

Abb. C.7. Baroklines Instabilitätsdiagramm bei zonaler Grundströmung

sind diese Verhältnisse für 45° Breite und für $\nu \ll 1$, sowie für zwei verschiedene Schichtungen der Atmosphäre [also zwei Annahmen für σ nach (C.40) bzw. n^2] ersichtlich gemacht. Wird das Niveau 1/2 mit der 250 mb-Fläche, das Niveau 3/2 mit der 750 mb-Fläche identifiziert, so gilt in der Abb. C.7 die Kurve a für

$$\Theta_{250} - \Theta_{750} = 34°\text{K},$$

was der US-Standardatmosphäre entspricht, während die Kurve b für

$$\Theta_{250} - \Theta_{750} = 17°\text{K}$$

gezeichnet wurde, was einer labilen Schichtung gleichkommt.

Auch rigorosere Ableitungen führen im wesentlichen zu einem ähnlichen Diagramm, sodaß das hier ersichtliche Verhalten als typisch für die barokline

Instabilität von Wellen in einer geschichteten Atmosphäre anzusehen ist. Da die vertikale Windscherung über die thermische Windgleichung eng mit dem horizontalen Temperaturgradienten quer zum Grundstrom, in unserem Fall also in meridionaler Richtung, gekoppelt ist, kann der hier aufgezeigte Vorgang folgendermaßen beschrieben werden. Ist zu Anfang ein zonaler Grundstrom, aber nur ein geringer horizontaler Temperaturgradient vorhanden, so ist die vertikale Windscherung zu klein, um instabile Wellen zu ermöglichen. Wird der Temperaturgradient größer, so nimmt auch die vertikale Windscherung zu, und bei einer bestimmten (je nach der thermischen Schichtung unterschiedlichen) Windscherung wird eine (sogenannte) dominante Wellenlänge erreicht, die erstmalig den Übergang vom stabilen zum instabilen Bereich zuläßt. Bei weiterer Steigerung der vertikalen Scherung vergrößert sich der instabile Bereich. Das Diagramm zeigt uns, bei welchen Wellenlängen instabile Wellen möglich sind. Interessant ist dabei, daß auch noch bei großen vertikalen Windscherungen und dementsprechend großen horizontalen Temperaturgradienten sowohl kurze, als auch sehr lange Wellen stabil bleiben.

Es entspricht der Vorstellung von dem hier mit Störgleichungen beschriebenen Vorgang, daß zu Anfang kleine Wellen als dem Grundstrom überlagert auftreten, wobei die primäre Ursache für diese *Störung* in verschiedenen Effekten gesucht werden darf, nicht zuletzt in orographischen Modifikationen des Stromfeldes. Solange aber kein entsprechender horizontaler Temperaturgradient vorhanden ist, bleiben die Wellen stabil. Erst wenn die Wellenlänge eine Größenordnung von 3000 bis 4000 km erreicht hat, gelangen wir in den labilen Bereich. Dies wird durch die synoptische Erfahrung weitgehend bestätigt. Sind andererseits ursprünglich in einer nahezu barotrop geschichteten Atmosphäre außerordentlich lange Wellen (z. B. im Sinne der Rossby-Formel) entstanden und wird nachfolgend dem System eine barokline Schichtung durch ein sich entwickelndes meridionales Temperaturgefälle aufgeprägt, so kann auch noch bei großer vertikaler Windscherung der labile Bereich nicht betreten werden, und die Wellen bleiben stabil.

Es darf jedoch nicht verschwiegen werden, daß in Wahrheit die Verhältnisse wesentlich komplizierter sind, als hier aus unserem stark vereinfachten Modell ersichtlich wird. Beispielsweise wäre es erforderlich, auch noch das Freiwerden von Kondensationswärme als Energiequelle in die Theorie einzubauen, was z. B. bei den tropischen Zyklonen unbedingt erforderlich und in diesbezüglichen Untersuchungen auch geschehen ist[1]. Die Theorie der baroklinen Instabilität hat jedoch gegenüber anderen Zyklonentheorien, etwa der Polarfronttheorie, den Vorteil, daß sie sehr wesentlich die vertikale Schichtung der Atmosphäre mitberücksichtigt und dadurch schon dem von MARGULES geforderten Umstand Rechnung trägt, daß starke zyklonale Entwicklungen nur mit entsprechenden Umwandlungen von potentieller in kinetische Energie erklärt werden können. Dies war auch ein Einwand gegen die Polarfronttheorie, bei der im wesentlichen die für die Amplifizierung nötige Energie aus dem Grundstrom stammt. Während zur Erzeugung einer baroklinen Instabilität eine horizontale Scherung des Grundstromes am Boden

[1] Die reduzierte effektive statische Stabilität einer feuchten Atmosphäre während des Kondensationsprozesses bewirkt eine Änderung gegenüber der Kurve *a* in Abb. C.7 im Sinne einer größeren Labilität, ähnlich dem Verhalten der Kurve *b*.

nicht unbedingt erforderlich ist, schreibt die Polarfronttheorie gerade diesem Effekt die Hauptrolle bei der Amplifizierung der Wellen zu. Der (horizontale) Temperaturgradient, bedingt durch die sehr unterschiedlich temperierten polaren und gemäßigten Luftmassen, ist in der Polarfronttheorie zwar ein integrierender Bestandteil, aber nicht die primäre Ursache für die Erreichung der Instabilitätsgrenze. Trotzdem bleibt die synoptisch wohl fundierte Erfahrungstatsache bestehen, daß die polare Frontalzone, also der Bereich der Polarfront, das bevorzugte Gebiet für zyklogenetische Entwicklungen ist. Nur die eigentlichen Kriterien für das Instabilwerden von Wellen sind in beiden Theorien verschieden. Natürlich kann gegen eine Theorie der Zyklogenese als Folge von Instabilitäten der Einwand erhoben werden, daß Wirbelbildung (Vorticityproduktion) auch ohne solche Instabilitäten durch Umschichtung der gesamten Stromfeldstruktur oder durch Eingreifen thermodynamischer Prozesse denkbar sei. Letztlich kommt dies schon in dem Ertelschen Wirbelsatz [S. 121, Gl. (C.12)] zum Ausdruck. Man spricht daher mitunter auch von einer sogenannten *nichtlinearen Zyklogenese* im Gegensatz zu der hier behandelten Theorie, die auf Instabilitätskriterien beruht und eigentlich nur mit linearisierten Gleichungen abzuleiten ist. Die in den letzten Jahren vor allem in den USA durchgeführten Rechnungen zur allgemeinen Zirkulation der Atmosphäre zeigen recht eindrucksvoll die Entwicklung von Zyklonen und Antizyklonen aus einem einfachen Anfangszustand. Bei solchen numerischen Experimenten werden zwar Prozesse simuliert, die den in der Atmosphäre ablaufenden sehr ähnlich sind, doch ist der Nachteil solcher Rechnungen, daß eine dynamische Begründung für die entstehenden Wirbel praktisch unmöglich ist. In dem ungeheuer komplizierten Rechenvorgang sind Einzelheiten nicht durchschaubar. Man kann aber auch an relativ einfachen speziellen Modellen die Entstehung von Tiefdruckgebieten, also zyklonalen Wirbeln, studieren, wie dies EDELMANN (1964) getan hat. Auch hier gewinnt man den Eindruck, daß nichtlineare Prozesse ohne Instabilitäten zur Wirbelerzeugung sehr wesentlich beitragen.

Wir wollen die Wirbelproduktion oder Wirbelvernichtung noch einmal mit Hilfe der Vorticitygleichung, allerdings in etwas anderer Weise und ohne Linearisierung, studieren. Zu diesem Zweck gehen wir von Gl. (C.15a) im z-System aus. Mit $1/\varrho = \alpha$ folgt durch Differentiation der ersten Gleichung nach y, der zweiten nach x und Subtraktion der ersten von der zweiten sofort, da $F_x = F_y = 0$

$$\frac{\partial \zeta}{\partial t} + \boldsymbol{v}_2 \cdot \operatorname{grad} \zeta + \boldsymbol{v}_2 \cdot \operatorname{grad} f + \zeta \operatorname{div}_2 \boldsymbol{v} + f \operatorname{div}_2 \boldsymbol{v} + \\ + \frac{\partial}{\partial x}\left(w \frac{\partial v}{\partial z}\right) - \frac{\partial}{\partial y}\left(w \frac{\partial u}{\partial z}\right) = - \frac{\partial \alpha}{\partial x}\frac{\partial p}{\partial y} + \frac{\partial \alpha}{\partial y}\frac{\partial p}{\partial x}. \qquad \text{(C.81)}$$

Hier ist wie üblich $\zeta \equiv (\partial v/\partial x) - (\partial u/\partial y)$ die relative Vorticity, f der Coriolisparameter und $\boldsymbol{v}_2$ der zweidimensionale (horizontale) Windvektor, grad bezieht sich hier ebenfalls nur auf die Horizontale.

In dieser Gleichung können einige Terme zusammengefaßt werden, wodurch eine Bilanzgleichung (Kontinuitätsgleichung) für die Vorticity entsteht. Man verifiziert leicht, daß (C.81) auch

$$\frac{\partial \zeta}{\partial t} + \operatorname{div}_2 \zeta \boldsymbol{v} = - \operatorname{div}_2 f \boldsymbol{v} - \operatorname{rot}_z \left(w \frac{\partial \boldsymbol{v}_2}{\partial z}\right) - (\operatorname{grad} \alpha \times \operatorname{grad} p)_z \qquad \text{(C.82)}$$

geschrieben werden kann. In dieser Form läßt sich die Vorticitygleichung folgendermaßen interpretieren:

1) Sind alle Terme auf der rechten Seite vernachlässigbar, so treten lokale Änderungen der Wirbelgröße nur auf, wenn im Vorticitystrom eine Divergenz vorhanden ist, ähnlich der Massenbilanz bei der Kontinuitätsgleichung.

2) Die Produktionsterme auf der rechten Seite beeinflussen diese Bilanz in dreifacher Weise, nämlich

a) Durch den Divergenzterm (erster Term). Ist nur dieser Term auf der rechten Seite vorhanden, so führt dies zu der schon früher behandelten divergenten, barotropen (zweidimensionalen) Vorticitygleichung. Anstelle der Erhaltung der Bilanz tritt die Invarianz der potentiellen Vorticity [s. Gl. (C.44a), S. 147].

b) Durch den Rotationsterm [zweiter Term in (C.82)]. Er hängt von der vertikalen Windscherung und der Vertikalgeschwindigkeit ab. Für die Produktion von Vorticity ist nur die Vertikalkomponente des Rotationsterms maßgebend, wie es für die meteorologische Wirbeldynamik (quasivertikale Wirbelachse) verständlich ist.

c) Durch den Solenoidterm [dritter Term auf der rechten Seite von (C.82)], der nur bei barokliner Schichtung der Atmosphäre (grad α nicht parallel zu grad p) einen von null verschiedenen Wert annimmt.

Grundsätzlich besteht die Möglichkeit, an Hand von direktem Beobachtungsmaterial die Produktionsterme abzuschätzen. Doch bereitet dies große praktische Schwierigkeiten wegen mangelnder Beobachtungsgenauigkeit. Man kann aber diese Aufgabe mit Hilfe der sogenannten *Scale-Analyse* lösen. Dabei werden die einzelnen Terme der Gleichung durch dimensionslose Kenngrößen charakterisiert. Der Vorgang ist folgender. Man führt zunächst sowohl für die unabhängigen als auch für die abhängigen Variablen der Gleichung dimensionslose Größen ein, nämlich

$$x^* = x/L, \quad y^* = y/L, \quad z^* = z/H, \quad t^* = tU/L, \quad \mathbf{v}_2^* = \mathbf{v}_2/U, \quad w^* = w/W. \tag{C.83}$$

Weiters

$$\text{grad} = \frac{1}{L}\,\text{grad}^*$$

$$\frac{\partial}{\partial z} = \frac{1}{H}\frac{\partial}{\partial z^*}$$

$$\frac{\partial}{\partial t} = \frac{U}{L}\frac{\partial}{\partial t^*}$$

$$\left(\frac{\text{grad}\,\varrho}{\varrho}\right)^* = \frac{\text{grad}\,\varrho}{\varrho} \Big/ \frac{\delta\varrho}{L\varrho}$$

$$\left(\frac{\text{grad}\,p}{p}\right)^* = \frac{\text{grad}\,p}{p} \Big/ \frac{\delta p}{Lp}$$

$$\zeta = \frac{U}{L}\,\zeta^*.$$

Hierbei sind: L horizontaler Längenscale, H vertikaler Längenscale; U charakteristische Horizontalgeschwindigkeit und W charakteristische Vertikalgeschwindigkeit. Die charakteristische Zeiteinheit ergibt sich aus L/U. δ soll den Betrag der horizontalen oder auch zeitlichen Variation von Druck und Dichte angeben. Bei der obigen Abschätzung ist es wesentlich, daß relative Änderungen, nämlich $\delta\varrho/\varrho$ und $\delta p/p$, betrachtet werden. Diese sind nämlich (im Gegensatz zu den absoluten Änderungen) bei Druck und Dichte von derselben Größenordnung.

Die Scale-Größen (gekennzeichnet durch große Buchstaben) sind so zu wählen, daß die dimensionslosen Variablen (durch einen Stern charakterisiert) in den Beziehungen (C.83) alle die Größenordnung eins erhalten.

Man kann drei für unsere Zwecke wichtige dimensionslose Parameter aus den Scale-Größen bilden, nämlich:

Rossby-Zahl:	$Ro = U/fL$	(Verhältnis von Trägheitskraft zur Corioliskraft)
Froude-Zahl:	$Fr = U^2/gH$	(Verhältnis von Trägheitskraft zur Gravitationskraft)
Richardson-Zahl:	$Ri = \varkappa/Fr$	mit $\varkappa = H(\partial \ln \Theta/\partial z)$. (Ein Maß für das Verhältnis der Arbeit, die durch Auftriebskräfte bei gegebener thermischer Schichtung gegen die Erdanziehung geleistet werden muß, zur Energiedissipation der (turbulenten) Strömung, ausgedrückt durch die vertikale Windscherung.) (C.84)

Führt man in die Vorticitygleichung (C.82) die dimensionslosen Variablen (C.83) ein und faßt man die Scale-Größen zu den Scale-Parametern (C.84) zusammen, so kann nach PICHLER und REUTER (1970) diese auch folgendermaßen geschrieben werden:

$$Ro < 1: \quad \frac{\partial \zeta}{\partial t} + \operatorname{div}_2 \zeta \boldsymbol{v} = - Ro^{-1} \operatorname{div}_2 f\boldsymbol{v} - Ro^{-1} Ri^{-1} \operatorname{rot}_z \left(w \frac{\partial \boldsymbol{v}_2}{\partial z}\right) + + Fr\, Ro^{-2} \left(\frac{\operatorname{grad} \varrho}{\varrho} \times \frac{\operatorname{grad} p}{p}\right)_z \tag{C.85}$$

und für

$$Ro \geqslant 1: \quad \frac{\partial \zeta}{\partial t} + \operatorname{div}_2 \zeta \boldsymbol{v} = - Ro^{-1} \operatorname{div}_2 f\boldsymbol{v} - Ri^{-1} \operatorname{rot}_z \left(w \frac{\partial \boldsymbol{v}_2}{\partial z}\right) + + Fr \left(\frac{\operatorname{grad} \varrho}{\varrho} \times \frac{\operatorname{grad} p}{p}\right)_z . \tag{C.85a}$$

Zur Vereinfachung wurden hier die dimensionslosen Variablen ohne Kennzeichnung durch einen Stern geschrieben (d. h. es soll hier z. B. $\boldsymbol{v}_2 \rightarrow \boldsymbol{v}_2/U$ bedeuten usw.). Jeder Term auf der rechten Seite der Gln. (C.85) und (C.85a) besteht aufgrund der Wahl der Scalegrößen aus einem Faktor der Größenordnung eins und einem oder zwei Scale-Parametern nach (C.84). Eine Bestimmung der Rossby-, Froude-

und Richardson-Zahlen gestattet daher eine Abschätzung der Größenordnung der Produktionsterme untereinander. Das bedeutet, daß es möglich ist, bei einer konkreten Feldverteilung (Wetterlage) durch Ermittlung der für diesen Fall gültigen charakteristischen Dimensionen, im Hinblick auf die horizontale Ausdehnung, Geschwindigkeit und vertikale Struktur, zu entscheiden, welcher Produktionsterm den Ausschlag gibt. Bezüglich weiterer Einzelheiten muß auf die angeführte Originalarbeit verwiesen werden.

Die Gln. (C.85) und (C.85a) lehren uns, daß in vielen Fällen, nämlich dort, wo die Feldverteilung geringe barokline Schichtung aufweist, der Divergenzterm gegenüber den beiden anderen dominiert. Im Bereich von Frontalzonen erreichen aber der Rotationsterm und der Solenoidterm ohne weiteres Beträge, die in der Größenordnung des ersten Terms liegen.

Ähnlich wie bei dem früher aufgestellten Instabilitätskriterium kommt es dabei sowohl auf den Betrag der vertikalen Windscherung als auch auf den horizontalen Dichte- und Temperaturgradienten an. Es wird aber hier nicht nach einer Instabilitätsgrenze gesucht, sondern versucht, die in der vorhandenen Feldverteilung zum Ausdruck kommende Wirbelproduktion zu erfassen, um daraus eine Wirbeländerung in naher Zukunft prognostizieren zu können.

Im übrigen gestattet die Bilanzgleichung (C.82) auch, Einflüsse der Orographie der Erdoberfläche auf Wirbelbildungen zu erfassen. Die Prozesse, die zur Ausbildung der bekannten *Genua-Zyklone* führen, können so beschrieben werden, daß durch die *Randeffekte* der Orographie der Alpen sowohl der Rotationsterm als auch der Solenoidterm modifiziert werden. Dies wird verständlich, wenn man bedenkt, daß beim Überströmen eines Gebirges die vertikale Windscherung eine Zunahme erfährt und der Gebirgskamm den horizontalen Temperaturgradienten dadurch verändern kann, daß (niedrige) Kaltluftmassen einerseits vorübergehend zurückgehalten (gestaut) werden, andererseits durch Umfließen der Gebirgsformation eine andere Strömungsrichtung einnehmen, als dem herrschenden Druckgradienten entsprechen würde. Diese qualitativen Überlegungen können auch quantitativ gestützt werden, da man durch entsprechende Rechnungen die Modifikation der Produktionsterme in Zusammenhang mit der Höhe des Gebirges und dessen horizontaler Ausdehnung bringen kann, Reuter (1971).

11. Beispiel einer numerischen Vorausberechnung der Isohypsen der 500 mb-Topographie mit barotropen und baroklinen Modellen

Zur Illustration der in den vergangenen Kapiteln besprochenen Methoden der numerischen Wettervorhersage wollen wir noch ein Beispiel einer solchen Vorausberechnung des US-Wetterdienstes hinzufügen. Ausgangslage ist die in der Abb. C.8 dargestellte absolute Topographie der 500 mb-Fläche vom 25. Januar 1973, 12 GMT. Die Isohypsenverteilung zeigt folgende Merkmale: Über Mexiko und Texas befindet sich ein abgeschlossener zyklonaler Wirbel. Nördlich davon sehen wir ein breites mäanderndes Westwindband, vom Pazifik über den amerikanischen Kontinent bis zum Atlantik reichend. Die langen planetarischen Wellen formieren sowohl einen Trog an der amerikanischen Ostküste, als auch einen an der Westküste, während der Kontinent selbst in einer antizyklonalen Krümmung liegt. Der Trog über dem Atlantik ist wesentlich tiefer als der über dem Pazifik. Der

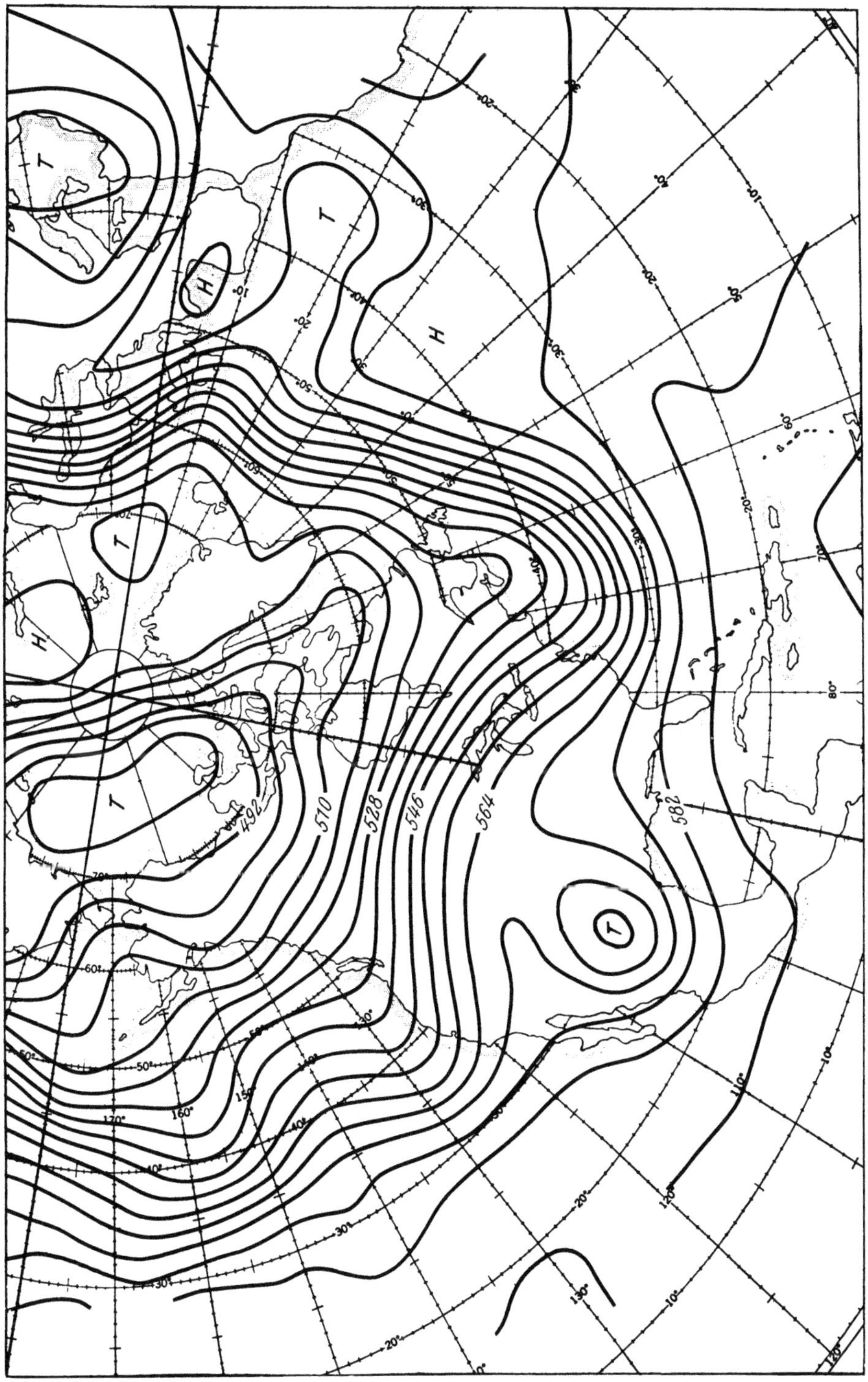

Abb. C.8. Analyse der 500 mb-Topographie vom 25. Januar 1973, 12 GMT. Ausgangslage für die numerischen Berechnungen (National Meteorological Center, USA)

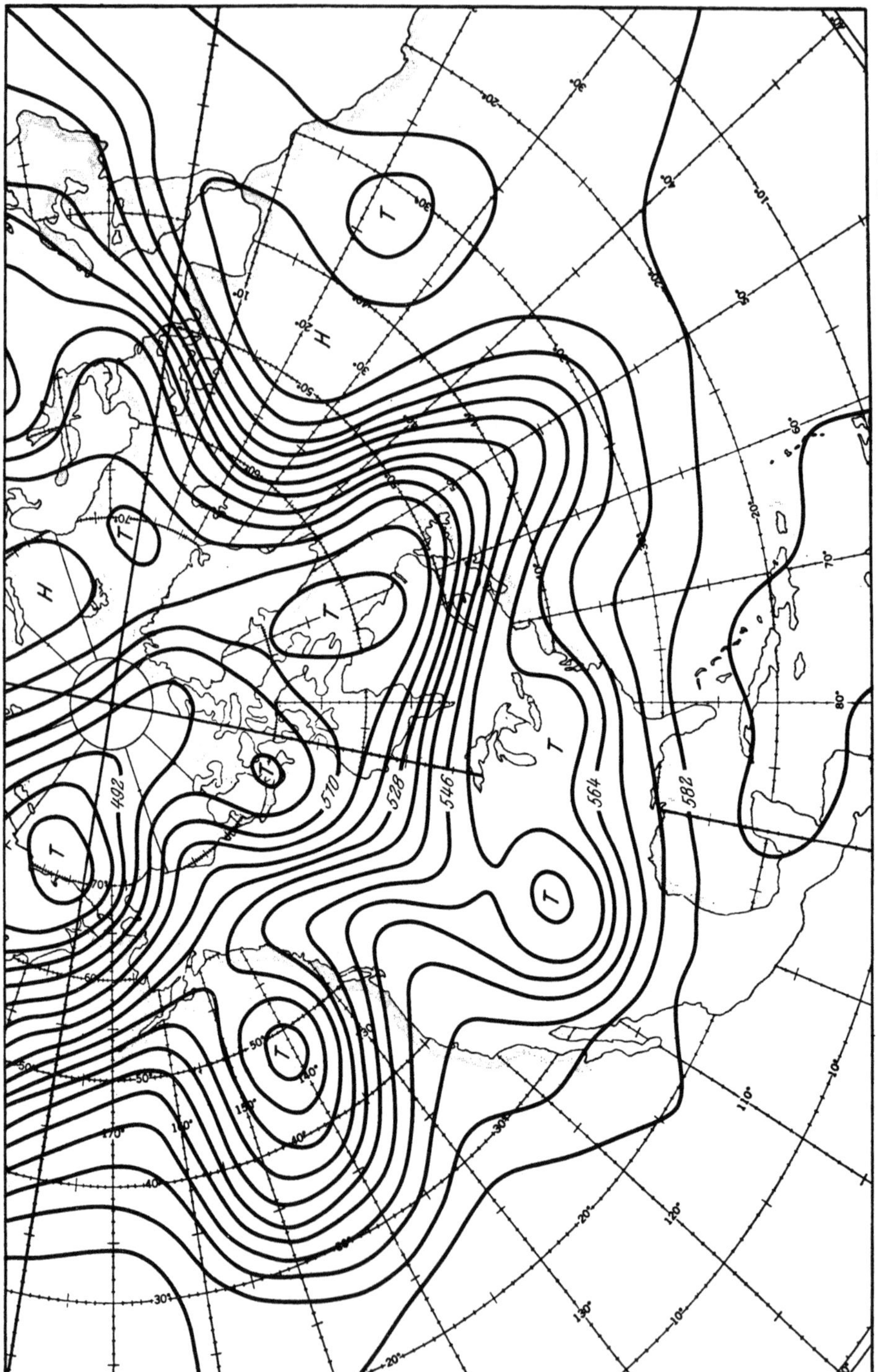

Abb. C.9. Analyse der 500 mb-Topographie vom 27. Januar 1973, 12 GMT. Tatsächlich eingetretene Endlage

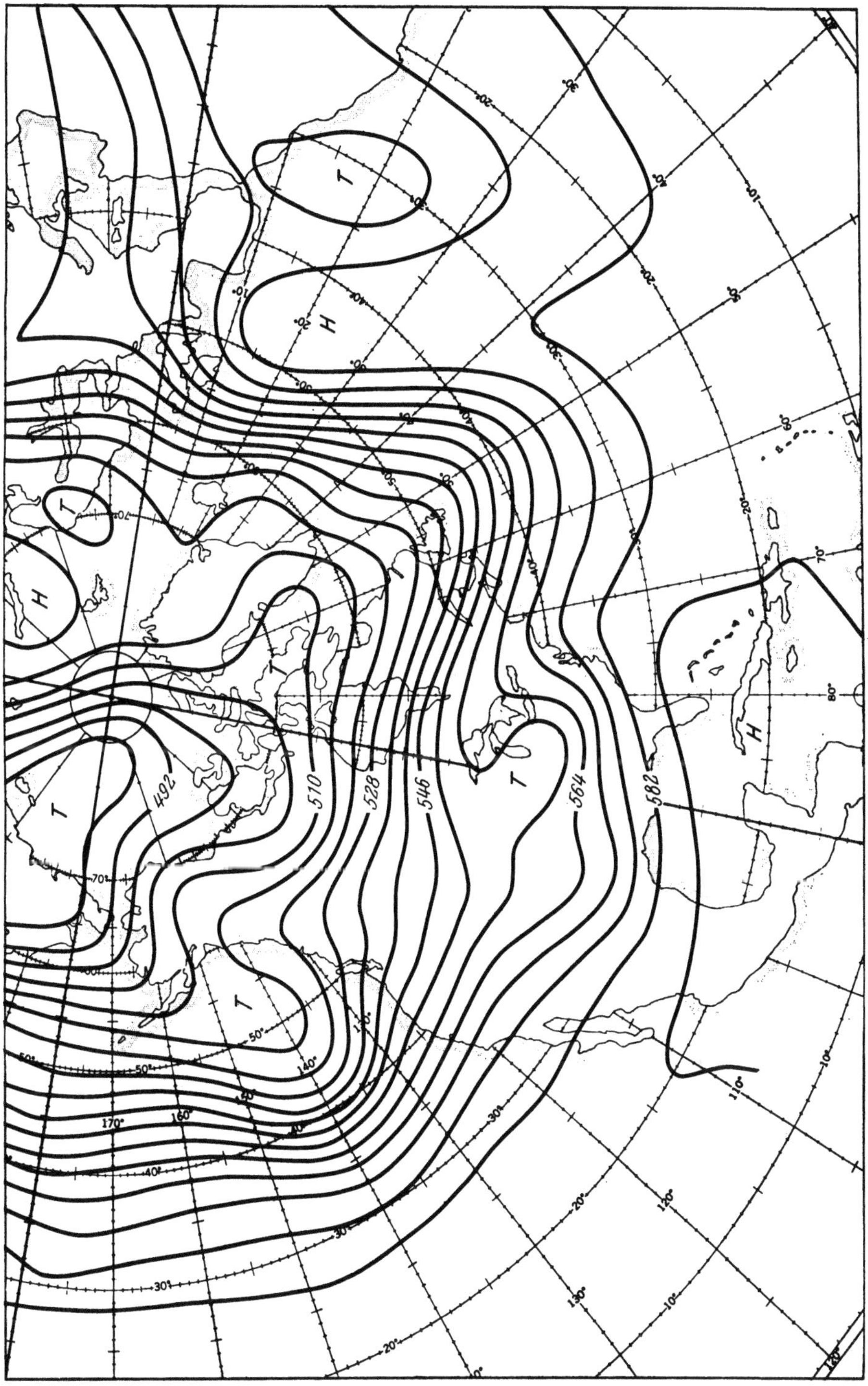

Abb. C.10. Barotrope Vorhersage (48stündig) der 500 mb-Topographie für den 27. Januar 1973, 12 GMT

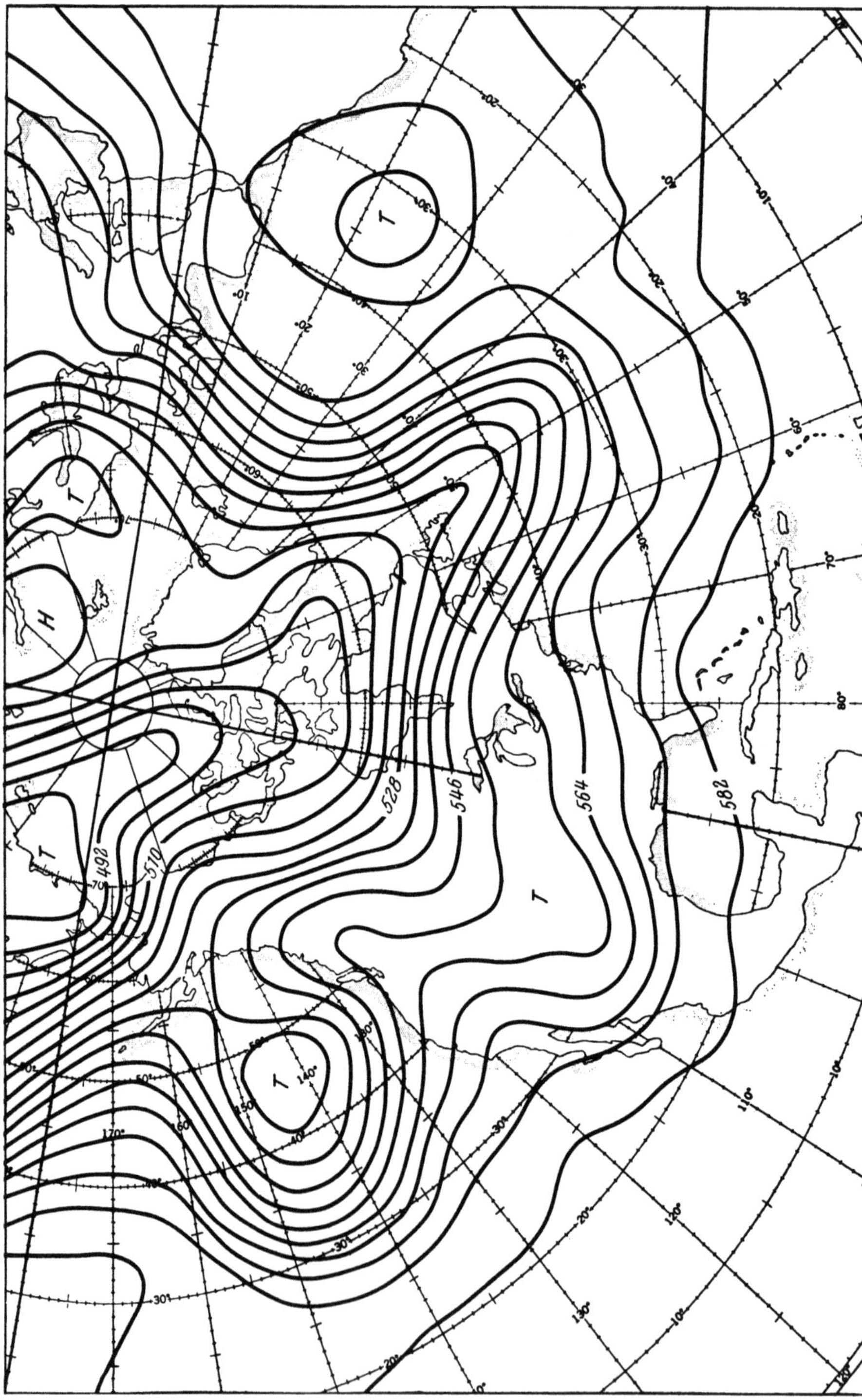

Abb. C.11. Barokline Vorhersage (48stündig) der 500 mb-Topographie für den 27. Januar 1973, 12 GMT

Gradient beträgt dort rund 50 gpdm auf 20 Grad Breite, beim Trog an der amerikanischen Westküste dagegen nur etwa 40 gpdm auf derselben Distanz. Am Atlantik zeigt sich zwischen 35°—40°W ein Keil und dann über Madeira ein Tief (567 gpdm) als südlichster Teil einer Trogachse, die entlang 15°W bis Island reicht. Von Spanien nach Norden bis zur Nordsee ist schließlich wieder ein Hochkeil zu sehen. Das Westwindband ist in Europa weit nach Norden verschoben.

Die Abb. C.9 stellt die Situation 48 Stunden später, am 27. Januar 1973, 12 GMT, dar. Das mexikanische Tief ist nach Osten gewandert. Nahe der amerikanischen Küste ist es als Welle erkennbar. Vom pazifischen Trog hat sich ein neuer zyklonaler Wirbel abgespaltet und liegt praktisch an derselben Stelle, wo 48 Stunden vorher der erste Wirbel lag. Im Zuge dieser Entwicklung hat sich auch die Strömung am Pazifik umgestellt. Dem nach Osten abgewanderten Trog ist ein Keil gefolgt, der nun an der Westküste das dominierende Merkmal darstellt. Die antizyklonale Krümmung der Isohypsen über dem amerikanischen Kontinent ist einer zyklonalen gewichen, wobei die Trogachse nördlich von dem neu formierten Tief über Mexiko verläuft. Auch der Trog an der Ostküste ist ostwärts gewandert und befindet sich nunmehr mit seiner Achse bei 50°W. Das Tief über Madeira hat sich ohne wesentliche Positionsänderung ausgeweitet. Nördlich davon ist eine Umorientierung des Stromfeldes erfolgt. Anstelle des Troges liegt jetzt ein Keil mit ausgeprägter antizyklonaler Krümmung bei rund 20°W. Der Hochkeil an der europäischen Westküste ist durch ein Übergreifen des atlantischen Troges auf das Festland abgebaut worden. Die Strömungsrichtung hat in West- und Mitteleuropa allgemein auf NW gedreht.

Es sind mithin sehr wesentliche Änderungen eingetreten, und wir wollen nun sehen, ob die numerischen Vorausberechnungen diesen gerecht werden. Zunächst zur barotropen Vorhersage. Sie ist in der Abb. C.10 dargestellt und zeigt uns, welche Veränderungen durch ein Einschichtmodell beschrieben werden können. Sicherlich müßte in erster Linie die Verlagerung der langen planetarischen Wellen (Rossby-Wellen) in einem solchen Modell erfaßbar sein. Dies ist auch bei der Verlagerung des Troges an der amerikanischen Ostküste der Fall. Die barotrope Vorhersage ergibt hier die Achse bei 50°W, wie es den tatsächlichen Verhältnissen weitgehend entspricht. Das mexikanische Tief soll nach der barotropen Prognose nach Osten ziehen, was ebenfalls eingetreten ist. Allerdings ergibt hier die Berechnung eine zu geringe Verlagerung. Das neu zugewanderte Tief, das wieder über den Südstaaten liegt, ist kaum erfaßt. An der amerikanischen Westküste und am atlantischen Ozean sind zwar die einsetzenden antizyklonalen Entwicklungen im barotropen Modell erkennbar, jedoch bei weitem nicht so ausgeprägt, wie es sein sollte. Der Abbau des westeuropäischen Keils ist dagegen vollzogen. Die Umstellung auf eine Nordwestlage ist im Bereich der Britischen Inseln und in Mitteleuropa recht gut prognostiziert.

Nun zur baroklinen Vorhersage, die uns die Abb. C.11 vermittelt. Im allgemeinen stellt sie eine merkliche Verbesserung gegenüber der barotropen Prognose dar. Die Trogachse am Atlantik liegt in der baroklinen Vorhersagekarte recht korrekt bei 50°W. Während das barotrope Modell dort eine Auffüllung anzeigt und Werte über den tatsächlich eingetretenen angibt, müßte sich nach der baroklinen Karte eine Verschärfung des Troges einstellen. Es tritt hier eine Überschätzung der baroklinen Effekte auf. Doch ist die Übereinstimmung mit der

Wirklichkeit besser als im barotropen Fall. Noch deutlicher wird die Überlegenheit der baroklinen Voraussage bei dem neuen Tief über den Südstaaten. Dieses wird hier wesentlich besser erfaßt, wenngleich der tatsächliche Zentralwert auch hier noch viel zu hoch liegt. Viel besser als in der barotropen Vorhersage werden im baroklinen Modell die antizyklonalen Entwicklungen sowohl an der Pazifikküste, als auch am Atlantik prognostiziert. Das Tief über Madeira bleibt auch in der baroklinen Karte nahezu ortsfest, in weitgehender Übereinstimmung mit den tatsächlichen Verhältnissen. Die Umstellung auf eine Nordwestlage in Europa durch Abbau des Hochdruckkeils an der Westküste ist gut vorausgesagt. Hier sind gegenüber der barotropen Voraussage allerdings keine großen Unterschiede festzustellen. Im allgemeinen läßt sich an diesem Beispiel zeigen, daß die Feldverteilung der Isohypsen der 500 mb-Fläche durch ein baroklines Modell besser vorausberechnet wird als durch ein barotropes. Allerdings sind in Details noch merkliche Abweichungen von der tatsächlich eingetretenen Situation festzustellen. Dies liegt an den gegenwärtig noch nicht im Modell inkorporierten Effekten.

12. Die Ausbreitung von Luftverunreinigungen in der Atmosphäre

Bei unseren bisherigen Überlegungen haben wir die Reibungskräfte [Vektor $\boldsymbol{F}$ in Gl. (C.4)] entweder überhaupt unberücksichtigt gelassen oder vorausgesetzt, daß dafür eine bekannte Funktion der Raum-Zeitkoordinaten eingesetzt werden kann. Falls nur molekulare Reibung betrachtet wird, läßt sich die analytische Form dieser Funktion aus Prinzipien der Physik ableiten (Navier-Stokessche Gleichungen). Es ist jedoch zu bedenken, daß die molekulare Viskosität in der Atmosphäre gegenüber den durch Turbulenz hervorgerufenen Austauschvorgängen, die ebenfalls einen Impulstransport verursachen, vernachlässigbar klein ist. Ähnliches gilt auch für die Wärmeleitung und den Transport von Wasserdampf in der Atmosphäre. Auch hierbei sind die molekularen Prozesse von untergeordneter Bedeutung. Man ist daher gezwungen, für den turbulenten Transport gültige funktionelle Beziehungen herzuleiten. Dies bereitet Schwierigkeiten, da eine befriedigende Theorie der Turbulenz, die den in der Atmosphäre ablaufenden Prozessen gerecht wird, noch nicht existiert. Man behilft sich daher mit semiempirischen Ansätzen durch Einführung von turbulenten Kenngrößen in weitgehender Analogie zur molekularen Theorie. Man behält dabei weitgehend die analytische Gestalt der die molekularen Prozesse regelnden Funktion bei und vergrößert lediglich den Betrag der Parameter. In diesem Sinn spricht man auch von einer Viskosität der Turbulenz oder von Koeffizienten des turbulenten Impuls- oder Wärmetransportes. Natürlich hängen die Kenngrößen der Turbulenz vom Turbulenzzustand ab, d. h. in erster Linie von der Strömungsgeschwindigkeit und der vertikalen thermischen Schichtung der Atmosphäre. Das Spektrum der Turbulenzelemente hinsichtlich der Größenordnung reicht dabei von kleinräumigen Schwankungen einzelner meteorologischer Größen (Wind, Temperatur, Dichte) bis zu ganzen Tiefdruckgebieten, die als Turbulenzelemente betrachtet werden (sogenannte Großraumturbulenz). Ähnlich wie bei der molekularen Reibung muß zwischen einer inneren und einer äußeren, durch Berandung bewirkten Turbulenz unterschieden werden. Werden nur die Verhältnisse in der freien Atmosphäre berücksichtigt, können die durch die Turbulenz hervorgerufenen

Austauschvorgänge bei der numerischen Vorausberechnung von Feldverteilungen entweder vernachlässigt werden (vor allem bei kurzfristigen Prognosen) oder durch relativ einfache Beziehungen simuliert werden. Dies gelingt im allgemeinen recht gut. Wesentlich schwieriger gestaltet sich jedoch die korrekte Erfassung der *Randturbulenz* (Wall Turbulence) nahe der Erdoberfläche. Für numerische Prognosen des Bodendruck- und Stromfeldes sowie der Temperatur- und Feuchteverteilung in den unteren Luftschichten können Turbulenzeffekte den Ausschlag geben. Um diesem Aspekt gerecht zu werden, andererseits aber den Rechenprozeß nicht allzu stark zu komplizieren, versucht man, eine geeignete *Parametrisierung* der Randeffekte durch weitgehend empirische Ansätze vorzunehmen. Diesbezügliche Untersuchungen bilden einen Schwerpunkt der Forschung der Gegenwart.

Ein spezielles Problem der theoretischen Meteorologie, das nur durch Berücksichtigung des turbulenten Zustandes der Atmosphäre gelöst werden kann, hat in den letzten Jahren zunehmende Bedeutung erlangt: der Transport und die Diffusion von (schädlichen) Beimengungen der Atmosphäre. Wir wollen uns mit dieser Frage etwas eingehender beschäftigen.

Ausgangspunkt jeder Ausbreitungstheorie muß eine Bilanzgleichung für die mittlere Konzentration der Luftbeimengung sein [analog der von uns aufgestellten Bilanzgleichung für die spezifische Feuchte Gl. (9a und 9b)]. Sind ϱ_1 und $\boldsymbol{v}_1$ die Momentanwerte der Dichte und Geschwindigkeit der Luft, ϱ_s und $\boldsymbol{v}_s$ die entsprechenden Werte für die Beimengung, und bezeichnen wir mit $s = \varrho_s/\varrho_1$ die momentane Konzentration der Verunreinigung, so lauten die beiden Bilanzgleichungen (Kontinuitätsgleichungen)

$$\frac{\partial \varrho_1}{\partial t} + \operatorname{div}(\varrho_1 \boldsymbol{v}_1) = 0, \tag{C.86}$$

$$\frac{\partial \varrho_s}{\partial t} + \operatorname{div}(\varrho_s \boldsymbol{v}_s) = Q_s \tag{C.87}$$

oder

$$\frac{\partial \varrho_1 s}{\partial t} + \operatorname{div}(\varrho_1 s \boldsymbol{v}_s) = Q_s, \tag{C.88}$$

wenn Q_s die Quellstärke einer Momentanquelle bedeutet.

Um dem Turbulenzzustand der Atmosphäre gerecht zu werden, bedienen wir uns des klassischen Konzepts von Reynolds. Jede Feldgröße wird in einen Mittelwert und eine turbulente Zusatzgröße zerlegt. Die Größe des Mittelungsintervalls (Turbulenzzeitintervall) wird so gewählt, daß die Zusatzgröße, gemittelt über dieses Intervall, verschwindet. Für eine bestimmte Feldfunktion A soll mithin gelten

$$A = \bar{A} + A' \quad \text{und} \quad \bar{A}' = 0, \tag{C.89}$$

wenn hier die Mittelung durch den Querstrich angedeutet wird. Neben diesem (ungewogenen) Mittel wird im Fall eines kompressiblen Mediums noch ein mit der Dichte gewogenes Mittel eingeführt, das folgendermaßen definiert wird:

$$\tilde{A} = A - A'' \quad \text{und} \quad \overline{\varrho_1 A''} = 0. \tag{C.90}$$

Vorausgesetzt ist dabei, daß die Dichte selbst keinen turbulenten Schwankungen unterliegt, bzw. dieselben vernachlässigbar klein sind. Weiters wird im folgenden noch angenommen, daß im Hinblick auf den Mittelungsprozeß das Feld stationär ist, d. h. daß doppelte Mittelungen zu keiner Änderung der Feldgröße führen (z. B. $\bar{\bar{A}} = \bar{A}$ oder $\tilde{\bar{A}} = \tilde{A}$).

Wir wenden nun diese Mittelungen auf die Gln. (C.87) und (C.88) an. Wenn dabei beachtet wird, daß nach dem eben gesagten

$$\overline{\varrho_1 s''} = 0, \qquad \overline{\varrho_1 \boldsymbol{v}_s''} = 0, \qquad \bar{\varrho}_s = \overline{\varrho_1 s} = \bar{\varrho}_1 \tilde{s},$$

$$\overline{\varrho_1 s \boldsymbol{v}_s} = \bar{\varrho}_1 \tilde{s} \tilde{\boldsymbol{v}}_s + \overline{\varrho_1 s'' \boldsymbol{v}_s''}$$

gilt, so erhalten wir

$$\frac{\partial \bar{\varrho}_1 \tilde{s}}{\partial t} + \operatorname{div}(\bar{\varrho}_1 \tilde{s} \tilde{\boldsymbol{v}}_s + \overline{\varrho_1 s'' \boldsymbol{v}_s''}) = \bar{Q}_s, \tag{C.91}$$

was auch

$$\frac{\partial \bar{\varrho}_1 \tilde{s}}{\partial t} + \operatorname{div}[\bar{\varrho}_1 \tilde{s} \tilde{\boldsymbol{v}}_1 + \bar{\varrho}_1 \tilde{s}(\tilde{\boldsymbol{v}}_s - \tilde{\boldsymbol{v}}_1) + \overline{\varrho_1 s'' \boldsymbol{v}_1''} +$$

$$+ \overline{\varrho_1 s''(\boldsymbol{v}_s'' - \boldsymbol{v}_1'')}] = \bar{Q}_s \tag{C.91a}$$

geschrieben werden kann.

Der Ausdruck in der eckigen Klammer setzt sich aus vier Termen zusammen: dem rein konvektiven Transport mit der gemittelten Geschwindigkeit $\tilde{\boldsymbol{v}}_1$, dem relativen Diffusionsstrom mit der Geschwindigkeit $\tilde{\boldsymbol{v}}_s - \tilde{\boldsymbol{v}}_1$ und den beiden turbulenten Zusatztermen.

Solange die Turbulenzterme lediglich als gegenseitige Korrelationen der Zusatzkomponenten in der Gleichung aufscheinen, hat diese nur formalen Charakter. Für eine Lösung des Problems ist es erforderlich, einen funktionellen Zusammenhang dieser Terme mit den Größen des gemittelten Zustandes (mittlere Windscherung oder mittleres Konzentrationsgefälle) herzustellen. Man hat in Analogie zu den Vorstellungen über die molekulare Diffusion mehrere Möglichkeiten aufgezeigt, die hier zielführend sein können, z. B. das Mischungswegkonzept von Prandtl (1949) oder statistische Theorien mit Festlegung bestimmter Korrelationsfunktionen. Zunächst wollen wir aber noch die Randbedingungen formulieren. Wird unter $\boldsymbol{n}_E$ der Einheitsvektor in Richtung der jeweiligen Normalen auf die Erdoberfläche verstanden, und fassen wir die Ausdrücke in der Klammer in Gl. (C.91) durch einen Vektor $\boldsymbol{S}$ (totaler Beimengungsstromvektor) zusammen, so lautet die Randbedingung bei Annäherung von einem Punkt des Konfigurationsraumes P zu einem auf der Erdoberfläche befindlichen P_E offenbar

$$\lim_{P \to P_E} \boldsymbol{n}_E \cdot \boldsymbol{S} \geqslant 0, \tag{C.92}$$

wobei das Größer- bzw. Gleichheitszeichen je nachdem zu verwenden ist, ob eine Beimengungsabsorption an der Erdoberfläche stattfindet oder nicht.

Für den Transport mit der gemittelten Windgeschwindigkeit $\tilde{\boldsymbol{v}}_1$ gilt die kinematische Grenzbedingung, also $\boldsymbol{n}_E \cdot \bar{\varrho}_1 \tilde{s} \tilde{\boldsymbol{v}}_1 = 0$.

Der relative Diffusionsstrom in (C.91a), nämlich $\bar{\varrho}_1\tilde{s}(\tilde{\boldsymbol{v}}_s - \tilde{\boldsymbol{v}}_1)$, kann zwar die Erdoberfläche auch nicht durchsetzen, wirkt aber infolge eines Festhaltens von Beimengungen an der Erdoberfläche als Senke für $\boldsymbol{S}$, sodaß $\boldsymbol{n}_E \cdot \bar{\varrho}_1\tilde{s}(\tilde{\boldsymbol{v}}_s - \tilde{\boldsymbol{v}}_1)$ nicht verschwinden muß. Es bleibt also

$$\lim_{P\to P_E} \boldsymbol{n}_E \cdot [\bar{\varrho}_1\tilde{s}(\tilde{\boldsymbol{v}}_s - \tilde{\boldsymbol{v}}_1) + \overline{\varrho_1 s''\boldsymbol{v}_1''} + \overline{\varrho_1 s''(\boldsymbol{v}_s'' - \boldsymbol{v}_1'')}] \geqslant 0. \tag{C.93}$$

Weiters wird die Gl. (C.91a) unter Verwendung der gemittelten Kontinuitätsgleichung (C.86), also

$$\frac{\partial\bar{\varrho}_1}{\partial t} + \operatorname{div}(\bar{\varrho}_1\tilde{\boldsymbol{v}}_1) = 0, \tag{C.94}$$

auch in der Form

$$\bar{\varrho}_1 \frac{\tilde{d}_1\tilde{s}}{dt} = \operatorname{div}(\bar{\varrho}_1\tilde{s}(\tilde{\boldsymbol{v}}_s - \tilde{\boldsymbol{v}}_1)) - \operatorname{div}[\overline{\varrho_1 s''\boldsymbol{v}_1''} + \overline{\varrho_1 s''(\boldsymbol{v}_s'' - \boldsymbol{v}_1'')}] + \bar{Q}_s \tag{C.95}$$

geschrieben, wenn hier

$$\frac{\tilde{d}_1}{dt} = \frac{\partial}{\partial t} + \tilde{u}_1\frac{\partial}{\partial x} + \tilde{v}_1\frac{\partial}{\partial y} + \tilde{w}_1\frac{\partial}{\partial z}$$

bedeutet.

Durch die Gl. (C.95) und die Randbedingung (C.93) ist unser Problem vollständig bestimmt, wenn noch über die Quellstärke $\bar{Q}_s$ verfügt wird und die turbulenten Zusatzterme in Beziehung zum Gradienten der mittleren Konzentration gebracht werden.

Da in den meisten Fällen die Vertikalkomponente des relativen Diffusionsstromes dominiert, kann unter Annahme einer konstanten mittleren Sinkgeschwindigkeit $\tilde{w}$

$$\bar{\varrho}_1\tilde{s}(\tilde{\boldsymbol{v}}_s - \tilde{\boldsymbol{v}}_1) = -\bar{\varrho}_1\tilde{s}\tilde{w}\boldsymbol{k} \tag{C.96}$$

geschrieben werden, wenn hier $\boldsymbol{k}$ der vertikale Einheitsvektor ist. Unter Berücksichtigung von (C.96) bildet die Gl. (C.95) die Grundlage für alle Rechnungen über die Ausbreitung von Luftverunreinigungen. Die praktische Anwendung bereitet allerdings Schwierigkeiten.

Wir wollen im folgenden ein vereinfachtes Modell betrachten, das aber die grundsätzliche Vorgangsweise gut illustriert. Zunächst sei der relative Diffusionsstrom und sein turbulenter Anteil vernachlässigt. Dies ist im Falle gasförmiger Beimengungen (keine Sedimentationsgeschwindigkeit) im allgemeinen zulässig. Weiters sei vorausgesetzt, daß am Erdboden keine Absorption stattfindet. Für diesen speziellen Fall vereinfachen sich die Gln. (C.95) und (C.93) zu

$$\bar{\varrho}_1 \frac{\tilde{d}_1\tilde{s}}{dt} = -\operatorname{div}(\overline{\varrho_1 s''\boldsymbol{v}_1''}) + \bar{Q}_s \tag{C.97}$$

und

$$\lim_{P\to P_E} \boldsymbol{n}_E \cdot \overline{\varrho_1 s''\boldsymbol{v}_1''} = 0. \tag{C.98}$$

Um zu einer Lösung zu gelangen, muß der Term der turbulenten Diffusion, wie schon erwähnt, in Beziehung zum Gradienten der mittleren Konzentration gebracht werden. Dies kann durch Einführung eines Austauschtensors geschehen. Ein solcher sehr allgemeiner Ansatz läßt sich wesentlich vereinfachen, wenn angenommen wird, daß die Hauptachsen des Tensors mit den Koordinatenachsen zusammenfallen. Das bedeutet, daß man mit drei Diffusionskoeffizienten, nämlich K_x, K_y und K_z, das Auslangen findet, derart, daß

$$\overline{\varrho_1 s'' \boldsymbol{v}_1''} = -\bar{\varrho}_1 \left(K_x \frac{\partial \tilde{s}}{\partial x} \boldsymbol{i} + K_y \frac{\partial \tilde{s}}{\partial y} \boldsymbol{j} + K_z \frac{\partial \tilde{s}}{\partial z} \boldsymbol{k} \right) \tag{C.99}$$

wird. Damit schreibt sich unsere Diffusionsgleichung (C.96) zu

$$\frac{\tilde{d}_1 \tilde{s}}{dt} = \frac{\partial}{\partial x}\left(K_x \frac{\partial \tilde{s}}{\partial x}\right) + \frac{\partial}{\partial y}\left(K_y \frac{\partial \tilde{s}}{\partial y}\right) + \frac{\partial}{\partial z}\left(K_z \frac{\partial \tilde{s}}{\partial z}\right) + \frac{\bar{Q}_s}{\bar{\varrho}_1} \tag{C.100}$$

mit der Randbedingung

$$\lim_{z \to 0} \left(K_z \frac{\partial \tilde{s}}{\partial z} \right) = 0, \tag{C.101}$$

falls die Erdoberfläche als eben betrachtet wird ($\boldsymbol{n}_E = \boldsymbol{k}$). Natürlich bleibt noch immer das Problem, die analytische Form der Diffusionskoeffizienten als Funktion der Orts- und Zeitkoordinaten zu finden. Der denkbar einfachste Fall wäre, $K_x = K_y = K_z =$ konstant zu setzen. Dieser Fall der homogenen und isotropen Turbulenz wird jedoch kaum in der Natur vorzufinden sein. In der Praxis behilft man sich mit empirischen Ansätzen aufgrund entsprechender Experimente.

Für die weitere Diskussion betrachten wir den folgenden Spezialfall:

1) In einem Punkt $z = H_e$, $x = y = 0$ befinde sich eine stationäre Quelle mit vorgegebener Quellstärke Q_s.

2) Der mittlere Windvektor zeige keine Richtungs- und Höhenabhängigkeit und falle mit der Richtung der positiven x-Achse zusammen ($\tilde{\boldsymbol{v}}_1 = \tilde{u}\boldsymbol{i}$).

3) Die Divergenz des turbulenten Transportes in der x-Richtung (Translationsrichtung) sei klein gegenüber dem konvektiven Transport, also

$$\frac{\partial}{\partial x}\left(K_x \frac{\partial \tilde{s}}{\partial x}\right) \ll \tilde{u} \frac{\partial \tilde{s}}{\partial x}.$$

4) Es herrsche Stationärität: $\partial \tilde{s}/\partial t = 0$.

Unter Berücksichtigung dieser Annahmen lautet die Diffusionsgleichung

$$\tilde{u} \frac{\partial \tilde{s}}{\partial x} = \frac{\partial}{\partial y}\left(K_y \frac{\partial \tilde{s}}{\partial y}\right) + \frac{\partial}{\partial z}\left(K_z \frac{\partial \tilde{s}}{\partial z}\right) \tag{C.102}$$

mit der Randbedingung (C.101) und der zusätzlichen Quellbedingung für den Punkt $(0, 0, H_e)$

$$\lim_{z \to 0} \int\limits_{-\infty}^{+\infty} dy \int\limits_{0}^{+\infty} \tilde{s}\, dz = \frac{Q_s}{\tilde{u}}. \tag{C.103}$$

Wird die Theorie auf ein konkretes Problem angewendet, soll z. B. die Ausbreitung der Abgase aus Schornsteinen ermittelt werden, so ist zu beachten, daß die Höhe der Punktquelle H_e im allgemeinen nicht identisch mit der festen Schornsteinhöhe H_f des vorgegebenen Emittenten ist. Da die Abgase den Schornstein mit einer bestimmten Austrittsgeschwindigkeit verlassen und überdies meistens gegenüber der umgebenden Luft eine starke Übertemperatur aufweisen, kommt es zu einer sogenannten Schornsteinüberhöhung ΔH, die zusammen mit der festen Schornsteinhöhe die effektive Quellhöhe $H_e = H_f + \Delta H$ ergibt. Für die Bestimmung der Überhöhung finden sich in der Literatur zahlreiche Formeln teils theoretischer, meist aber empirischer Art [s. BRIGGS (1969), MOSES und KRAIMER (1972)]. Hier sei eine von SMITH (1973) angegebene herausgegriffen. Sie lautet, falls $\tilde{u}$ in [m s^{-1}] gegeben ist,

$$\Delta H = 2{,}9\sqrt[3]{F/\tilde{u}G} \qquad [\mathrm{m}], \tag{C.104}$$

wobei

$$F = g(D^2/4)V_s(T^* - T_a)/T_a \qquad [\mathrm{m^4\,s^{-3}}],$$

mit g als Gravitationsbeschleunigung, D dem Schornsteindurchmesser, V_s der Austrittsgeschwindigkeit, T^* der Temperatur der Abgase und T_a der Temperatur der Außenluft (°K). G ist ein Stabilitätsparameter, der von der Temperaturschichtung der umgebenden Luft abhängt und zwischen $G = 0{,}0005$ [s^{-2}] bei labiler Schichtung und $G = 0{,}0020$ [s^{-2}] bei stabiler Schichtung schwankt.

Die Formel (C.104) versagt bei Windstille. In einem solchen Fall kann sie durch

$$\Delta H = 5\sqrt[4]{F/G^{1,5}} \qquad [\mathrm{m}] \tag{C.105}$$

ersetzt werden. Beide Formeln gelten nicht für kalte Emissionsquellen, bei denen die Auftriebskräfte wegfallen. Hierfür wird von SMITH (1973) die folgende Formel vorgeschlagen:

$$\Delta H = D(V_s/\tilde{u})^{1,4}. \tag{C.106}$$

Alle diesbezüglichen Ansätze sind nur Näherungslösungen, doch sind die gängigen Formeln durch zahlreiche experimentelle Untersuchungen verifiziert worden.

Im Fall homogener Turbulenz, den wir jetzt betrachten wollen, sind die Diffusionskoeffizienten in (C.102) bei Annahme eines höhenunabhängigen Windes $\tilde{u}$ nur Funktionen der Diffusionszeit $\tau = x/\tilde{u}$. Die Diffusionsgleichung vereinfacht sich dann zu

$$\frac{\partial \tilde{s}}{\partial \tau} = K_y(\tau)\,\frac{\partial^2 \tilde{s}}{\partial y^2} + K_z(\tau)\,\frac{\partial^2 \tilde{s}}{\partial z^2} \tag{C.107}$$

und die Randbedingung zu

$$K_z(\tau)\,\frac{\partial \tilde{s}}{\partial z}\bigg|_0 = 0. \tag{C.108}$$

Unser Problem ist bisher so formuliert worden, daß die Ausbreitung der Schadgaswolke zwar nach unten durch die Erdoberfläche begrenzt ist (es wird Totalreflexion der Beimengungen angenommen), jedoch in der Horizontalen und in der Vertikalen ungehindert erfolgt. Dies kommt auch in der Quellbedingung

(C.103) zum Ausdruck. In Wirklichkeit treten jedoch sowohl in horizontaler Richtung (durch orographische Hindernisse, Täler) als auch in vertikaler Richtung (durch Sperrschichten, Inversionen) in der Atmosphäre Begrenzungen auf. Sie müssen bei einer rigoroseren Behandlung des Problems unbedingt mitberücksichtigt werden. Wir bleiben jedoch beim einfachsten Modell, nämlich der sich im Halbraum unbegrenzt ausbreitenden Wolke.

Dafür findet sich nach den klassischen Lösungsmethoden für partielle (parabolische) Differentialgleichungen die bekannte Quellösung

$$\tilde{s} = \frac{Q_s}{\tilde{u} 2\pi\sigma_y\sigma_z} \exp\left(-\frac{y^2}{2\sigma_y^2}\right)\left\{\exp\left[-\frac{(z-H_e)^2}{2\sigma_z^2}\right] + \exp\left[-\frac{(z+H_e)^2}{2\sigma_z^2}\right]\right\}, \qquad \text{(C.109)}$$

die allen Bedingungen genügt, wenn zwischen den hierbei auftretenden Größen σ_y und σ_z (Streuungsparameter oder Standardabweichungen) und den Diffusionskoeffizienten der Zusammenhang

$$K_i(\tau) = \frac{d}{d\tau}\left(\frac{\sigma_i^2(\tau)}{2}\right), \qquad i = y, z \qquad \text{(C.110)}$$

besteht. Dies ist leicht durch Einsetzen der Lösung in die Differentialgleichung, die Randbedingung und die Quellbedingung zu verifizieren.

Man kann im übrigen die Gl. (C.109) auch direkt aus einer statistischen Theorie der Turbulenz herleiten, wenn angenommen wird, daß im Fall einer verschwindenden mittleren Windgeschwindigkeit die Konzentration einer an einer isolierten Quelle schlagartig freiwerdenden Beimengung eine räumliche (Gaußsche) Normalverteilung aufweist. Dies erfolgt in voller Analogie zur molekularen Diffusion durch sogenannte Brownsche Molekularbewegung [s. Csanady (1973)].

Die Streuungsparameter hängen von der Diffusionszeit ab und von dem allgemeinen Zustand der Turbulenz, d. h. in erster Linie von der Windgeschwindigkeit und der thermischen Schichtung der Atmosphäre. Ein eindeutiger theoretischer Zusammenhang ist hierfür nicht gegeben. Es existieren jedoch in der Literatur viele Hinweise auf empirische Beziehungen [s. z. B. McCormick und Gutsche (1969)]. Sehr häufig werden Ansätze der Art

$$\sigma_y = B\tau^\beta, \qquad \sigma_z = A\tau^\alpha \qquad \text{(C.111)}$$

getroffen, wobei für die hierin aufscheinenden Konstanten sehr unterschiedliche Werte angegeben werden. Unter Verwendung einer diesbezüglichen Untersuchung ermittelte Reuter (1972) die in der Tab. C.1 angeführten Zahlenwerte für sechs typische Ausbreitungslagen.

Tabelle C.1

Schichtung	β	B	α	A
instabil	0,8997	1,270	1,4559	0,0858
leicht instabil	0,8684	1,105	0,8891	0,8335
neutral	0,8353	1,067	0,7615	0,9000
leicht stabil	0,7959	0,943	0,6989	0,6404
mäßig stabil	0,7993	0,504	0,5663	0,7365
stark stabil	0,7280	0,458	0,5000	0,3162

Um eine Entscheidung treffen zu können, in welche der hier angeführten Ausbreitungsklassen im Einzelfall eine durch synoptische Beobachtungen gegebene Wettersituation einzuordnen ist, sind verschiedene Bestimmungsvorschriften vorgeschlagen worden [PASQUILL (1962), TURNER (1964), REUTER (1970)]. Sie gestatten unter Verwendung der beobachteten Bewölkung und Windgeschwindigkeit je nach Tages- und Jahreszeit, die gültige Ausbreitungsklasse festzulegen. Einzelheiten über die Bestimmungsvorschriften müssen aus den Originalarbeiten ent-

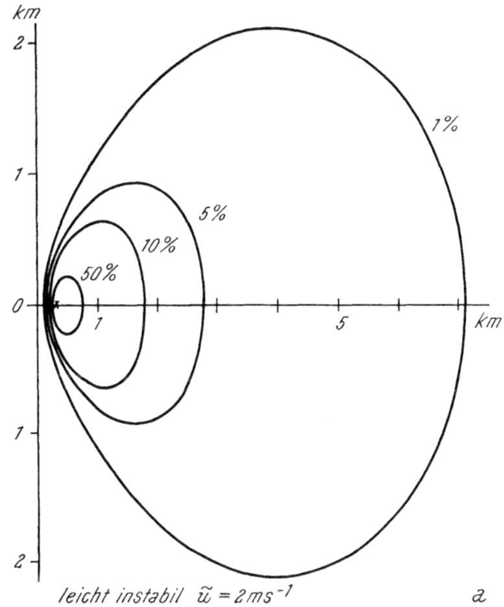

Abb. C.12a. Relative Bodenkonzentrationen eines im Koordinatenursprung befindlichen Modellemittenten (H_e = 100 m) bei leicht instabilen Verhältnissen. Das x auf der Translationsachse gibt den Punkt der Maximalimmissionskonzentration an

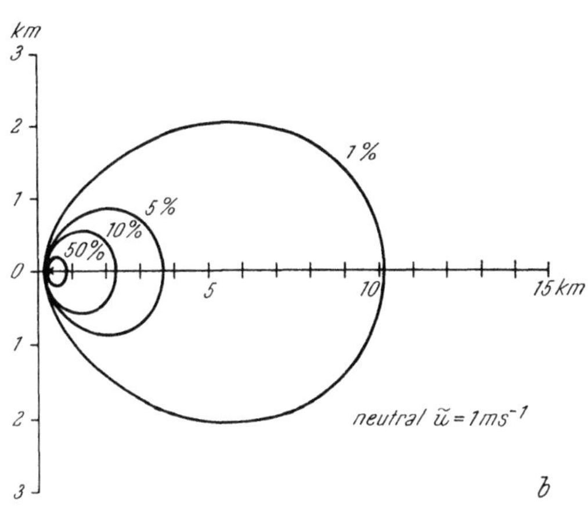

Abb. C.12b. Relative Bodenkonzentrationen eines im Koordinatenursprung befindlichen Modellemittenten (H_e = 100 m) bei neutralen Verhältnissen. Das x auf der Translationsachse gibt den Punkt der Maximalimmissionskonzentration an

nommen werden. Allen diesen Bestimmungsvorschriften haftet die Ungenauigkeit solcher empirischer Untersuchungen an, doch soll damit vor allem die Häufigkeit der verschiedenen Ausbreitungstypen für einen bestimmten Standort ermittelt werden. Nach welchem der angegebenen Typen die Ausbreitung in einem konkreten Fall erfolgt, ist in der Praxis meist von geringerem Interesse.

Zur Veranschaulichung der theoretischen Betrachtungen wollen wir das Bodenkonzentrationsfeld eines Modellemittenten für verschiedene Ausbreitungstypen und Windgeschwindigkeiten wiedergeben, wie es sich mit der Formel (C.109) berechnen läßt, wenn dort $z = 0$ geschrieben wird. In der Abb. C.12 sind relative Bodenkonzentrationen (Verhältnis zur Maximalimmissionskonzentration) für leicht instabile, neutrale und mäßig stabile Ausbreitungsverhältnisse unter der Annahme einer effektiven Quellhöhe $H_e = 100$ m für typische Durchschnittswerte der Translationsgeschwindigkeit eingetragen. Aus den Abbildungen wird ersichtlich,

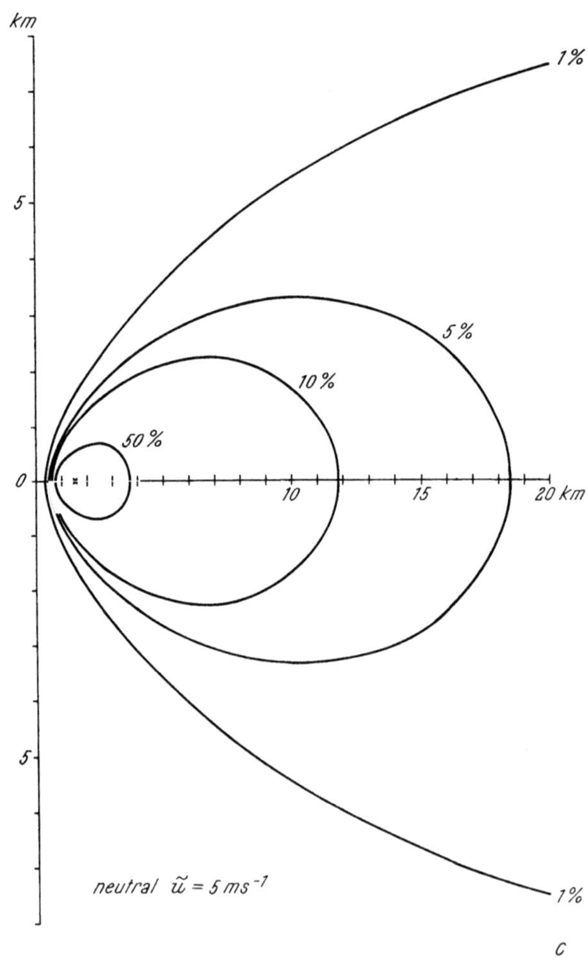

Abb. C.12c. Relative Bodenkonzentrationen eines im Koordinatenursprung befindlichen Modellemittenten ($H_e = 100$ m) bei neutralen Verhältnissen. Das x auf der Translationsachse gibt den Punkt der Maximalimmissionskonzentration an

wie unterschiedlich das Immissionsfeld bei gleicher Quellhöhe unter verschiedenen Ausbreitungsbedingungen sein kann. Beim Übergang vom labilen über den neutralen zum stabilen Typ nimmt bei gleicher Translationsgeschwindigkeit (im näheren Bereich des Emittenten) die seitliche Ausdehnung des Feldes ab. Gleichzeitig rückt der Punkt der Maximalimmission auf der Translationsachse vom Emittenten weg. Ähnliche Konsequenzen hat auch eine Erhöhung der Windgeschwindigkeit bei gleichbleibenden Ausbreitungsbedingungen, wie am Beispiel der neutralen Schichtung (Abb. C.12b und Abb. C.12c) gezeigt wird.

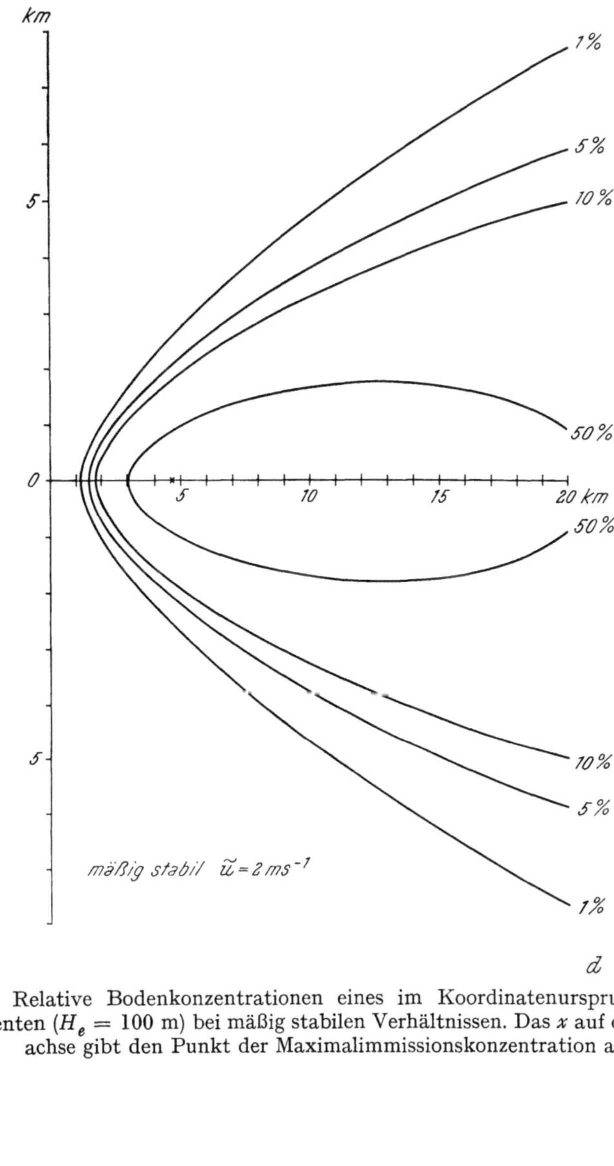

Abb. C.12d. Relative Bodenkonzentrationen eines im Koordinatenursprung befindlichen Modellemittenten (H_e = 100 m) bei mäßig stabilen Verhältnissen. Das x auf der Translationsachse gibt den Punkt der Maximalimmissionskonzentration an

Anhang

I. Erläuterungen des Wetterschlüssels und des Eintragungsschemas

Die synoptischen Meldungen der Bodenstationen werden in verschlüsselter Form (es handelt sich um mehrere Gruppen von je 5 Ziffern) verbreitet, von den Interessenten entschlüsselt und in Bodenwetterkarten eingetragen. Auf den Vordrucken der Wetterkarten ist die geographische Lage aller Stationen durch kleine Kreise festgehalten. Jede Station ist durch ihre Blocknummer und ihre Kennziffer eindeutig bestimmt. Rund um den Stationskreis werden die Meldungen der Station teils als Zahlen, teils als Symbole eingetragen. Dabei ist jeder Meldung ein bestimmter Punkt zugeordnet:

C_H

TT C_M PPP

VVww Ⓝ ppa

T_dT_d C_LN_h W

h

Als Beispiel möge folgende Meldung dienen:

11035 60503 50104 14819 61601 17205 70018 ...

Die ersten zwei Ziffern der ersten Gruppe geben die Blocknummer an (II = 11), die nächsten drei die Stationsnummer (*iii* = 035) (vergleiche Tabelle *Bodenwettermeldungen von Landstationen*). Auf der Wetterkarte wird die Station aufgesucht

Symboltafel

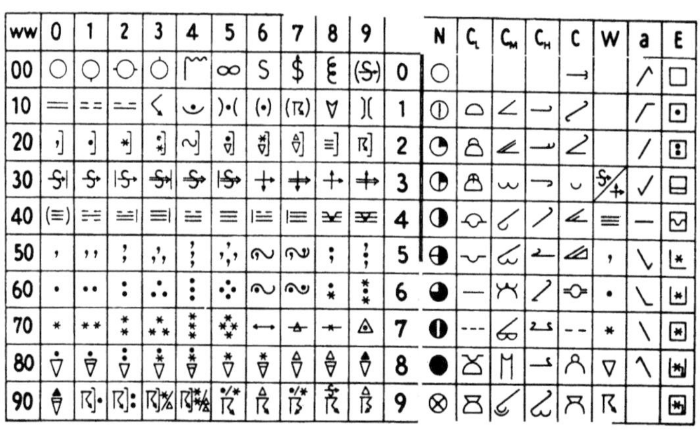

(es handelt sich in diesem Beispiel um Wien), und die nachfolgenden Meldungen werden im Bereich dieser Station eingetragen. In den Stationskreis selbst wird, der *Symboltafel* entsprechend, der Bedeckungsgrad *N* eingetragen. In obiger

Bodenwettermeldungen von Landstationen

Vollständige Terminmeldung: SYNOP II iii Nddff VVwwW PPPTT $N_hC_LhC_MC_H$ T_dT_dapp ($7RRT_eT_e$) ($8N_SCh_sh_s$)

1. Gruppe: II iii **II = Blocknummer** **III = Stationskennziffer**

← 2. Gruppe —— x —— 3. Gruppe ——

Schlüsselziffer	N	dd	ff	VV								
	Gesamtbedeckung	Windrichtung	Windgeschwindigkeit	horizontale Sichtweite								
				00-09	10-19	20-29	30-39	40-49	50-59	60-69	70-79	80-89
0	wolkenlos	Richtung des Bodenwindes in 36-teiliger Skala. (Windstille: dd = 00; schwacher, umlaufender Wind: dd = 99)	Mittlere Geschwindigkeit des Bodenwindes in Knoten (1 Knoten = 1 Seemeile / Stunde; Faustregel: 1 m/s = 2 Knoten) Bei Windstille ist ff = 00	unter 0·1	1·0	2·0	3·0	4·0	5·0	10	20	30
1	1/8 oder Spuren			0·1	1·1	2·1	3·1	4·1	/	11	21	35
2	2/8			0·2	1·2	2·2	3·2	4·2	/	12	22	40
3	3/8			0·3	1·3	2·3	3·3	4·3	/	13	23	45
4	4/8			0·4	1·4	2·4	3·4	4·4	Sicht in km	14	24	50
5	5/8			0·5	1·5	2·5	3·5	4·5	/	15	25	55
6	6/8	Bemerkung: Beobachter an Stationen ohne Windmeßgerät bedienen sich zur Verschlüsselung der geschätzten Windrichtung und Geschwindigkeit		0·6	1·6	2·6	3·6	4·6	6	16	26	60
7	7/8 bis fast bedeckt			0·7	1·7	2·7	3·7	4·7	7	17	27	65
8	8/8 ohne Lücken			0·8	1·8	2·8	3·8	4·8	8	18	28	70
9	Himmel nicht erkennbar			0·9	1·9	2·9	3·9	4·9	9	19	29	über 70
/	/			Bemerkung: Bei uneinheitlichen Sichtweiten in verschiedenen Himmelsrichtungen wird die schlechteste Sicht gemeldet.								

3. Gruppe

Schlüsselziffer	ww Wetter zur Zeit der Beobachtung an der Station oder in deren Blickfeld; eventuell Verlauf während der letzten Stunde 00—09	10—19	20—29	30—39	40—49	50—59
0	während der letzten Stunde: Wolkenentwicklung nicht festgestellt oder nicht festzustellen	Feuchter Dunst (Relative Feuchte über 80 %) Sicht: 1–5 km	Erscheinung während der letzten Stunde an der Station, aber nicht zur Beobachtungszeit: Nieseln, nicht gefrierend	Staub- oder Sandsturm (beträchtliche Sichtverminderung): leicht oder mäßig; während der letzten Stunde: nachgelassen	in Sicht; seit 1 Stunde nicht an der Station	Nieseln: nicht gefrierend, leicht, mit Unterbrechungen
1	Wolken in Auflösung oder Rückbildung	Höchstens 2 m dicke Nebelschicht am Beobachtungsort (Sicht in der Nebelschicht kleiner als 1 km): in Bänken	Regen, nicht gefrierend	leicht oder mäßig; während der letzten Stunde: keine wesentliche Änderung	Nebelschwaden	nicht gefrierend, leicht, ohne Unterbrechungen
2	Himmelsbild insgesamt unverändert	zusammenhäng.	Schneefall (ohne Schauercharakter)	leicht oder mäßig; während der letzten Stunde: zugenommen	Nebel zur Zeit der Beobachtung (Sichtweite kleiner als 1 km): während der letzten Stunde dünner geworden, Himmel sichtbar	nicht gefrierend, mäßig, mit Unterbrechungen
3	Wolken in Bildung oder Weiterentwicklung	Wetterleuchten oder Blitzen; kein Donner hörbar	Schneeregen	schwer; während der letzten Stunde: nachgelassen	dünner geworden, Himmel unsichtbar	nicht gefrierend, mäßig, ohne Unterbrechungen
4	Sichtverminderung durch (Industrie-) Rauch	Niederschläge in Sicht, die den Boden nicht erreichen	Nieseln oder Regen, gefrierend	schwer; während der letzten Stunde: keine wesentliche Änderung	ohne Änderung, Himmel sichtbar	nicht gefrierend, stark, mit Unterbrechungen
5	Dunst (Relative Feuchte unter 80 %) Sicht: 1–5 km	Niederschläge in Sicht, die den Boden in mehr als 5 km Entfernung erreichen	Regenschauer	schwer; während der letzten Stunde: zugenommen	ohne Änderung, Himmel unsichtbar	nicht gefrierend, stark, ohne Unterbrechungen
6	zum Beobachtungstermin: Allg. Lufttrübung durch Staub, der nicht an der Station oder in deren Nähe aufgewirbelt wurde	Niederschläge in Sicht, die den Boden weniger als 5 km entfernt erreichen	Schneeschauer od. Schneeregenschauer	Schneefegen (flach, in Bodennähe): leicht oder mäßig	eingesetzt oder dichter geworden, Himmel sichtbar	gefrierend: leicht
7	Staub od. Sand, an der Station oder in deren Nähe durch Wind aufgewirbelt (s. ww=08, 09; 30-35)	Donner hörbar (aber kein Niederschlag an der Station)	Hagel- oder Graupelschauer, mit oder ohne Regen	Schneefegen (flach, in Bodennähe): stark	eingesetzt oder dichter geworden, Himmel unsichtbar	gefrierend: mäßig oder stark
8	während der letzten Stunde: Staubwirbel (Kleintromben) an der Station oder in deren Nähe (s. ww=09; 30-35)	während der letzten Stunde: Böen in Sicht	Nebel (Sicht kleiner als 1 km)	Schneetreiben (beträchtl. Sichtverminder.): leicht oder mäßig	Rauhfrost absetzend, Himmel sichtbar	mit Regen gemischt: leicht
9	Staub- oder Sandsturm an der Station oder im Gesichtskreis	Groß-Tromben in Sicht	Gewitter, mit od. ohne Niederschlag	Schneetreiben (beträchtl. Sichtverminder.): stark	Rauhfrost absetzend, Himmel unsichtbar	mit Regen gemischt: mäßig oder stark
/						

3. Gruppe — x

Schlüsselziffer	ww				W
	Wetter zur Zeit der Beobachtung an der Station oder in deren Blickfeld; eventuell Verlauf während der letzten Stunde				Wetterverlauf
	60—69	70—79	80—89	90—99	
0	Regen (nicht in Schauerform), nicht gefrierend, leicht, mit Unterbrechungen	Schneefall (nicht in Schauerform), leicht (Sicht dadurch nicht unter 4 km herabgesetzt), mit Unterbrechungen	Regenschauer, leicht	Hagelschauer mit oder ohne Regen bzw. Schneeregen; mäßig oder stark	Gesamtbedeckung nie größer als $^4/_8$
1	Regen (nicht in Schauerform), nicht gefrierend, leicht, ohne Unterbrechungen	Schneefall (nicht in Schauerform), leicht (Sicht dadurch nicht unter 4 km herabgesetzt), ohne Unterbrechungen	Regenschauer, mäßig oder stark	Gewitter während der letzten Stunde, **jetzt** Regen oder Regenschauer, leicht	Gesamtbedeckung zeitweise unter, zeitweise über $^4/_8$
2	Regen (nicht in Schauerform), nicht gefrierend, mäßig, mit Unterbrechungen	Schneefall (nicht in Schauerform), mäßig, mit Unterbrechungen	Regenschauer, sehr stark	Gewitter während der letzten Stunde, **jetzt** Regen oder Regenschauer, mäßig oder stark	Gesamtbedeckung ständig größer als $^4/_8$
3	Regen (nicht in Schauerform), nicht gefrierend, mäßig, ohne Unterbrechungen	Schneefall (nicht in Schauerform), mäßig, ohne Unterbrechungen	Schneeregenschauer, leicht	Gewitter während der letzten Stunde, **jetzt** Schneefall, Schneeregen, Graupel oder Hagel, leicht	Staub- oder Sandsturm bzw. Schneetreiben
4	Regen (nicht in Schauerform), nicht gefrierend, stark, mit Unterbrechungen	Schneefall (nicht in Schauerform), stark, mit Unterbrechungen	Schneeregenschauer, mäßig oder stark	Gewitter während der letzten Stunde, **jetzt** Schneefall, Schneeregen, Graupel oder Hagel, mäßig oder stark	Nebel oder starke Staubtrübung
5	Regen (nicht in Schauerform), nicht gefrierend, stark, ohne Unterbrechungen	Schneefall (nicht in Schauerform), stark, ohne Unterbrechungen	Schneeschauer, leicht	Gewitter zum Beobachtungstermin, leicht oder mäßig, mit Regen bzw. Schneeregen od. Schneefall	Nieseln
6	Regen (nicht in Schauerform), gefrierend, leicht	Eisnadeln, mit oder ohne Nebel	Schneeschauer, mäßig oder stark	Gewitter zum Beobachtungstermin, leicht oder mäßig, mit Hagel oder Graupel	Regen
7	Regen (nicht in Schauerform), gefrierend, mäßig oder stark	Schneegriesel, mit oder ohne Nebel	Graupelschauer mit od. ohne Regen bzw. Schneeregen, leicht	Gewitter zum Beobachtungstermin, stark, mit Regen bzw. Schneeregen od. Schneefall	Schneefall oder Schneeregen
8	Regen mit Schnee oder Nieseln mit Schnee, leicht	Einzelne Schneesterne, mit oder ohne Nebel	Graupelschauer mit od. ohne Regen bzw. Schneeregen, mäßig oder stark	Gewitter zum Beobachtungstermin, mit Staub- oder Sandsturm	Schauer
9	Regen mit Schnee oder Nieseln mit Schnee, mäßig oder stark	Eiskörner (gefrorener Regen)	Hagelschauer mit oder ohne Regen bzw. Schneeregen; leicht	Gewitter zum Beobachtungstermin, stark, mit Hagel oder Graupel	Gewitter mit oder ohne Niederschlag
/					

4. Gruppe x——— 5. Gruppe ———→

Schlüsselziffer	PPP	TT	N_h	C_L	h	C_M	C_H
	Luftdruck red. a. d. Meeresspp.	Lufttemperatur	Bedeckung mit Wolken i. d. Höhe h. Ist $C_L = 0$, bezieht sich N_h auf C_M.	Art der tiefen Wolken	Höhe der Untergrenze der tiefsten Wolken über Grund	Art der mittelhohen Wolken	Art der hohen Wolken
0	Angabe in Zehntelmillibar. Die Hunderter und Tausender fallen dabei weg. Beispiele: 1018·7 mb: PPP = 187; 992·3 mb: PPP = 923. Bemerkung: Höhenstationen, die den Druck nicht auf Meeresniveau reduzieren, melden mit PPP das Geopotential der nächsten „Standardisobarenfläche" über (unter) der Station in geopotentiellen Metern (Tausender werden weggelassen).	Angabe in ganzen Celsiusgraden. — Bei Temperaturen unter 0° werden zur Gradzahl 50 addiert. Beispiele: Ablesung = 7·4°C, dann TT = 07. Ablesung = 7·5°C, dann ist bereits TT = 08. Ablesung = −2·5°C ergibt TT = 52, dagegen folgt aus − 2·6°C bereits TT = 53.	Keine C_L- und keine C_M-Wolken	Keine C_L-Wolken	tiefer als 50 m	keine C_M-Wolken	keine C_H-Wolken
1			$1/8$ oder Spuren	flache Haufenwolken (auch zerrissen, doch keine Schlechtwetterwolken) **Cu hum.**	50–100 m	dünne, halbdurchscheinende Schichtwolke **As transl.**	dünne, faserige Federwolken, zerstreut u. nicht zunehmend **Ci fil.**
2			$2/8$	aufgetürmte Haufenwolken mit Cu hum. oder Sc im selben Niveau **Cu cong.**	100–200 m	dichte od. mächtige Schichtwolkendecke **As opac.** oder **Ns**	dichtere, büschelförmige Federwolken in Bänken, gewöhnlich nicht zunehmend **Ci dens.**
3			$3/8$	mächtig aufgetürmte Haufenwolken ohne scharfe Ränder, ohne Ci und Amboß **Cb calvus**	200–300 m	dünne, halbdurchscheinende Haufenwolkendecke mit einheitlicher Untergrenze **Ac transl.**	dichte, büschelförmige Feder- und Schleierwolken, oft in Amboßform; Rückstand eines Cb **Ci noth.**
4			$4/8$	Haufenschichtwolken, durch Ausbreitung der Haufenwolken entstanden; auch mit Cu. **Sc cumgen.** **Sc vesper.**	300–600 m	schollen- oder linsenförmige Wolken, ev. mit verschiedenen Untergrenzen **Ac lent.**	hakenförmige Federwolken, die den Himmel fortschreitend überziehen und meist dichter werden **Ci unc.**
5			$5/8$	gewöhnliche Haufenschichtwolke **Sc**	600–1000 m	Haufenwolkendecke im Aufziehen (auch mehrschichtig) **Ac transl.** **Ac dupl.**	Schleierwolkendecke, die aufzieht, aber noch nicht 45° erreicht hat **Cs**
6			$6/8$	Schichtwolken (auch zerrissen, doch keine Schlechtwetterwolken) **St** und/oder **Fs**	1000–1500 m	Haufenwolkendecke, entstanden durch Ausbreitung von Cu **Ac cumulogen.**	Schleierwolkendecke, die aufzieht und schon mehr als 45° erreicht hat; noch nicht vollständig bedeckt **Cs**
7			$7/8$ bis fast bedeckt	Schlechtwetterwolken (vom Winde getrieben) **Fs, Fc** (Scud)	1500–2000 m	doppelte oder dichte Haufenwolkendecke oder Schicht- und Haufenwolken gleichzeitig **Ac dupl., Ac opac.** oder **As und Ac**	dünner Wolkenschleier, der den ganzen Himmel bedeckt **Cs**
8			$8/8$ ohne Lücken	**Cu hum.** oder **Cu cong.** u. **Sc** in verschiedenen Niveaus (siehe 1, 2 und 5)	2000–2500 m	Haufenwolken in Flocken- oder Türmchenform **Ac floc.** oder **Ac castell.**	dünner Wolkenschleier, der nicht den ganzen Himmel bedeckt und nicht zunimmt **Cs**
9			Himmel nicht erkennbar (weg. Nebel usw.)	mächtig aufgetürmte Haufenwolken mit fasrigem Gipfel, mit oder ohne Cu, Sc, St oder Scuds **Cb capillatus**	Keine Wolken unter 2500 m vorhanden	Haufenwolken bei chaotischem Himmel, auch in mehreren Schichten	bällchenförmige Wolken (Schäfchen), **Cc,** auch mit Ci und Cs, doch **Cc** **muß vorherrschen**
/			/	C_L-Wolken nicht sichtbar wegen Dunkelheit, Nebel usw.	Wolken vorhanden; Untergr. unterhalb, Obergrenze oberhalb der Bergstation.	C_M-Wolken nicht sichtbar wegen Dunkelheit usw. oder wegen tieferer Wolken.	C_H-Wolken nicht sichtbar wegen Dunkelheit usw. oder wegen tieferer Wolken.

← 6. Gruppe — x — 7. Gruppe →

Schlüsselziffer	$T_d T_d$ Taupunktstemperatur	a Art d. Druckverlaufes während der letzten 3 Std.	pp Betrag der 3-stündigen Luftdruckänderung	7	RR Niederschlagsmenge in den letzten 12 Stunden 00–09	10–19	20–29	30–39	40–49	50–59	60–69	70–79	80–89	90–99	$T_e T_e$ Extremtemperatur
0	Die Taupunktstemperatur wird wie TT in Gruppe 4 verschlüsselt.		Die Angabe erfolgt in Zehntelmillibar. Erreicht oder überschreitet die 3-st. Luftdruckänderung 9·9 mb, so wird pp = 99 verschlüsselt und unmittelbar hinter der 6. Gruppe eine Zusatzgruppe 99 ppp eingefügt. ppp = 3-stündige Luftdruckänderung in Zehntelmillibar. – Beispiele: Luftdruck i. d. letzten 3 St. erst langsam, dann schneller gestiegen um {1·7 mb / 11·4 mb} 6. Gruppe dann {TdTd 317 / TdTd 399, gefolgt von 99114.	Kennziffer der Gruppe	0 mm	10 mm	20 mm	30 mm	40 mm	50 mm	100 mm	200 mm	300 mm	400 mm	Verschlüsselung wie bei TT in Gruppe 4. Das Maximum (höchste Temperatur zwischen 06 u. 18 Uhr GMT) wird um 18 Uhr GMT gemeldet. Das Minimum (tiefste Temperatur zwischen 18 u. 06 Uhr GMT) wird um 06 Uhr GMT gemeldet.
1					1 mm	11 mm	21 mm	31 mm	41 mm	51 mm	110 mm	210 mm	310 mm	0·1 mm	
2		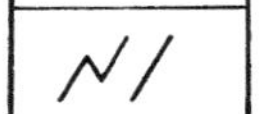			2 mm	12 mm	22 mm	32 mm	42 mm	52 mm	120 mm	220 mm	320 mm	0·2 mm	
3		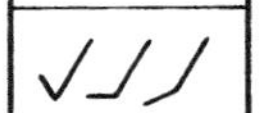			3 mm	13 mm	23 mm	33 mm	43 mm	53 mm	130 mm	230 mm	330 mm	0·3 mm	
4					4 mm	14 mm	24 mm	34 mm	44 mm	54 mm	140 mm	240 mm	340 mm	0·4 mm	
5		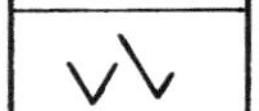			5 mm	15 mm	25 mm	35 mm	45 mm	55 mm	150 mm	250 mm	350 mm	0·5 mm	
6					6 mm	16 mm	26 mm	36 mm	46 mm	60 mm	160 mm	260 mm	360 mm	0·6 mm	
7		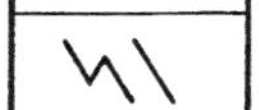			7 mm	17 mm	27 mm	37 mm	47 mm	70 mm	170 mm	270 mm	370 mm	Niederschlag gefallen, Menge aber nicht meßbar	
8					8 mm	18 mm	28 mm	38 mm	48 mm	80 mm	180 mm	280 mm	380 mm	mehr als 400 mm	
9		Bemerkung: Bei a·0 ist der Luftdruck höher als bzw. gleich wie vor 3 Stunden. Bei a·1 bis 3 ist er höher als vor 3 Stunden. a·4: Luftdruck gleichgeblieben. Bei a·5 ist er gleich wie bzw. tiefer als vor 3 Stunden und bei a·6 bis 8 ist er tiefer.			9 mm	19 mm	29 mm	39 mm	49 mm	90 mm	190 mm	290 mm	390 mm	Messung unsicher oder unmöglich	
/				Bemerkung: Die 7. Gruppe wird nur um 06 u. 18 Uhr GMT gemeldet	Bemerkung: Das gesammelte Niederschlags**wasser** wird gemessen. Ist Niederschlag in fester Form gefallen, so wird dieser langsam geschmolzen; erst die Schmelzwassermenge wird gemessen und verschlüsselt. Bei österr. Stationen, die um 18 Uhr GMT keine Meldung absetzen, bezieht sich die Niederschlagsmenge bei der Frühmeldung auf die Zeit zwischen 21 Uhr MOZ (Klima) und 06 Uhr GMT (Synop).										

Beispiele zu RR:

Menge	RR	Menge	RR
0·6 mm	96	54·5 bis 55·4 mm	55
N.-Spuren	97	55·5 bis 64·9 mm	56
0·7 bis 1·4 mm	01	65·0 bis 74·9 mm	57
1·5 bis 2·4 mm	02		

8-er Gruppe(n)

Schlüsselziffer	8	N_s	C	$h_s h_s$								
		Bedeckungsgrad der mit C gemeldeten Wolken	Art der Wolken	Höhe der Untergrenze der mit C gemeldeten Wolkenschicht über Grund								
				00-09	10-19	20-29	30-39	40-49	50-59	60-69	70-79	80-89
0	Kennziffer der Gruppe	wolkenlos	Cirrus	unter 30	300	600	900	1200	1500	3000	6000	9000
1		1/8 oder Spuren	Cirrocumulus	30	330	630	930	1230	/	3300	6300	10500
2		2/8	Cirrostratus	60	360	660	960	1260	/	3600	6600	12000
3		3/8	Altocumulus	90	390	690	990	1290	/	3900	6900	13500
4		4/8	Altostratus	120	420	720	1020	1320	/	4200	7200	15000
5		5/8	Nimbostratus	150	450	750	1050	1350	/	4500	7500	16500
6		6/8	Stratocumulus	180	480	780	1080	1380	1800	4800	7800	18000
7		7/8 bis fast bedeckt	Stratus	210	510	810	1110	1410	2100	5100	8100	19500
8		8/8 ohne Lücken	Cumulus	240	540	840	1140	1440	2400	5400	8400	21000
9		Himmel verdeckt	Cumulonimbus	270	570	870	1170	1470	2700	5700	8700	über 21000
X		/	Wolkenart nicht feststellbar	Meter über Grund								
/	Bemerkung: Verwendung dieser Gruppe bis zu dreimal hintereinander. Erste 8-er Gruppe: Tiefste Wolkenschicht (N_s = 1 oder mehr). Zweite 8-er Gruppe: Nächsthöhere Wolkenart, sofern N_s = 3 oder mehr Dritte 8-er Gruppe: Noch höhere Wolken, wenn N_s = 5 oder mehr. Bei klarem Himmel entfällt die 8-er Gruppe. Wenn N_s = 9, wird mit $h_s h_s$ die **Vertikalsicht** (in AERO-Meldungen) gemeldet. Für C wird in diesem Falle x gesetzt.											

Meldung ist $N = 6$. Die Windrichtung ($dd = 05$) wird, einer 36teiligen Skala gemäß, als kurzer Strich am Stationskreis angebracht, an dessen Ende die Windgeschwindigkeit ($ff = 03$ kt) in Form eines Symboles (s. Tabelle der *Windeintragung*) aufgetragen ist. Die nicht in der Symboltafel angeführten Elemente

Windeintragung

Geschwindigkeit m/sec	Geschwindigkeit Knoten	Symbol
0,5 – 1	1 – 2	
1,5 – 3,5	3 – 7	
4 – 6	8 – 12	
6,5 – 8,5	13 – 17	
- - -	- - -	- - -
21,5 – 23,5	43 – 47	
24 – 26	48 – 52	
26,5 – 28,5	53 – 57	
29 – 31	58 – 62	
- - -	- - -	- - -
49 – 51	98 – 102	
51,5 – 53,5	103 – 107	

Beim Fehlen von:
Windrichtung
Windgeschwindigkeit
Windrichtung u. Windgeschwindigkeit

werden als Zahlen eingetragen. Temperatur und Taupunktstemperatur werden entschlüsselt, d. h. mit Vorzeichen versehen, alle anderen Zahlen werden direkt aus der Meldung übernommen. In eine Wetterkarte eingetragen, sähe die oben angeführte Meldung folgendermaßen aus:

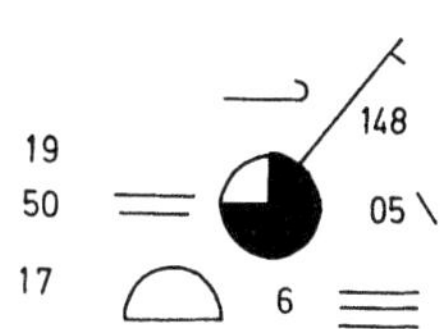

II. Das Stüve-Diagramm

Legende

1) Auf der Abszisse sind die Temperaturen in linearer Skala in °C aufgetragen.

2) Auf der Ordinate ist $p^{0,288}$ aufgetragen, jedoch mit p (= Luftdruck in mb) beschriftet.

3) Die schrägen Geraden sind Trockenadiabaten. Sie sind durch die ihnen entsprechende potentielle Temperatur Θ in °K gekennzeichnet.

4) Die schrägen strich-punktierten Linien sind Feuchtadiabaten. Die schräg gedruckten Ziffern geben die zugehörige äquivalentpotentielle Temperatur Θ_e in

°K an; die am oberen Rand angegebene Temperatur ist die potentielle Feuchttemperatur in °C (Temperatur im Schnittpunkt der Feuchtadiabate mit der 1000 mb-Isobare).

5) Die strichlierten Linien sind Linien gleichen maximalen Mischungsverhältnisses. Die Werte sind in g Wasserdampf pro kg trockener Luft angegeben.

6) Die beiden letztgenannten Kurven wurden unter der Voraussetzung berechnet, daß für alle Temperaturen, auch für solche unter 0°C, Sättigung in bezug auf eine ebene Wasserfläche eintritt.

7) Absolute Temperaturen wurden angenähert durch $T(°K) = 273 + T(°C)$.

8) Die virtuelle Temperatur (s. S. 7) wird aus den von den kurzen Strichen auf den Isobaren gebildeten Skalen gewonnen. Der Abstand zwischen zwei Skalenteilen stellt die Differenz zwischen virtueller und reeller Temperatur bei gesättigter feuchter Luft dar. Um die virtuelle Temperatur für die herrschende Feuchte zu finden, wird die Temperatur um soviel Prozent eines Skalenteiles erhöht, als Prozente relativer Feuchtigkeit in dem betreffenden Druckniveau vorhanden sind.

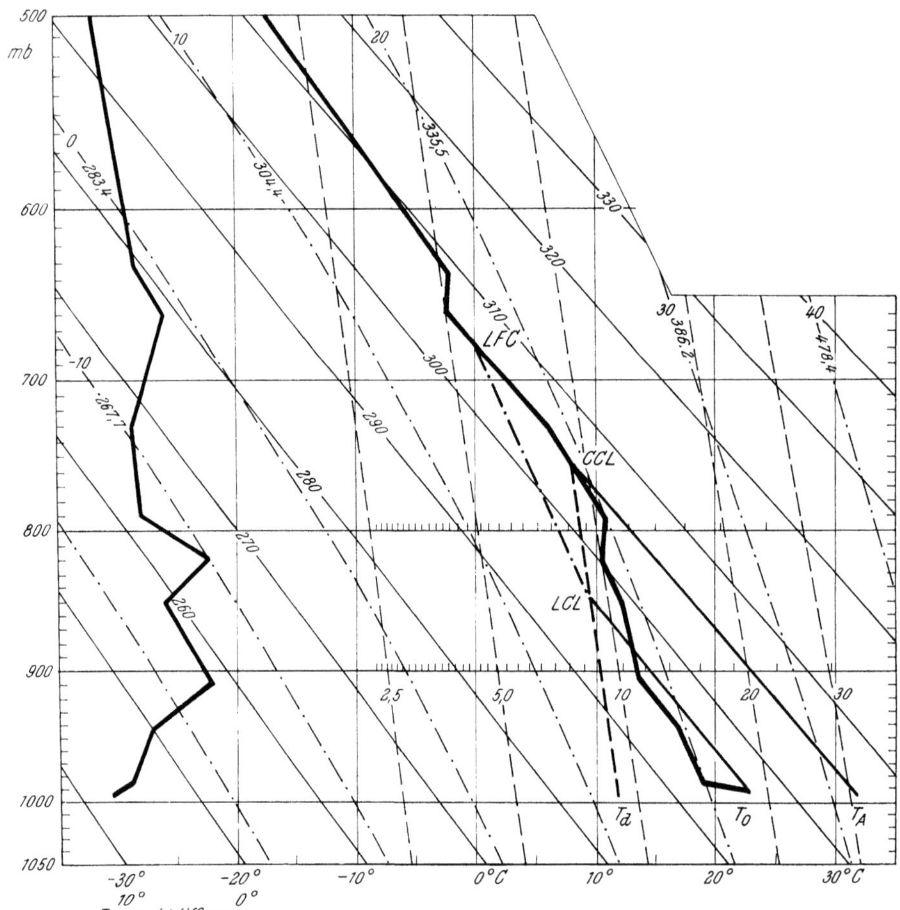

Erläuterungen zu den eingetragenen Kurven

Die stark ausgezogene Kurve stellt ein Beispiel einer Zustandskurve der Atmosphäre dar, wie sie sich aus einem Radiosondenaufstieg ergibt. Am linken Rand des Diagramms ist die Taupunktsdifferenz (= Temperatur minus Taupunktstemperatur) als Funktion der Höhe eingetragen. Der Taupunkt kann für jedes Niveau durch Kombination der beiden Kurven bestimmt werden.

Der Schnittpunkt der Linie des maximalen Mischungsverhältnisses durch den Taupunkt T_d mit der Trockenadiabate durch die Temperatur T_0 im Bodenniveau wird als Kondensationspunkt, die Höhe derselben als *lifting condensation level* (LCL) bezeichnet. Wird ein Luftpaket vom Boden gehoben — etwa aufgrund der Orographie —, so wird in diesem Niveau Sättigung erreicht, oberhalb ist mit Wolkenbildung zu rechnen.

Wird das Luftpaket über dieses Niveau hinausgehoben, so erfolgt die Abkühlung nicht mehr trockenadiabatisch, sondern entlang einer Feuchtadiabate. Der Schnittpunkt dieser mit der Zustandskurve wird als *level of free convection* (LFC) bezeichnet. Oberhalb dieses Niveaus ist das Luftpaket wärmer als die umgebende Luft, und das Luftpaket steigt von selbst weiter auf.

Verlängert man die Linie maximalen Mischungsverhältnisses durch den Taupunkt bis zum Schnittpunkt mit der Zustandskurve, so erreicht man dort das sogenannte Cumulus-Kondensationsniveau oder *convective condensation level* (CCL). Eine Trockenadiabate durch diesen Punkt liefert am Boden die Auslösetemperatur T_A. Steigen Luftpakete infolge der Überwärmung des Bodens auf (thermische Konvektion) und ist deren Ausgangstemperatur kleiner als T_A, so kühlen sie sich auf die Temperatur der umgebenden Luft ab, noch bevor Sättigung eintritt. Es kommt zu keiner Kondensation. Wird dagegen am Boden die Auslösetemperatur erreicht, so steigt die Luft bis zum CCL auf, und es kann sich Thermikbewölkung ausbilden.

III. Helmholtz: Satz von der Wirbelerhaltung in einer idealen Flüssigkeit

Ausgangsgleichung: siehe Gl. (C.15a) ohne Coriolis- und Reibungsterme (hier in Vektorform)

$$\frac{\partial \boldsymbol{v}}{\partial t} + \boldsymbol{v} \cdot \operatorname{grad} \boldsymbol{v} = -\operatorname{grad}\left(H + \frac{p}{\varrho}\right), \qquad H = gz. \tag{1}$$

Hilfssätze aus der Vektorrechnung:

$$\boldsymbol{v} \cdot \operatorname{grad} \boldsymbol{v} = \operatorname{grad} \frac{\boldsymbol{v}^2}{2} - (\boldsymbol{v} \times \operatorname{rot} \boldsymbol{v}) \tag{2}$$

$$\operatorname{rot}(\boldsymbol{v} \times \boldsymbol{w}) = \boldsymbol{v} \operatorname{div} \boldsymbol{w} - \boldsymbol{w} \operatorname{div} \boldsymbol{v} + \boldsymbol{w} \cdot \operatorname{grad} \boldsymbol{v} - \boldsymbol{v} \cdot \operatorname{grad} \boldsymbol{w}, \tag{3}$$

$$\operatorname{rot} \operatorname{grad} \Phi = 0, \quad \text{für jede beliebige skalare Funktion } \Phi, \tag{4}$$

$$\operatorname{div} \operatorname{rot} \boldsymbol{v} = 0. \tag{5}$$

Mit (2) schreibt sich (1) sofort zu

$$\frac{\partial \boldsymbol{v}}{\partial t} - \boldsymbol{v} \times \operatorname{rot} \boldsymbol{v} = -\operatorname{grad}\left(H + \frac{p}{\varrho} + \frac{\boldsymbol{v}^2}{2}\right).$$

Wendet man nun die rot-Operation auf diese Gleichung an und schreibt für $\operatorname{rot} \boldsymbol{v} \equiv \boldsymbol{w}$, so wird

$$\operatorname{rot}\left(\frac{\partial \boldsymbol{v}}{\partial t} - \boldsymbol{v} \times \operatorname{rot} \boldsymbol{v}\right) = 0$$

oder

$$\frac{\partial \boldsymbol{w}}{\partial t} = \operatorname{rot}\,(\boldsymbol{v} \times \boldsymbol{w}),$$

was mit (3) unter Beachtung von (5) und wegen der aufgrund der Inkompressibilität nach der Kontinuitätsgleichung vorhandenen Divergenzfreiheit des Stromfeldes $\operatorname{div} \boldsymbol{v} = 0$ schließlich zu

$$\frac{\partial \boldsymbol{w}}{\partial t} + \boldsymbol{v} \cdot \operatorname{grad} \boldsymbol{w} = \boldsymbol{w} \cdot \operatorname{grad} \boldsymbol{v}$$

oder

$$\frac{d\boldsymbol{w}}{dt} = \boldsymbol{w} \cdot \operatorname{grad} \boldsymbol{v} \tag{6}$$

führt, was mit der Formel (C.11) auf S. 121 identisch ist.

IV. Ertels Wirbelsatz einer reibungsfreien kompressiblen Flüssigkeit auf der rotierenden Erde

Ausgangsgleichung:

$$\frac{\partial \boldsymbol{v}}{\partial t} + \boldsymbol{v} \cdot \operatorname{grad} \boldsymbol{v} + 2\boldsymbol{\Omega} \times \boldsymbol{v} = -\,\alpha \operatorname{grad} p - \operatorname{grad} H, \tag{7}$$

$$H = gz, \qquad \alpha = \frac{1}{\varrho}\cdot$$

Zusätzliche Hilfssätze aus der Vektorrechnung:

$$\operatorname{rot}\,(\alpha \operatorname{grad} p) = \alpha \operatorname{rot} \operatorname{grad} p + \operatorname{grad} \alpha \times \operatorname{grad} p, \tag{8}$$

wegen (4) ist $\operatorname{rot} \operatorname{grad} p = 0$.

$$\boldsymbol{a} \times (\boldsymbol{b} \times \boldsymbol{c}) = \boldsymbol{b}(\boldsymbol{c} \cdot \boldsymbol{a}) - \boldsymbol{c}(\boldsymbol{a} \cdot \boldsymbol{b}), \tag{9}$$

$$\operatorname{div}\,(\boldsymbol{a} \times \boldsymbol{b}) = \boldsymbol{b} \cdot \operatorname{rot} \boldsymbol{a} - \boldsymbol{a} \cdot \operatorname{rot} \boldsymbol{b}, \tag{10}$$

$$\operatorname{rot}\,(\boldsymbol{a} \times \boldsymbol{b}) = \boldsymbol{a} \operatorname{div} \boldsymbol{b} - \boldsymbol{b} \operatorname{div} \boldsymbol{a} + \boldsymbol{b} \cdot \operatorname{grad} \boldsymbol{a} - \boldsymbol{a} \cdot \operatorname{grad} \boldsymbol{b}, \tag{11}$$

$$\operatorname{div} \varrho \boldsymbol{v} = \varrho \operatorname{div} \boldsymbol{v} + \boldsymbol{v} \cdot \operatorname{grad} \varrho. \tag{12}$$

Zunächst wird (7) mit der Beziehung (2) umgeschrieben

$$\frac{\partial \boldsymbol{v}}{\partial t} - \boldsymbol{v} \times \operatorname{rot} \boldsymbol{v} + 2\boldsymbol{\Omega} \times \boldsymbol{v} = \alpha \operatorname{grad} p - \operatorname{grad} \frac{\boldsymbol{v}^2}{2} - \operatorname{grad} H.$$

Wendet man jetzt die rot-Operation auf diese Gleichung an und schreibt für $\text{rot}\,\boldsymbol{v} + 2\boldsymbol{\Omega} \equiv \boldsymbol{W}$, so wird mit Beachtung von (4) und (8)

$$\frac{\partial \boldsymbol{W}}{\partial t} + \text{rot}\,(\boldsymbol{W} \times \boldsymbol{v}) = \text{grad}\,p \times \text{grad}\,\alpha. \tag{13}$$

Zur weiteren Umformung bzw. Ableitung des Wirbelsatzes führen wir mit ERTEL eine Funktion $F(x, y, z, t)$ ein, die eine charakteristische physikalische Eigenschaft der Flüssigkeit darstellen soll. Nun wird die Gl. (13) mit grad F multipliziert

$$\text{grad}\,F \cdot \frac{\partial \boldsymbol{W}}{\partial t} + \text{grad}\,F \cdot \text{rot}\,(\boldsymbol{W} \times \boldsymbol{v}) = \text{grad}\,F \cdot (\text{grad}\,p \times \text{grad}\,\alpha). \tag{13a}$$

Da nach der obigen Regel (10)

$$\text{div}\,[\text{grad}\,F \times (\boldsymbol{W} \times \boldsymbol{v})] = (\boldsymbol{W} \times \boldsymbol{v}) \cdot \text{rot}\,\text{grad}\,F - \text{grad}\,F \cdot \text{rot}\,(\boldsymbol{W} \times \boldsymbol{v})$$

ist und rot grad F nach (4) verschwindet, kann (13a) auch

$$\text{grad}\,F \cdot \frac{\partial \boldsymbol{W}}{\partial t} - \text{div}\,[\text{grad}\,F \times (\boldsymbol{W} \times \boldsymbol{v})] = \text{grad}\,F \cdot (\text{grad}\,p \times \text{grad}\,\alpha) \tag{13b}$$

geschrieben werden.

Nun wird der Ausdruck in der eckigen Klammer nach dem Entwicklungssatz der Vektoralgebra (9) umgeformt und dann die Divergenz gebildet

$$\text{grad}\,F \times (\boldsymbol{W} \times \boldsymbol{v}) = \boldsymbol{W}(\boldsymbol{v} \cdot \text{grad}\,F) - \boldsymbol{v}(\text{grad}\,F \cdot \boldsymbol{W}),$$

$$\begin{aligned}\text{div}\,[\text{grad}\,F \times (\boldsymbol{W} \times \boldsymbol{v})] = {} & (\boldsymbol{v} \cdot \text{grad}\,F)\,\text{div}\,\boldsymbol{W} + \boldsymbol{W} \cdot \text{grad}\,(\boldsymbol{v} \cdot \text{grad}\,F) - \\ & - (\text{grad}\,F \cdot \boldsymbol{W})\,\text{div}\,\boldsymbol{v} - \boldsymbol{v} \cdot \text{grad}\,(\boldsymbol{W} \cdot \text{grad}\,F).\end{aligned}$$

Da hierin der erste Term auf der rechten Seite wegen $\text{div}\,\boldsymbol{W} = 0$ verschwindet, wird (13b)

$$\begin{aligned}&\text{grad}\,F \cdot \frac{\partial \boldsymbol{W}}{\partial t} + (\text{grad}\,F \cdot \boldsymbol{W})\,\text{div}\,\boldsymbol{v} + \boldsymbol{v} \cdot \text{grad}\,(\boldsymbol{W} \cdot \text{grad}\,F) - \boldsymbol{W} \cdot \text{grad}\,(\boldsymbol{v} \cdot \text{grad}\,F) = \\ &= \text{grad}\,F \cdot (\text{grad}\,p \times \text{grad}\,\alpha).\end{aligned} \tag{13c}$$

Wie man sich leicht überzeugt, ist (13c) auch in der Form

$$\frac{d}{dt}(\boldsymbol{W} \cdot \text{grad}\,F) - \boldsymbol{W} \cdot \text{grad}\,\frac{dF}{dt} + (\text{grad}\,F \cdot \boldsymbol{W})\,\text{div}\,\boldsymbol{v} = \text{grad}\,F \cdot (\text{grad}\,p \times \text{grad}\,\alpha) \tag{13d}$$

zu schreiben. Wird schließlich noch die Kontinuitätsgleichung

$$\text{div}\,\boldsymbol{v} = -\frac{1}{\varrho}\frac{d\varrho}{dt} = \frac{1}{\alpha}\frac{d\alpha}{dt}$$

herangezogen, um in (13d) $\text{div}\,\boldsymbol{v}$ einzusetzen, so ergibt sich der Wirbelsatz in seiner endgültigen Gestalt zu

$$\frac{d}{dt}(\boldsymbol{W}\cdot\operatorname{grad}F)+(\boldsymbol{W}\cdot\operatorname{grad}F)\frac{1}{\alpha}\frac{d\alpha}{dt}-\boldsymbol{W}\cdot\operatorname{grad}\frac{dF}{dt}=$$

$$=\operatorname{grad}F\cdot(\operatorname{grad}p\times\operatorname{grad}\alpha). \tag{13e}$$

Dies entspricht der Gl. (C.12) auf S. 121

$$\frac{d}{dt}(\alpha\boldsymbol{W}\cdot\operatorname{grad}F)-\alpha\boldsymbol{W}\cdot\operatorname{grad}\frac{dF}{dt}=\alpha\operatorname{grad}F\cdot(\operatorname{grad}p\times\operatorname{grad}\alpha).$$

Wichtige Konstanten und Umrechnungsfaktoren

$\Omega = 7{,}2922 \cdot 10^{-5}\ \mathrm{s}^{-1}$	Winkelgeschwindigkeit der Erdrotation
$E = 6{,}3712 \cdot 10^{6}\ \mathrm{m}$	Mittlerer Erdradius
$g = 9{,}806\ \mathrm{ms}^{-2}$	Gravitationsbeschleunigung (im Meeresniveau in 45° Breite)
$\sigma = 5{,}7 \cdot 10^{-8}\ \mathrm{W\,m^{-2}\,{}^\circ K^{-4}}$	Stefan-Boltzmann-Konstante
$= 8{,}2 \cdot 10^{-11}\ \mathrm{cal\,cm^{-2}\,{}^\circ K^{-4}\,min^{-1}}$	
$R^{+} = 8{,}317\ \mathrm{J\,mol^{-1}\,{}^\circ K^{-1}}$	Universelle Gaskonstante
$= 1{,}986\ \mathrm{cal\,mol^{-1}\,{}^\circ K^{-1}}$	
$R = 0{,}2870\ \mathrm{J\,g^{-1}\,{}^\circ K^{-1}}$	Individuelle Gaskonstante für trockene Luft
$= 6{,}856 \cdot 10^{-2}\ \mathrm{cal\,g^{-1}\,{}^\circ K^{-1}}$	
$R_w = 0{,}4615\ \mathrm{J\,g^{-1}\,{}^\circ K^{-1}}$	Individuelle Gaskonstante für Wasserdampf
$= 0{,}1102\ \mathrm{cal\,g^{-1}\,{}^\circ K^{-1}}$	
$c_p = 1{,}004\ \mathrm{J\,g^{-1}\,{}^\circ K^{-1}}$	Spezifische Wärme trockener Luft bei konstantem Druck
$= 0{,}240\ \mathrm{cal\,g^{-1}\,{}^\circ K^{-1}}$	
$m = 28{,}966$	Molekulargewicht trockener Luft
$m_w = 18{,}016$	Molekulargewicht des Wasserdampfes
$\varrho = 1{,}293 \cdot 10^{3}\ \mathrm{g\,m^{-3}}$	Mittlere Dichte trockener Luft bei Normaldruck und 0°C
$\Gamma = g/c_p = 0{,}009767\ \mathrm{{}^\circ K\,m^{-1}}$	Trockenadiabatischer Temperaturgradient
$\doteq 1\ \mathrm{{}^\circ K}/100\ \mathrm{m}$	

$1\ \mathrm{m\,s^{-1}} = 1{,}94254\ \mathrm{kt}$
$= 2{,}23694\ \mathrm{mph}$
$= 3{,}6\ \mathrm{km\,h^{-1}}$

$1\ \mathrm{mb} = 10^{2}\ \mathrm{N\,m^{-2}}$
$= 10^{3}\ \mathrm{dyn\,cm^{-2}}$
$= 0{,}750\ \mathrm{mm\,Hg}$

$1\ \mathrm{cal} = 4{,}1855\ \mathrm{J}$
$= 4{,}1855 \cdot 10^{7}\ \mathrm{erg}$

$1\ \mathrm{cal\,cm^{-2}\,min^{-1}} = 6{,}975 \cdot 10^{2}\ \mathrm{W\,m^{-2}}$

Literatur

ANDERSON, R. K., et al. (1969): Application of Meteorological Satellite Data in Analysis and Forecasting. Technical Report 212 (2 Supplements), Air Weather Service, U.S. Air Force.

BATCHELOR, G. K. (1967): An Introduction to Fluid Dynamics. Cambridge: University Press.

BEBBER, W. J. VAN (1891): Die Zugstraßen der barometrischen Minima. Meteor. Zeitschr. **8**, 361–366.

BELLAMY, J. C. (1949): Objective Calculation of Divergence, Vertical Motion and Vorticity. Bull. Amer. Meteor. Soc. **30**, 45–49.

BERGERON, T. (1928): Über die dreidimensional verknüpfende Wetteranalyse. Geofys. Publikasjoner **5**, No. 6, 1–111.

BIDER, M. (1943): Prüfung der Ficker-Regeln in der Schweiz. Verh. Schweizer Naturf. Ges. Schaffhausen.

BJERKNES, J., und H. SOLBERG (1922): Life Cycle of Cyclones and Polarfront Theory of Atmospheric Circulation. Geofys. Publikasjoner **3**, No. 1, 1–18.

BJERKNES, V. (1912): Dynamische Meteorologie und Hydrographie. Braunschweig.

BJERKNES, V., J. BJERKNES, H. SOLBERG und T. BERGERON (1933): Physikalische Hydrodynamik mit Anwendung auf die dynamische Meteorologie. Berlin: Springer.

BOLZ, H. M., und H. FRITZ (1950): Tabellen und Diagramme zur Berechnung der Gegenstrahlung und Ausstrahlung. Zeitschr. f. Meteor. **4**, 314–317.

BRADBURY, D., und E. PALMEN (1953): On the Existence of a Polar Front at the 500 mb Level. Bull. Amer. Meteor. Soc. **34**, 56–62.

BRIGGS, C. A. (1969): Plume Rise. AEC-Critical Review Series, US Atomic Energy Commission, Oak Ridge, Tennessee.

BYERS, H. (1959): General Meteorology. New York and London: McGraw-Hill Book Comp.

CHARNEY, J. (1948): On the Scale of Atmospheric Motion. Geofys. Publikasjoner **17**, No. 2, 1–17.

CHARNEY, J., und N. A. PHILLIPS (1953): Numerical Integration of the Quasigeostrophic Equations for Barotropic and Simple Baroclinic Flows. J. Meteor. **10**, 71–99.

CRAIG, R. (1945): A Solution of the Nonlinear Vorticity Equation for Atmospheric Motion. J. Meteor. **2**, 173–178.

CRESSMAN, G. P. (1959): An Operational Objective Analysis System. Monthly Weather Rev. **87**, 367–374.

CSANADY, G. T. (1973): Turbulent Diffusion in the Environment. Dordrecht, Holland: D. Reidel Publ. Comp.

EDELMANN, W. (1964): On the Behaviour of Disturbances in a Baroclinic Channel. Res. Div. Germ. Weather Service, Summary Report No. 2, Part F.

ELIASSEN, A. (1956): Instability Theories of Cyclone Formation. In: PETTERSSEN (1956).

ELSASSER, W. (1942): Heat Transfer by Infrared Radiation in the Atmosphere. Harv. Meteor. Studies **6**.

ERTEL, H. (1942): Ein neuer hydrodynamischer Wirbelsatz. Meteor. Zeitschr. **59**, 277–281.

EXNER, F. M. (1923): Über die Bildung von Windhosen und Zyklonen. Sitz.-Ber. d. Akad. d. Wiss. Wien **132**, Bd. 1 und 2.

EXNER, F. M. (1925): Dynamische Meteorologie. 2. Aufl. Wien: Springer.

FICKER, H. (1920): Beziehungen zwischen Änderungen des Luftdruckes und der Temperatur in den unteren Schichten der Troposphäre (Zusammensetzung der Depressionen). Sitz.-Ber. d. Akad. d. Wiss. Wien **129**, 763–810.

FICKER, H. (1929): Der Sturm in Norddeutschland am 4. Juli 1928. Sitz.-Ber. d. Preuß. Akad. Wiss. XX–XXII, 290–326.

Forecasting Guide No. 4 (1960): Forecasting Maximum and Minimum Temperatures, US Department of Commerce.

GROSSMANN, L. (1912): Wie steht es um unsere Wettervorhersage? Ann. d. Hydrogr. mar. Met.

GUILBERT, W. G. (1909): Nouvelle méthode de prévision du temps. Paris.

HALTINER, G. J. (1971): Numerical Weather Prediction. New York-Toronto: John Wiley & Sons, Inc.

HELMHOLTZ, H. (1868): Über diskontinuierliche Flüssigkeitsbewegungen. Berliner Monatsberichte, April.

HELMHOLTZ, H. (1882): Wissenschaftl. Abhandlungen, Bd. 1. Leipzig.

HELMHOLTZ, H. (1888): Über die atmosphärischen Bewegungen. Zeitschr. f. Meteor. **5**, 329–340.

HINKELMANN, K. (1951): Über den Mechanismus des meteorologischen Lärms. Tellus **3**, No. 4, 285–296.

HOLLMANN, G., und H. REUTER (1953): Über die Genauigkeit verschiedener Approximationen der horizontalen Windkomponenten. Tellus **5**, No. 3, 403–412.

HUBER-POCK, F., und CH. KRESS (1975): Ein Modell objektiver Analyse meteorologischer Felder bei kleinen Rechenkapazitäten. Veröffentl. d. Lehrkanzel f. Theor. Meteor. d. Univ. Wien, Publ. Nr. 13.

KÖPPEN, W. (1882): Über den Einfluß der Temperaturverteilung auf die oberen Luftströmungen und auf die Fortpflanzung der barometrischen Minima. Annalen d. Hydr. Mar. Meteor. **10**, 657.

MALONE, T. F. (1951): Compendium of Meteorology. Amer. Met. Soc., Boston.

MARGULES, M. (1904): Über die Beziehung zwischen Barometerschwankungen und Kontinuitätsgleichung. Boltzmann-Festschrift, Leipzig, 585–591.

MARGULES, M. (1905): Über die Energie der Stürme. Jahrbuch der Zentralanstalt in Wien, 1903, Anhang.

MARGULES, M. (1906): Über Temperaturschichtung in stationär bewegter und ruhender Luft. Meteor. Zeitschr., Hann-Band, 243–254.

MCCORMICK, R. A., und B. GUTSCHE (1969): Meteorologie der Luftbeimengungen. Inst. f. Theor. Meteor. d. Freien Universität Berlin.

MONIN, A. S. (1972): Weather Forecasting as a Problem in Physics. Cambridge, Mass.: MIT-Press.

MOSES, H., und N. R. KRAIMER (1972): Plume Rise Determination—a New Technique Without Equations. J. Air Pollution Control Ass. **22**, No. 8, 621–630.

MÜGGE, R. (1931): Synoptische Betrachtungen. Meteor. Zeitschr. **48**, 1–11.

MÜGGE, R. (1938): Über das Wesen der Steuerung. Meteor. Zeitschr. **55**, 197–205.

NAMIAS, J., und P. F. CLAPP (1951): Observational Studies of the General Circulation Patterns. In: MALONE (1951).

NEAMTAN, S. (1946): The Motion of Harmonic Waves in the Atmosphere. J. Meteor. **3**, 53–56.

PALMEN, E. (1948): On the Distribution of Temperature and Wind in the Upper Westerlies. J. Meteor. **5**, 20–27.

PASQUILL, F. (1962): Atmospheric Diffusion. New York: Van Nostrand Co., Ltd.

PETTERSSEN, S. (1940): Weather Analysis and Forecasting, 1. Aufl. New York and London: McGraw-Hill Book Comp.

PETTERSSEN, S. (1956): Weather Analysis and Forecasting, 2. Aufl. New York and London: McGraw-Hill Book Comp.

PHILIPPS, H. (1939): Die Abweichung vom geostrophischen Wind. Meteor. Zeitschr. **56**, 460–483.

PHILIPPS, H. (1947): Gradientwindnomogramm. Zeitschr. f. Meteor. **1**, 210–211.

PHILIPPS, H. (1962, 1963): Zur Theorie des Tagesganges der Temperatur in der bodennahen Atmosphäre und in ihrer Unterlage. 1. Mitteilung, Zeitschr. f. Meteor. **16**, Heft 5–8, 131–177; 2. Mitteilung, Zeitschr. f. Meteor. **17**, Heft 1–2, 5–32.

PHILLIPS, N. (1957): A Coordinate System Having Some Special Advantages for Numerical Forecasting. J. Meteor. **14**, 184–185.

PHILLIPS, N. (1959): An Example for Non-Linear Computational Instability. In: The Atmosphere and the Sea in Motion, 501–504. Rockefeller Inst. Press in association with Oxford Univ. Press.

PICHLER, H., und H. REUTER (1967): Zyklogenese durch barokline Instabilität in zonaler und meridionaler Grundströmung. Beiträge z. Physik der Atmosphäre **40**, Heft 1/2, 16–28.

PICHLER, H., und H. REUTER (1970): On the Scale Analysis of Vorticity Creation and the Formation of Vortices. Archiv f. Meteor. Geoph. Biokl., Ser. A, **19**, 237–244.

PRANDTL, L. (1949): Führer durch die Strömungslehre. Braunschweig: Fr. Vieweg und Sohn.

RÁKÓCZI, F. (1959): Versuch zur Prognose der nächtlichen Abkühlung mit der Methode von H. Reuter. Idöjárás **63**, 165–166.

REUTER, H. (1947): Zur Theorie der nächtlichen Abkühlung der bodennahen Schicht und Ausbildung der Bodeninversion. Sitz. Ber. Akad. Wiss., Wien, IIa, 333–358.

REUTER, H. (1948): Die Modifikation einer Luftmasse durch die nächtliche Abkühlung der Erdoberfläche. Archiv f. Meteor. Geoph. Biokl., Ser. A, **1**, 252–263.

REUTER, H. (1951): Forecasting Minimum Temperatures. Tellus **3**, 141–147.

REUTER, H. (1954): Methoden und Probleme der Wettervorhersage. Wien: Springer.

REUTER, H. (1961): Synoptische Aerologie. In: HESSE, Handbuch der Aerologie. Leipzig: Geest und Portig.

REUTER, H. (1970): Die Ausbreitungsbedingungen von Luftverunreinigungen in Abhängigkeit von meteorologischen Parametern. Archiv f. Meteor. Geoph. Biokl., Ser. A, **19**, 173–186.

REUTER, H. (1971): Einfluß der Alpen auf zyklogenetische Prozesse. Annalen der Meteor., Neue Folge, **5**, 17–22.

REUTER, H. (1972): Verwendung synoptischer Beobachtungen zur Klassifikation der Ausbreitungsbedingungen bei nächtlichen Temperatur-Inversionen. Veröffentl. d. Lehrkanzel f. Theor. Meteor. d. Univ. Wien.

REUTER, H., und F. KNIZEK (1956): Über den Wärmehaushalt der unteren Luftschichten an heiteren Tagen und die Prognose des Maximums der Lufttemperatur. Archiv f. Meteor. Geoph. Biokl., Ser. A, **9**, 433–438.

REUTER, H., und H. PICHLER (1964): On the Orographic Influences of the Alps. Tellus **16**, 40–42.

REX, D. (1950): Blocking Action in the Middle Troposphere and its Effect upon Regional Climate. Tellus **2**, No. 3, 196–211.

RODEWALD, M. (1937): Das Dreimasseneck als zyklogenetischer Ort. Meteor. Zeitschr. **54**, 469.

ROSSBY, C. G. (**1939**): Relation between Variations in the Intensity of the Zonal Circulation of the Atmosphere and the Displacement of Semipermanent Centers of Action. J. Marine Research **II**, 38–55.

ROSSBY, C. G. (**1940**): Planetary Flow Patterns in the Atmosphere. Quarterly J. Roy. Meteor. Soc. **66**, 68–87.

ROSSBY, C. G. (**1948**): On the Displacement and Intensity Changes of Atmospheric Vortices. J. Marine Research **7**, 175–187.

ROSSBY, C. G. (**1950**): On the Dynamics of Certain Types of Blocking Waves. Chinese Geophys. Soc. **2**.

SCHERHAG, R. (**1948**): Wetteranalyse und Wetterprognose. Berlin-Göttingen-Heidelberg: Springer.

SCHINZE, G., und R. SIEGEL (**1943**): Die luftmassenmäßige Arbeitsweise. Wiss. Abh. d. R. f. W., Sonderband.

SHOWALTER, A. K. (**1953**): A Stability Index for Thunderstorm Forecasting. Bull. Amer. Meteor. Soc. **34**, No. 6, 250–252.

SHUMANN, F. G. (**1957**): Numerical Methods in Weather Prediction II. Smoothing and Filtering. Monthly Weather Rev. **85**, 357–361.

SHUMANN, F. G. (**1969**): A Multilevel Primitive Equation Model. In: WMO (**1969**), 465–483.

SHUMANN, F. G., und J. B. HOVERMALE (**1968**): An Operational Six-Layer Primitive Equation Model. J. Applied Meteor. **7**, No. 4, 525–547.

SMAGORINSKI, J. (**1967**): The Role of Numerical Modeling. Bull. Amer. Meteor. Soc. **48**, 89–93.

SMITH, M. E. (**1973**): Recommended Guide for the Prediction of the Dispersion of Airborne Effluents. New York: Amer. Soc. Mech. Engineers.

SMITH, W. L., H. M. WOOLF und W. J. JACOB (**1970**): A Regression Method for Obtaining Real-Time Temperature and Geopotential Height Profiles from Satellite Spectrometer Measurements and its Application to Nimbus 3 „SIRS" Observations. Monthly Weather Rev. **98**, 582–603.

STARR, V. (**1950**): Geostrophic Departures in the Jet-Stream. Tellus **2**, No. 3, 233–235.

SUTCLIFFE, R. C. (**1947**): A Contribution to the Problem of Development. Quarterly J. Roy. Meteor. Soc. **73**, 370–383.

THOMPSON, PH. D. (**1961**): Numerical Weather Analysis and Prediction. New York: The Macmillan Company.

TURNER, D. B. (**1964**): A Diffusion Model for an Urban Area. J. Applied Meteor. **3**, 83–91.

VEDERMANN, J. (**1954**): The Life Cycles of Jet Streams and Extratropical Cyclones. Bull. Amer. Meteor. Soc. **35**, 239–244.

WEICKMANN, L. (**1938**): Über aerologische Diagrammpapiere. Int. Meteor. Org. (Aerolog. Komm.) Denkschrift.

WMO (**1969**): Lectures on Numerical Short Range Weather Prediction, WMO Regional Training Seminar, Moskau.

ZVEREV, A. S. (**1972**): Practical Work in Synoptic Meteorology. Leningrad: Hydrometeorological Publishing House.

Sachverzeichnis

GPSR Compliance

The European Union's (EU) General Product Safety Regulation (GPSR) is a set of rules that requires consumer products to be safe and our obligations to ensure this.

If you have any concerns about our products, you can contact us on ProductSafety@springernature.com

In case Publisher is established outside the EU, the EU authorized representative is:

Springer Nature Customer Service Center GmbH
Europaplatz 3
69115 Heidelberg, Germany

Batch number: 10584556

Printed by Printforce, the Netherlands